使用 IntelliJ IDEA 2024.3.1 Community Edition　　適用 Kotlin 1.9x 以上版本

Kotlin 程式開發
技巧全方位實作指南

彭建文 著

語言快速入門與實例解析

系統化的實戰學習架構
帶你完整掌握 Kotlin 程式語言的觀念

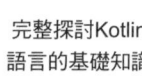
完整探討 Kotlin 語言的基礎知識與專業技術

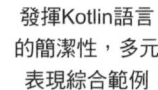
發揮 Kotlin 語言的簡潔性，多元表現綜合範例

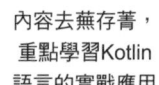
內容去蕪存菁，重點學習 Kotlin 語言的實戰應用

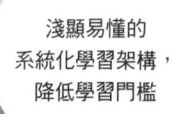
淺顯易懂的系統化學習架構，降低學習門檻

博碩文化

Kotlin 程式開發技巧全方位實作指南
─語言快速入門與實例解析─

作　　者：彭建文
責任編輯：曾婉玲

董 事 長：曾梓翔
總 編 輯：陳錦輝

出　　版：博碩文化股份有限公司
地　　址：221 新北市汐止區新台五路一段 112 號 10 樓 A 棟
　　　　　電話 (02) 2696-2869　傳真 (02) 2696-2867

郵撥帳號：17484299　戶名：博碩文化股份有限公司
博碩網站：http://www.drmaster.com.tw
讀者服務信箱：dr26962869@gmail.com
讀者服務專線：(02) 2696-2869 分機 238、519
（週一至週五 09:30 ～ 12:00；13:30 ～ 17:00）

版　　次：2025 年 4 月初版

博碩書號：MP22454
建議零售價：新台幣 680 元
Ｉ Ｓ Ｂ Ｎ：978-626-414-113-0（平裝）
律師顧問：鳴權法律事務所 陳曉鳴 律師

本書如有破損或裝訂錯誤，請寄回本公司更換

國家圖書館出版品預行編目資料

Kotlin 程式開發技巧全方位實作指南：語言快速入門與
實例解析 / 彭建文著 . -- 初版 . -- 新北市：博碩文化股
份有限公司, 2025.04
　面；　公分

ISBN 978-626-414-113-0(平裝)

1.CST: 系統程式 2.CST: 電腦程式設計 3.CST:
Kotlin(電腦程式語言)

312.52　　　　　　　　　　　　　　　　114000328

Printed in Taiwan

歡迎團體採購，另有優惠，請洽服務專線
博 碩 粉 絲 團　(02) 2696-2869 分機 238、519

商標聲明
本書中所引用之商標、產品名稱分屬各公司所有，本書引用
純屬介紹之用，並無任何侵害之意。

有限擔保責任聲明
雖然作者與出版社已全力編輯與製作本書，唯不擔保本書及
其所附媒體無任何瑕疵；亦不為使用本書而引起之衍生利益
損失或意外損毀之損失擔保責任。即使本公司先前已被告知
前述損毀之發生。本公司依本書所負之責任，僅限於台端對
本書所付之實際價款。

著作權聲明
本書著作權為作者所有，並受國際著作權法保護，未經授權
任意拷貝、引用、翻印，均屬違法。

序言

本書是一本專門討論、學習 Kotlin 語言的書籍，從簡單入門到專業開發所需要的 Kotlin 技術都在本書中被完整探討。

Kotlin 語言由 JetBrains 所開發，於 2011 年推出後因其簡潔性與擴充性等優點，後續被 Google 預定為開發 Android 行動裝置的首選程式語言，但 Kotlin 語言也適用於網頁伺服器開發、一般電腦應用程式開發等。

Kotlin 語言和 Java 具有很好的相容性，能使用 Java 的函式庫與套件、在 JVM 上執行，也可以編譯成原生執行檔，在沒有 JVM 的電腦平台執行。將 Kotlin 編譯成為 JavaScript 後，也能在網頁應用程式中使用。

市面上鮮少有專門探討 Kotlin 語言的書籍，大部分的人都是在學習 Android 程式設計的過程中，附帶地學習 Kotlin 的一些語法，然而 Kotlin 語言的簡潔性、擴充性與專用的語法表達，沒有經過完整的學習，是無法掌握到 Kotlin 語言的特色。如果將 Kotlin 如同一般程式語言的方式撰寫，那就失去了 Kotlin 被指定為開發 Android 裝置首選開發語言的用意了。

本書所有的範例程式碼皆使用 Kotlin 專用的語法、擴充函式與敘述來撰寫，使讀者可以完全學習到 Kotlin 語言的簡潔性與擴充性，因此讀者後續在學習或開發 Android 程式時，便能發揮 Kotlin 最好的特色與效率。讀者可以參考《Android 應用程式開發全方位實作指南：邁向專業工程師的養成之路》一書，學習如何發揮 Kotlin 的特色來開發 Android 應用程式，以獲得更有效率、簡潔的開發經驗。

彭建文 謹識

Kotlin 程式開發技巧全方位實作指南

如何使用本書

本書內容涵蓋了 Kotlin 語言的基礎、進階到應用,除了適合初學程式語言的讀者,書中也完整探討物件導向程式設計、泛型、檔案處理等實用內容,還可以讓進階與應用型的讀者詳盡學習 Kotlin 語言。此外,關於 lambda 敘述式、多工執行、如何產生 Kotlin 原生程式執行檔等實戰內容,更適合在業界實際開發應用程式所使用。

在本書撰寫的過程中,IntelliJ IDEA 整合開發環境與 Kotlin 語言也持續改版,因此為了因應這些變化,書中的本文與範例也更新了數次,但仍然無法詳盡與完善。然而,這並不會影響讀者使用本書學習 Kotlin 的過程與學習成效。讀者可以根據自行的需求與使用時機,閱讀與學習相關的章節,而不需要閱讀書中的所有內容。

本書的編排方式與內容

本書所討論的每個主題皆依循著「學習重點說明→簡要使用示範→完整範例教學」這樣的步驟進行。第 1-6 章為初階的 Kotlin 學習內容,第 7-11 章為實用與進階的 Kotlin 學習內容,第 12-15 章則為開發應用程式的實戰 Kotlin 學習內容。

本書在內容編排上概略區分為:初階、進階與實戰這 3 部分,所有的範例與說明皆使用 Kotlin 的專用語法;因此,讀者在閱讀時需要留意並學習 Kotlin 語法的簡潔表達方式,這也是與一般程式語言不同的特色。

搭配 Android 程式設計學習

若讀者想快速且紮實學習 Android 程式設計,並熟悉 Kotlin 語言,達到兼得的成效時,則可以搭配《Android 應用程式開發全方位實作指南:邁向專業工程師的養成之路》一書,這兩本書為同系列專書,當學習 Android 的程式碼且遇到不懂的 Kotlin 語法與指令時,便可以翻閱本書並學習相關的內容。

IntelliJ IDEA

IntelliJ IDEA 是 JetBrains 所開發的 Kotlin 整合開發環境，也是 Google 官方指定開發 Android 應用程式的程式編輯器。使用 IntelliJ IDEA 作為程式碼編輯器，可以使用 Java 或是 Kotlin 作為開發語言。截至筆者撰寫此書為止，最新的 IntelliJ IDEA 版本為 2024.3.1，因此本書也使用此版本用於撰寫書中的範例與講解。

Java SDK

開發 Kotlin 應用程式需要 Java SDK（JDK），並有數種不同版本的 JDK 可供選擇；詳細安裝過程請參考「1.2 IntelliJ IDEA 整合開發環境」。JDK 不一定要安裝最新的版本，通常會選擇大家較常使用、穩定的版本。

執行書中範例

書中所附之範例，可於博碩官網下載：URL https://www.drmaster.com.tw/Bookinfo.asp?BookID=mp22454。這些範例筆者是以撰寫書稿時所使用的 IntelliJ IDEA 編譯環境、JDK 版本所撰寫，可能與讀者的編譯環境、JDK 版本有所不同，請參考「1.5 轉移 Kotlin 專案」。此外，通常遇到此情況，有 3 種方式可以處理：

1. 根據書本範例的建置與執行條件，重新設定與範例相同的建置環境與下載必要的相關套件與工具。

2. IntelliJ IDEA 的版本略有不同，並不會影響範例載入；也可將專案的 JDK 版本修改為讀者所使用的 JDK 版本。

3. 直接開啟專案裡的程式原始碼，參考並複製到讀者自己的專案裡再做修改。

目 錄

01 CHAPTER 建立 Kotlin 專案

1.1 Kotlin 簡介 1-2

1.2 IntelliJ IDEA 整合開發環境 1-2

    1.2.1 選擇 Oracle JDK 或是 OpenJDK 1-3

    1.2.2 自行下載並安裝 Oracle JDK 1-4

    1.2.3 設定電腦的 Java 環境變數與路徑 1-5

    1.2.4 下載與安裝 IntelliJ IDEA 1-8

1.3 建立 Kotlin 程式與專案 1-11

    1.3.1 設定配色與字體大小 1-12

    1.3.2 新增專案 1-12

    1.3.3 安裝 JDK 1-13

    1.3.4 新增 Kotlin 原始碼 1-15

    1.3.5 關閉與開啟 Kotlin 專案 1-17

1.4 撰寫與執行 Kotlin 程式 1-18

    1.4.1 程式註解 1-19

    1.4.2 程式進入點:main() 函式 1-20

    1.4.3 執行程式 1-20

    1.4.4 停止程式 1-21

   1.4.5 中文亂碼 1-22

1.5 轉移 Kotlin 專案 1-23

02 資料型別與變數

2.1 變數宣告與使用 2-2

   2.1.1 變數宣告 2-2

   2.1.2 將值設定給變數 2-3

2.2 常用的資料型別 2-6

   2.2.1 數值資料型別 2-6

   2.2.2 Char 型別 2-8

   2.2.3 Boolean 型別 2-10

   2.2.4 String 型別 2-10

   2.2.5 Null safety 2-23

   2.2.6 檢查變數型別 2-29

   2.2.7 範圍變數 2-31

2.3 唯讀變數 2-33

   2.3.1 以 val 宣告變數 2-33

2.4 延遲設定初始值 2-34

   2.4.1 var 變數延遲設定初始值 2-34

   2.4.2 val 變數延遲設定初始值 2-35

2.5 資料型別轉換 2-36

vii

2.5.1 隱性資料型別轉換 2-36

2.5.2 明確資料型別轉換 2-37

2.5.3 常被使用的資料轉型方法 2-37

2.5.4 資料溢位 2-39

2.6 基本運算 2-40

2.6.1 算術運算 2-40

2.6.2 關係運算 2-42

2.6.3 條件邏輯運算 2-44

2.6.4 複合運算 2-45

2.6.5 運算優先順序 2-45

03 CHAPTER 標準輸出與輸入

3.1 標準輸出 3-2

3.1.1 print()、println() 方法 3-2

3.2 標準輸入 3-6

3.2.1 Scanner 3-6

3.2.2 readLine() 方法 3-8

3.2.3 readln()、readlnOrNull() 方法 3-9

3.2.4 連續輸入多個資料 3-10

04 判斷與選擇

4.1 if…else 判斷敘述 ... 4-2
4.1.1 if 判斷敘述 ... 4-2
4.1.2 if…else 判斷敘述 ... 4-4
4.1.3 巢狀判斷敘述與複合條件運算式 ... 4-6
4.1.4 範圍運算子與 contains() 方法 ... 4-8

4.2 when 選擇敘述 ... 4-12
4.2.1 when 敘述的各種形式 ... 4-13

4.3 例外處理與輸入範圍檢查 ... 4-20
4.3.1 例外處理 ... 4-21
4.3.2 輸入範圍檢查 ... 4-30

05 重複敘述

5.1 for 重複敘述 ... 5-2
5.1.1 for 重複敘述 ... 5-2

5.2 while 重複敘述 ... 5-7
5.2.1 前測式 while ... 5-8
5.2.2 後測式 do…while ... 5-11

5.3 break 與 continue ... 5-13
5.3.1 break 指令 ... 5-14
5.3.2 continue 指令 ... 5-16

Kotlin 程式開發技巧全方位實作指南

06 CHAPTER 陣列

6.1 一維陣列 6-2
6.1.1 宣告陣列 6-2
6.1.2 走訪陣列 6-9

6.2 常使用的陣列方法 6-15
6.2.1 陣列資料索取 6-15
6.2.2 陣列狀態 6-18
6.2.3 陣列複製、分割 6-20
6.2.4 陣列元素測試 6-22
6.2.5 陣列查詢 6-23
6.2.6 陣列排序 6-25
6.2.7 其他陣列方法或敘述 6-26

6.3 多維陣列 6-29
6.3.1 二維陣列 6-29
6.3.2 三維陣列 6-35

07 CHAPTER List、Map 與 Set

7.1 串列（List）.. 7-2
7.1.1 List 串列 7-2
7.1.2 MutableList 串列 7-5

7.2 集合（Set）.. 7-9

	7.2.1 Set 集合 7-10
	7.2.2 MutableSet 集合 7-12
7.3	映射（Map）.. 7-15
	7.3.1 Map 映射 7-16
	7.3.2 MutableMap 映射 7-20

08 CHAPTER 函式與自訂函式

8.1	具名函式與匿名函式 8-2
8.2	自訂函式 8-4
	8.2.1 基本自訂函式 8-4
8.3	參數傳遞 8-7
	8.3.1 帶參數的自訂函式 8-8
	8.3.2 具名參數 8-10
	8.3.3 預設參數值 8-11
8.4	函式回傳值 8-12
	8.4.1 return 指令 8-13
	8.4.2 回傳多個資料 8-14
8.5	變數有效範圍 8-20
	8.5.1 有效範圍 8-20
	8.5.2 全域變數與區域變數 8-20

xi

Kotlin 程式開發技巧全方位實作指南

09 CHAPTER　Lambda 敘述式

9.1　Lambda 定義、型別與宣告 9-2
9.1.1　定義 lambda 敘述式 9-2
9.1.2　lambda 的語法 9-3
9.1.3　lambda 的型別 9-3

9.2　Lambda 敘述式設定給變數 9-4
9.2.1　宣告與定義 lambda 變數 9-5
9.2.2　接收參數的 lambda 變數 9-7
9.2.3　回傳資料的 lambda 變數 9-9

9.3　Lambda 敘述式作為函式參數與回傳值 9-12
9.3.1　lambda 作為函式的參數 9-12
9.3.2　lambda 作為函式的回傳值 9-17

10 CHAPTER　作用域函數

10.1　作用域函數 10-2
10.2　apply 10-3
10.3　let 10-5
10.4　also 10-6
10.5　run 與 with 10-7
10.5.1　作用域函數 run 10-8

xii

10.5.2　作用域函數 with 10-10

10.6　takeIf 與 takeUnless 10-11

11 CHAPTER　類別、物件和介面

11.1　建立類別與物件 11-2
　11.1.1　定義類別 11-2
　11.1.2　屬性與方法的可見性 11-4
　11.1.3　自訂 Getter 與 Setter 11-6
　11.1.4　屬性延遲初始化 11-8

11.2　物件初始化與類別建構式 11-12
　11.2.1　主要建構式 11-12
　11.2.2　次要建構式 11-14

11.3　繼承 11-18
　11.3.1　父類別與子類別 11-19
　11.3.2　成員覆寫 11-21

11.4　抽象類別 11-28
　11.4.1　定義抽象類別 11-28

11.5　介面 11-31
　11.5.1　多重介面繼承 11-31

11.6　object 與 companion object 11-34
　11.6.1　定義 object 11-34

11.6.2　定義 companion object 11-35

11.7　資料類別 11-36

11.7.1　定義資料類別 11-37

11.7.2　判斷資料類別是否相同 11-37

11.7.3　複製資料類別 11-38

CHAPTER 12　泛型

12.1　什麼是泛型 12-2

12.2　泛型函式 12-3

12.2.1　定義泛型函式 12-3

12.2.2　泛型的比較運算與泛型限制 12-6

12.2.3　可變數量的參數 12-9

12.3　泛型類別 12-10

12.3.1　定義泛型類別 12-11

12.3.2　in 與 out 12-13

CHAPTER 13　多工執行

13.1　多工執行 13-2

13.2　執行緒 13-3

13.2.1　一次性執行緒 13-4

13.2.2　設定優先權 13-7

　　13.2.3　停止執行緒 13-8

　　13.2.4　常駐型執行緒 13-12

13.3　執行緒池 13-15

　　13.3.1　建立執行緒池與執行工作 13-15

　　13.3.2　執行緒池與常駐型執行緒 13-23

13.4　協同程式 13-25

　　13.4.1　協同程式的四大要素 13-25

　　13.4.2　匯入協同程式函式庫 13-27

　　13.4.3　建立協同程式 13-29

　　13.4.4　使用不同的分派器 13-33

13.5　並行處理 13-37

　　13.5.1　async{} 敘述與 await() 方法 13-38

14 CHAPTER　檔案處理

14.1　目錄與檔案處理 14-2

　　14.1.1　目錄處理 14-2

　　14.1.2　檔案處理 14-5

14.2　存取文字檔案 14-7

　　14.2.1　快速建立、寫入與讀取文字檔案 14-8

　　14.2.2　FileReader、FileWriter 14-11

xv

14.2.3　BufferedWriter 與 BudderedReader........................... 14-15

14.3　存取二進位檔案 14-19

14.3.1　使用 File 類別 14-20

14.3.2　FileOutputStream() 與 FileInputStream().................. 14-24

14.3.3　BufferedInputStream 與 BufferedOutputStream 14-28

14.4　隨機存取檔案 14-32

14.4.1　建立或開啟隨機存取檔案 14-32

14.4.2　寫入資料 14-33

14.4.3　讀取資料 14-34

15 CHAPTER　獨立執行 Kotlin 程式

15.1　使用 Java 環境執行 Kotlin 程式 15-2

15.1.1　Java 環境設定 15-2

15.1.2　下載 Kotlin 編譯工具 15-3

15.1.3　編譯與執行 Kotlin 程式 15-4

15.2　產生 Kotlin 原生執行檔 15-5

15.2.1　Java 環境設定 15-5

15.2.2　下載 Kotlin Native 編譯工具 15-6

15.2.3　編譯與執行 Kotlin 程式 15-7

1
CHAPTER

建立 Kotlin 專案

1.1　Kotlin 簡介

1.2　IntelliJ IDEA 整合開發環境

1.3　建立 Kotlin 程式與專案

1.4　撰寫與執行 Kotlin 程式

1.5　轉移 Kotlin 專案

Kotlin 程式開發技巧全方位實作指南

1.1 Kotlin 簡介

Kotlin 語言由 JetBrains 團隊在 2011 年所發布，宣稱 Kotlin 是一種簡潔又安全的程式開發語言；後續被 Google 預定為開發 Android 行動裝置的首選程式語言。Kotlin 程式可以執行於 JVM（Java virtual machine），因此也相容於 Java 的標準函式庫，所以 Kotlin 和 Java 有很好的互通性與相容性。

Kotlin 也改進了 Java 語言的一些問題與麻煩之處，例如：Java 程式開發者經常遇到變數或是物件的「空指標異常」（NullPointerException）問題。Kotlin 語言也設計了新的語法功能，幫助程式開發者能以簡潔的語法撰寫繁瑣的程式碼，例如：scope function 的 let、apply 與 run 等。

此外，Kotlin 也支援與使用 Lambda 語法，使得撰寫程式碼更為精簡，也更有彈性。Kotlin 宣告的變數也具有「型別推論」（Type inference）的功能：宣告變數時，並不需要明確指定其資料型別，而是根據變數的值自動推論變數的資料型別。

總而言之，Kotlin 具有 Java 的優點並且相容於 Java，也具有跨平台的特性。Kotlin 還在持續發展與改良，不定時釋放出修正或是新的版本。

1.2 IntelliJ IDEA 整合開發環境

IntelliJ IDEA 是 Kotlin 官方所預定的 Kotlin 程式開發整合環境。除了 IntelliJ IDEA 之外，讀者也可以使用其他支援 Kotlin 語言的整合環境來開發 Kotlin 專案，例如：Eclipse、Android Studio 等。

執行 Kotlin 需要安裝 JDK（Java development kit），有 2 種方式安裝 IntelliJ IDEA 所需的 JDK：①自行安裝並設定其執行環境（使用 Oracle JDK 做示範）、②安裝

IntelliJ IDEA 完畢之後，第一次新增 Kotlin 專案時，再即時下載並安裝 JDK（使用 OpenJDK 做示範）。讀者只需要選擇一種方法安裝 JDK 即可。

IntelliJ IDEA 可讓 Kotlin 專案可以下載、安裝，並選擇不同版本的 JDK 來執行；作者在本書撰寫範例時，採用後者的方式安裝 OpenJDK。接下來會分別介紹這 2 種 JDK 的安裝方式。

> **說明** IntelliJ IDEA 整合開發環境有分為 2 種：「終極版」（Ultimate）與「社群版」（Community）。終極版提供更完整的功能，適合於企業開發使用，此種版本需要付費。社群版提供給個人與學術研究使用，非用在商業營利用途，此種版本為免費版；若是個人學習使用，社群版已經足夠。

1.2.1 選擇 Oracle JDK 或是 OpenJDK

電腦可以安裝不同版本的 JDK，因此讀者可以視實際的開發需求，選擇不同版本的 JDK 來安裝。以往大家所習慣使用的 JDK，是由 Oracle 公司所提供的 JDK，但其實此 JDK 在商業上使用時，是有制定付費的機制，只是 Oracle 公司並沒有主動這樣執行。

2019 年，Oracle 公司已經宣布若沒有取得 JDK 的商業使用許可證，將無法再獲得 JDK 8 之後的更新，而 JDK 也不能使用於商業用途，但仍然可以免費使用於個人用途。

OpenJDK 是遵循 JSR（Java specification requests）所開發的 JDK，並且 OpenJDK 遵循 GNU GPL 許可授權，可以免費使用於商業用途，因此若想使用 JDK 開發商業系統，但又不想被索取 JDK 的費用，可以使用 OpenJDK 來取代 Oracle JDK。

有不少公司基於 GNU GPL 許可授權開發 OpenJDK，並且免費供個人與商業使用，例如：IBM OpenJDK、Amazon Corretto、AdoptOpenJDK 等。讀者可視電腦的作業系統平台以及 JDK 所提供的功能需求，挑選合適的 OpenJDK 版本。

1.2.2　自行下載並安裝 Oracle JDK

讀者可以經由瀏覽器上網查詢「java JDK download」等關鍵字來找到 JDK 的下載網址；或是經由 Oracle 公司的下載網址下載 JDK： URL https://www.oracle.com/java/technologies/downloads/。

如下圖所示，本書撰寫時 JDK 公布的最新版本為 18.0.2。此下載網頁會不定時更新，JDK 的版本也會持續更新，因此讀者可能會看到與下圖不一樣的畫面。選擇「Windows」平台以及點選「x64 Installer」項目右邊的下載連結，來下載 JDK 的安裝程式。

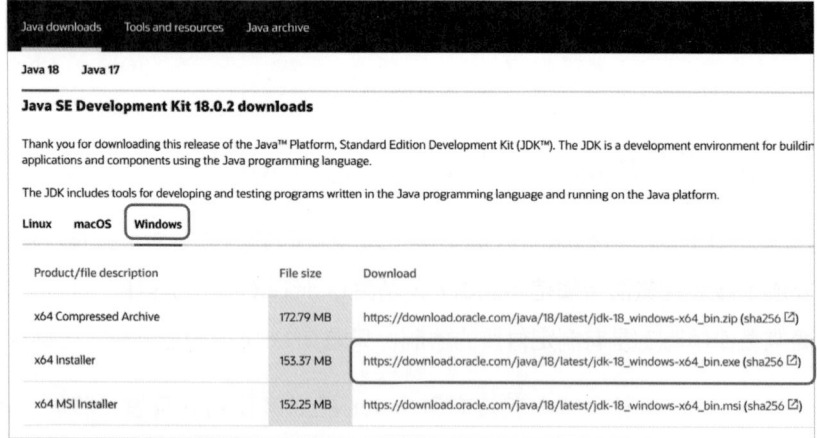

下載完畢後，執行 JDK 安裝程式，按下「Next」按鈕繼續安裝，如下圖所示。

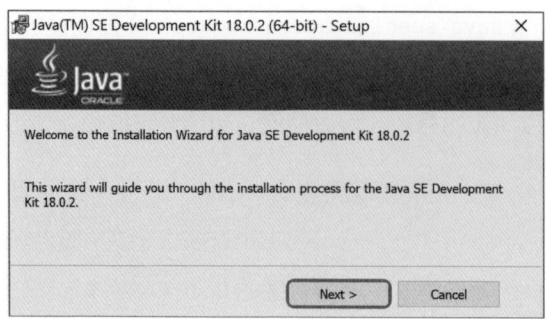

進入到安裝路徑設定畫面，如下圖所示。如果需要自行設定安裝路徑，可按下「Change」按鈕來自行指定安裝路徑，最後按下「Next」按鈕繼續安裝。安裝結束後，按下「Close」按鈕結束安裝。

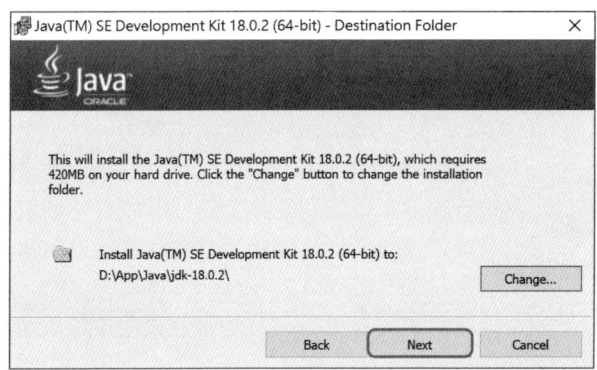

1.2.3　設定電腦的 Java 環境變數與路徑

1. 以 Windows 11 為例，在開始圖示 ■（Windows 10 為 ■）上按滑鼠右鍵，選擇「系統」開啟系統設定畫面。點選「進階系統設定」，開啟「系統內容」畫面，並按下「環境變數 (N)」按鈕，如下圖所示。

2. 接著設定「JAVA_HOME」變數，讓 Windows 可以知道 Java 安裝的路徑。按下「系統變數(S)」對話框的「新增(W)」按鈕，開啟「新增系統變數」對話框，如下圖所示。

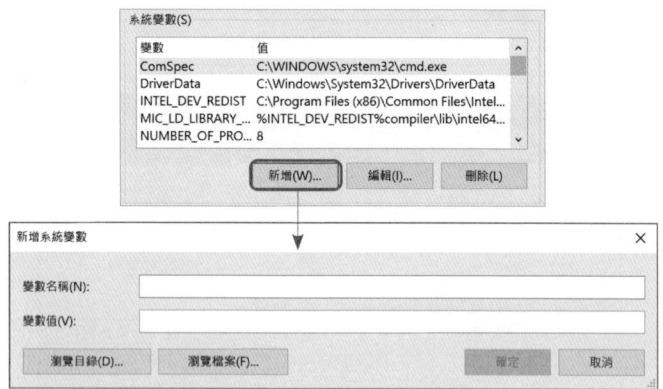

3. 如下圖所示，在「變數名稱(N)」欄位右側輸入「JAVA_HOME」，接著按下「瀏覽目錄(D)」按鈕。在「瀏覽資料夾」對話框中選擇安裝 JDK 的目錄，最後按下「確定」按鈕完成設定。

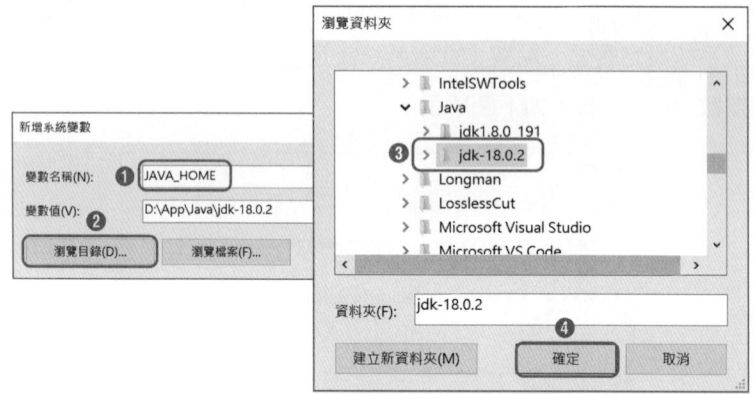

可以看到多了一筆「JAVA_HOME」的變數，如下圖所示。

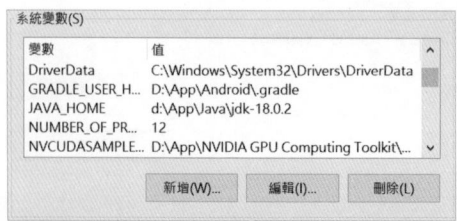

4. 接下來要編輯 Windows 的環境路徑變數「Path」。點選環境變數「Path」，再按下「編輯(I)」按鈕，如下圖所示。

接著按下「新增(N)」按鈕，再輸入「%JAVA_HOME%\bin」，接著按下「確定」按鈕離開。回到環境變數設定畫面，再按下「確定」按鈕結束設定。

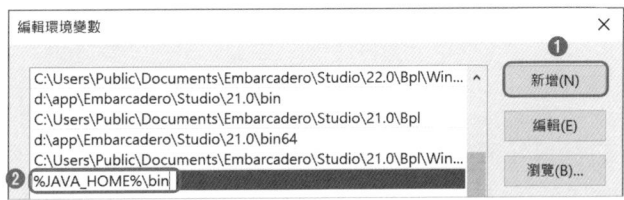

5. 最後一個步驟要檢查 JDK 是否已經正確地安裝與設定。在 Windows 的搜尋列上輸入「cmd」，開啟「命令提示字元」視窗，如下圖所示。

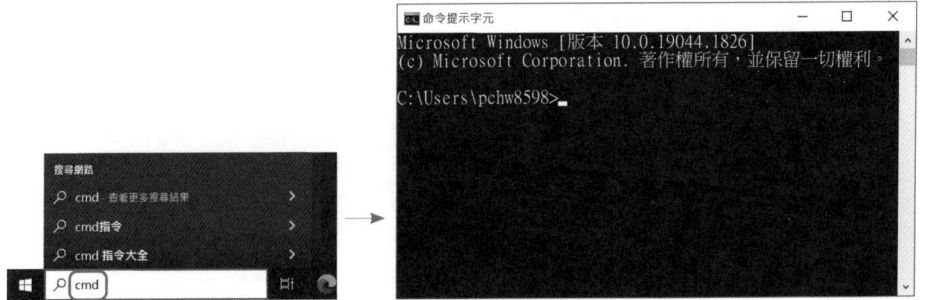

在「命令提示字元」視窗裡輸入「java -version」，並按 Enter 鍵，如下圖左所示。如果 JDK 安裝與設定無誤，會顯示 Java 的版本，如下圖右所示。

Kotlin 程式開發技巧全方位實作指南

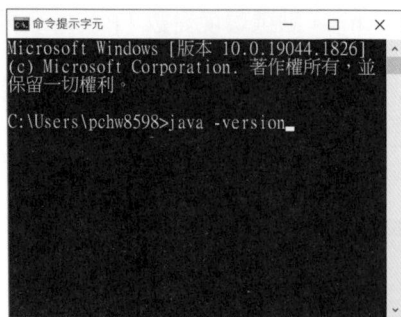 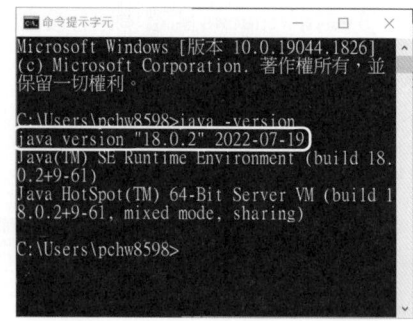

1.2.4 下載與安裝 IntelliJ IDEA

此節介紹第 2 種安裝 JDK 的方法：先安裝 IntelliJ IDEA 整合開發環境，並在第一次建立專案時再安裝 JDK。

開啟 JetBrains 的 Kotlin 官網，網址為：🔗 https://www.jetbrains.com/idea/。在官網首頁中點選「Download」來下載 IntelliJ IDEA，如下圖所示。

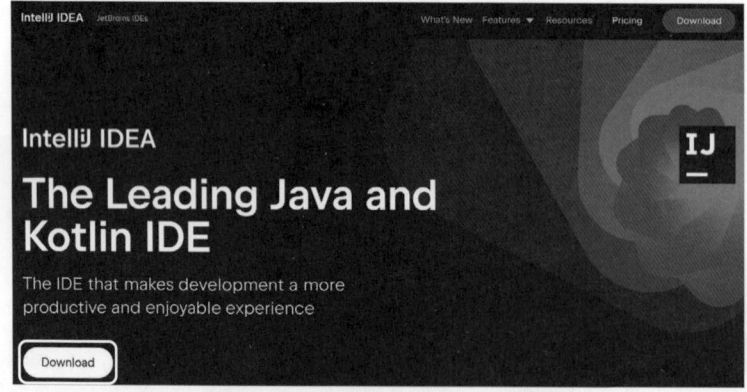

網頁跳至下載頁面後，往下滑動網頁尋找「Community Edition」版本，如下圖所示；並點選「Download」來下載安裝檔。

1-8

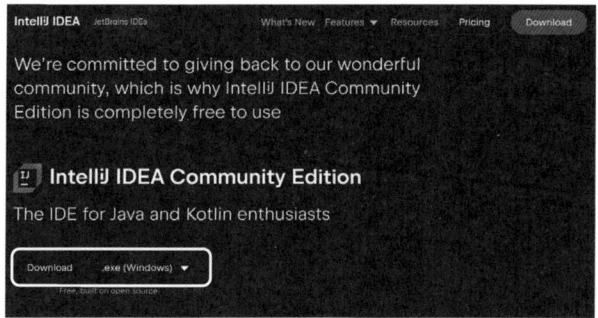

接著,執行所下載的IntelliJ IDEA的安裝程式,若這是你第一次安裝IntelliJ IDEA,則會出現以下的使用者授權畫面。勾選「I confirm that…」後,按下「Continue」按鈕繼續安裝。

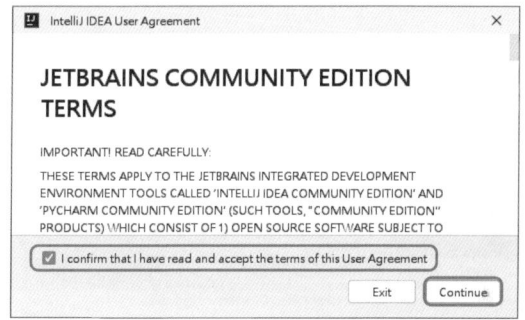

接著會出現資料分享的畫面,如下圖所示。如果你願意將你的資料分享給JetBrains公司,則按下「Send Anonymous Statistics」按鈕,否則按下「Don't Send」按鈕。

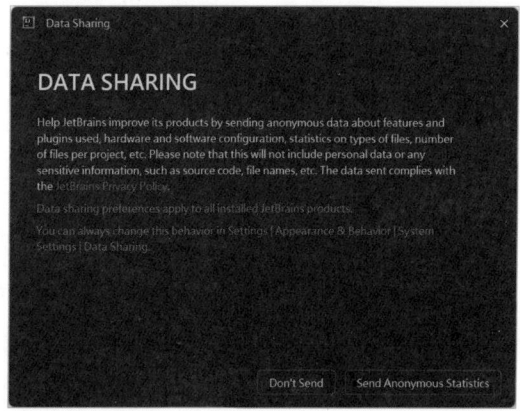

接著出現安裝畫面，並按下「Next >」按鈕，繼續後續安裝。

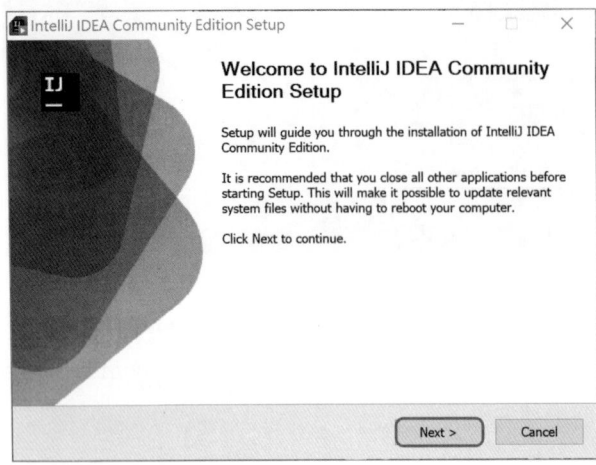

讀者可以按下「Browse」按鈕，自行設定安裝的路徑與目錄。若不想更改安裝的預設路徑與目錄，則直接按下「Next >」按鈕，繼續後續的安裝，如下圖所示。

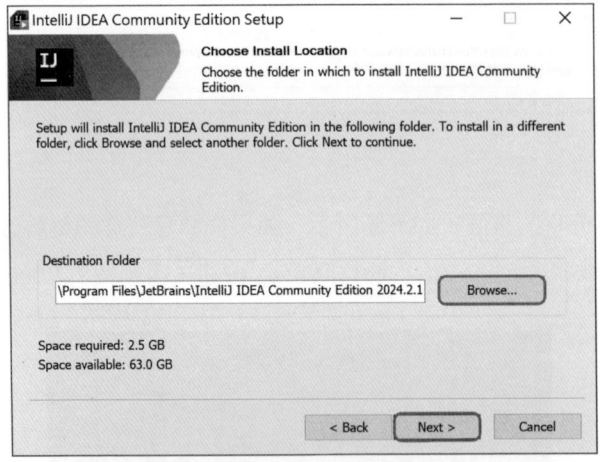

接著是一些細項的設定。第1個選項為是否在電腦桌面建立IntelliJ IDEA的快捷圖示。第2個選項「Open Folder as Project」會將此選項加入Windows的檔案總管的彈出選單中，請勾選此項。第3個選項為是否要將所列的各種檔案格式以IntelliJ IDEA開啟。第4個選項為是否要將IntelliJ IDEA安裝後的bin資料夾路徑，加入電腦的檔案搜尋路徑PATH裡；最後按下「Next>」按鈕進到下一步驟。

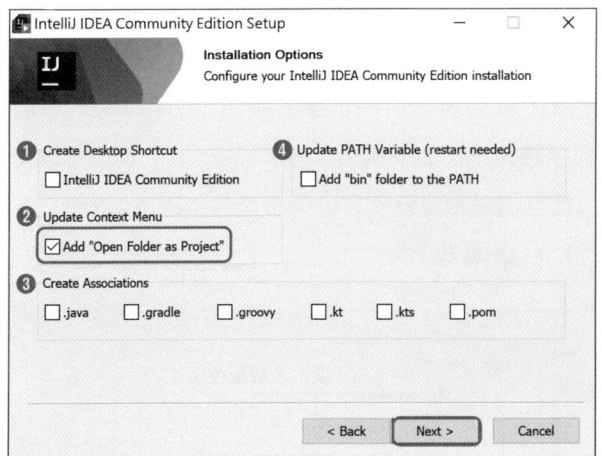

接著設定在程式資料集裡的名稱，如下圖所示。如不想更改，則直接按下「Install」按鈕，就會開始安裝。安裝結束後，執行 IntelliJ IDEA。

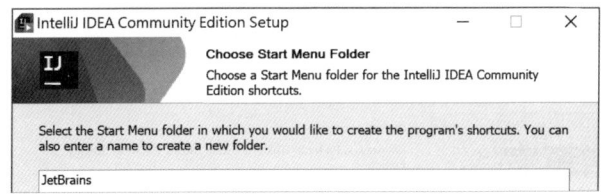

1.3 建立 Kotlin 程式與專案
SECTION

啟動 IntelliJ IDEA 時，若顯示是否要匯入 IntelliJ IDEA 的設定檔對話框，如右圖所示。假使沒有要匯入舊的 IntelliJ IDEA 的設定檔，則選擇「Do not import settings」後，按下「OK」按鈕繼續。

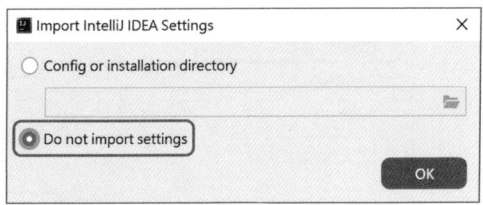

1.3.1　設定配色與字體大小

進入 IntelliJ IDEA 的歡迎畫面，左半邊的選項「Customize」可以設定 IntelliJ IDEA 的外觀配色與字體大小，如下圖所示。「Plugins」選項可以安裝各種的外掛套件，例如：Kotlin 語言也是預設已安裝的外掛套件，所以 IntelliJ IDEA 安裝好後，才可以編譯與執行 Kotlin 專案。

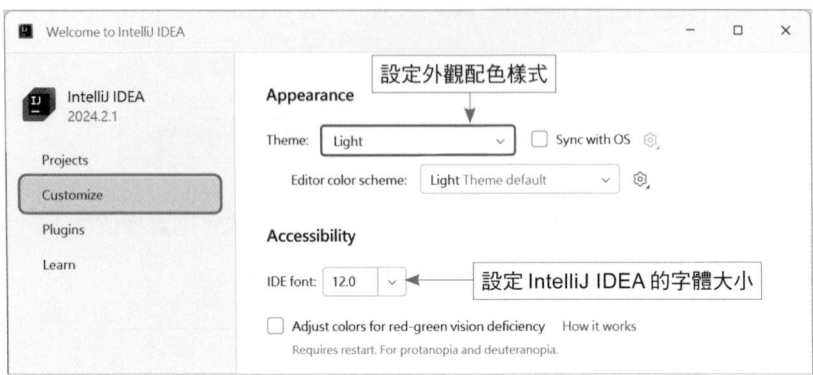

1.3.2　新增專案

開啟 IntelliJ IDEA，並選擇「Projects」選項，在畫面中間有 3 個按鈕：「New Project」、「Open」與「Get from VCS」，分別為建立新專案、開啟舊專案以及從網路上透過 VCS 檔案開啟專案。請點選「New Project」建立新專案，如下圖所示。

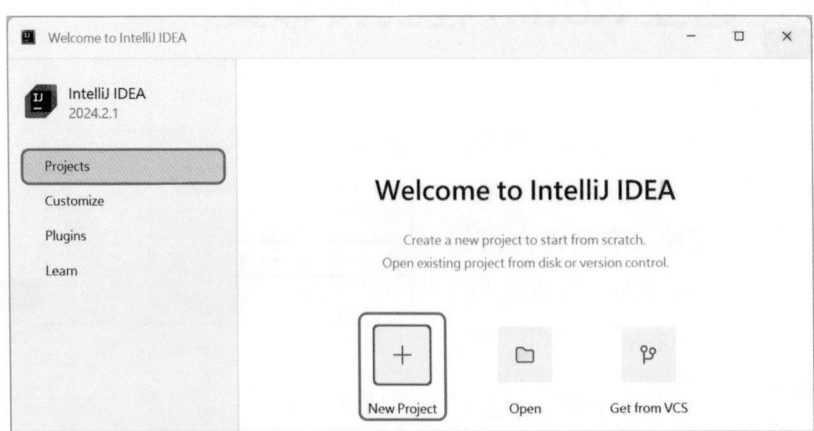

建立新專案的畫面，如下圖所示。①先在左側點選「Kotlin」，表示使用Kotlin語言；②欄位「Name」為此專案的名稱，可自行決定；③欄位「Location」為專案的儲存路徑，也可自行設定；④欄位「Build system」設定為「IntelliJ」；⑤欄位「JDK」為已經選取的JDK。只要電腦已經安裝過了JDK，並且設定好了JDK在電腦中的搜尋路徑，IntelliJ IDEA會自動設定好此欄位的內容。

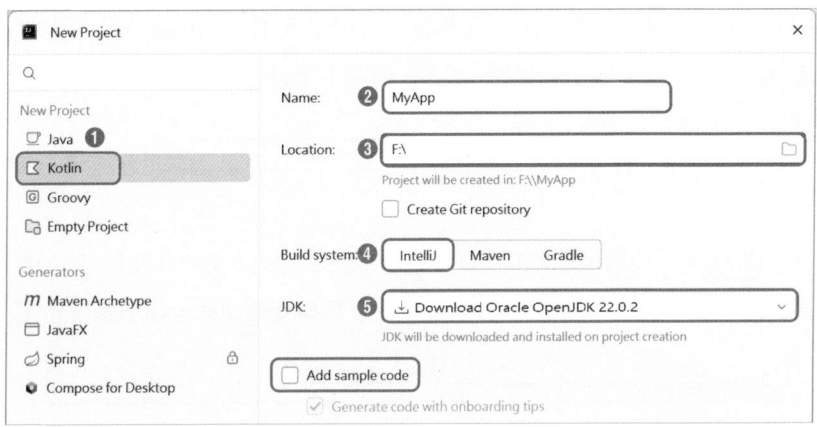

由於目前的電腦中並沒有安裝JDK，因此在上圖中提示下載「Oracle OpenJDK 22.0.2」。讀者可以直接使用此JDK或是下載其他的JDK，於下節介紹。

1.3.3　安裝 JDK

此處示範下載 Amazon Corretto OpenJDK。在「JDK」欄位的右側欄位選擇「Download JDK」選項，如下圖所示。

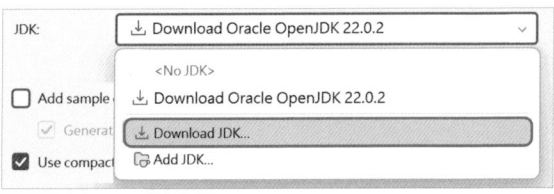

接著從「Vendor」欄位的下拉選單中選擇「Amazon Corretto 22.0.2」；讀者可以自行選擇不同的JDK。「Location」欄位為安裝JDK的路徑，可以自行設定或使用預設的安裝路徑；最後按下「Download」按鈕，開始下載並安裝JDK，如下圖所示。

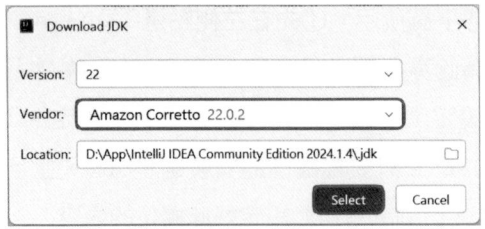

安裝好 JDK 之後，「JDK」欄位如下圖所示。若已經安裝了不同的 JDK，也能在此欄位選擇適合的 JDK。下方有一列說明：「JDK 會在專案建立時下載與安裝」。

最後按下「Create」按鈕來完成 Kotlin 專案的設定，進入 IntelliJ IDEA 的專案編輯主畫面。在畫面下方的狀態列，會顯示正在下載與安裝 JDK，如下圖所示。

IntelliJ IDEA 的程式編輯畫面分為 2 個主要的部分：①左邊的專案視窗、②右邊的程式碼編輯視窗，如下圖所示。

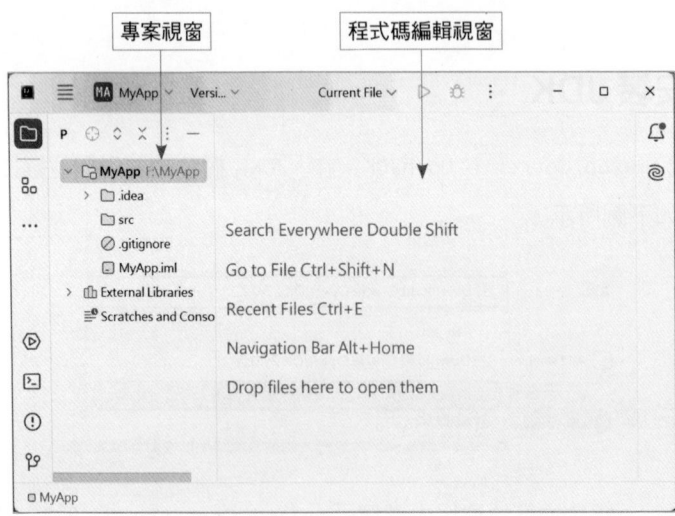

這是新版的畫面，主功能表被收藏在 ≡。若要使用傳統的主功能表，則點選 ≡ >「File」>「Settings」，如下圖所示。先選擇「Plugins」，然後搜尋「classic」就可以看到「Classic UI」套件，如下圖所示；接著按下「Install」按鈕來安裝此套件。

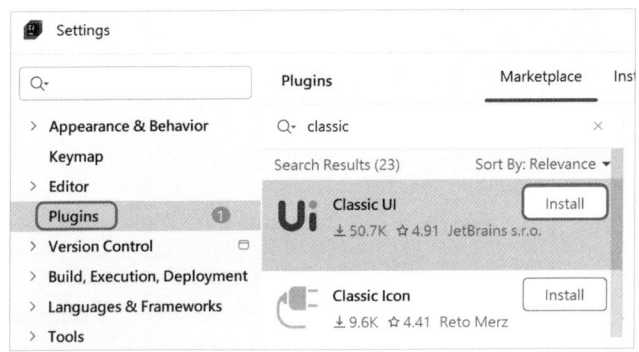

安裝好後，再按下「Restart IDE」按鈕，並重啟 IntelliJ IDE，就可以切換回傳統的畫面，主功能表就會停駐在畫面上。本書為了便於講解以及讀者閱讀，皆使用傳統的功能表畫面進行示範。

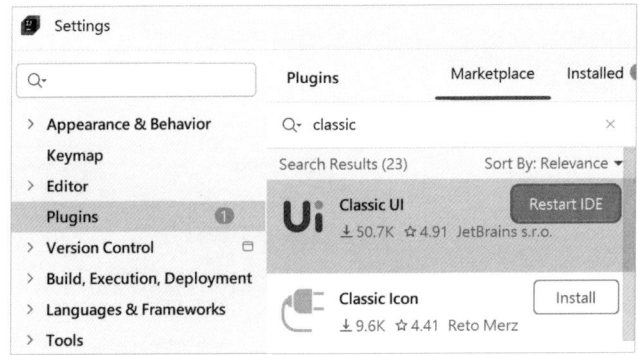

1.3.4 新增 Kotlin 原始碼

有 2 種方式可在 Kotlin 專案中新增 Kotlin 程式：①新增 Kotlin 程式檔案、②新增 Kotlin 類別。如果只是撰寫簡單不複雜的 Kotlin 程式，使用新增 Kotlin 程式檔案的方式就可以了。如果要開發具有物件導向的 Kotlin 程式時，就要選擇新增 Kotlin

類別的方式；但只有Kotlin類別而沒有main()主函式，是無法成為可執行的Kotlin程式。

🛸 新增Kotlin程式檔案

如下圖所示，於專案視窗裡，在「src」目錄上按滑鼠右鍵彈出選單，並選擇「New」項目後，再選擇「Kotlin Class/File」項目。

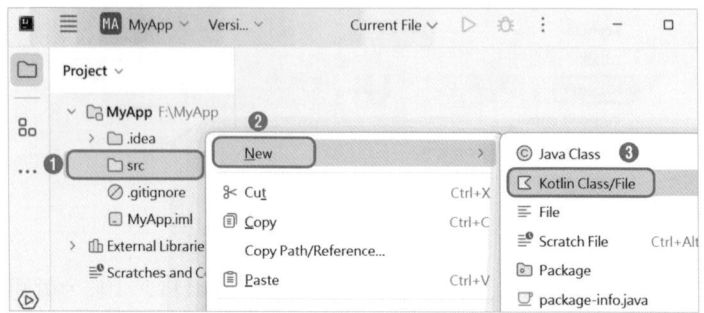

接著在對話框裡選擇「File」項目，並自行輸入此Kotlin程式的檔案名稱（例如：MyApp）並按 Enter 鍵，如下圖左所示。在「src」目錄裡，便建立了MyApp.kt（Kotlin程式檔案的副檔名為kt）檔案，並且程式碼編輯視窗也進入了MyApp.kt程式的編輯模式，如下圖右所示。

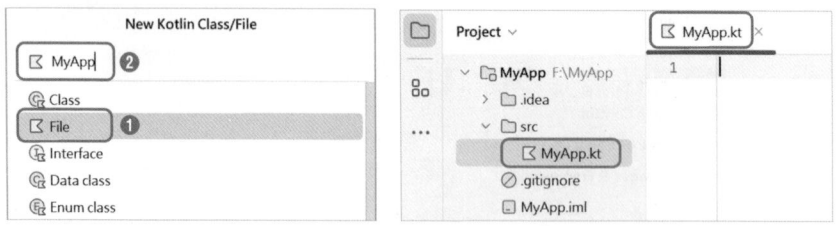

🛸 新增Kotlin類別

如下圖左所示，選擇「Class」項目，並輸入此Kotlin類別的名稱，例如：MyClass。如下圖右所示，在「src」目錄裡，便建立了MyClass類別，並且程式碼編輯視窗也進入了MyClass.kt程式的編輯模式，並新增了MyClass類別的預設程式碼樣板。

在 Kotlin 程式中,只是新增 Kotlin 類別,此程式並無法執行,還是需要加上 main() 主函式後,此 Kotlin 程式才能被執行。

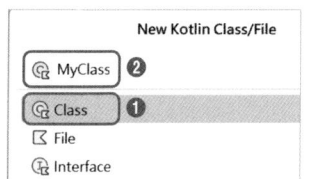
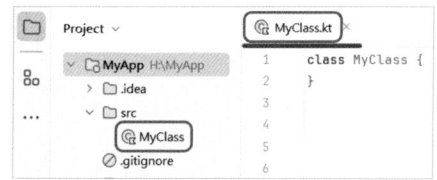

1.3.5　關閉與開啟 Kotlin 專案

 關閉專案

要關閉正在編輯的程式專案,選擇主功能表「File」選單,並點選「Close Project」,便能關閉正在編輯的程式專案。

 開啟舊專案

有多種方式可以開啟 Kotlin 專案。在 IntelliJ IDEA 的歡迎畫面中,點選「Open」選項,如下圖所示。

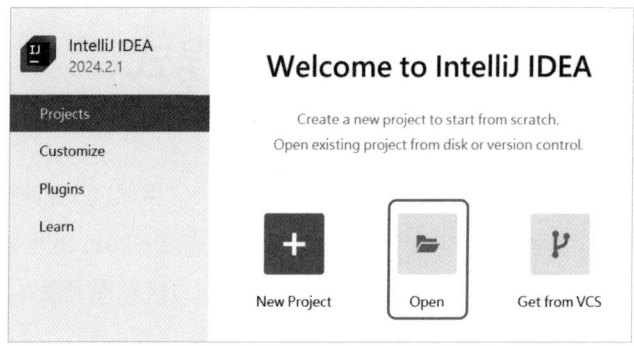

若曾經有開啟過的專案,也會列在 IntelliJ IDEA 歡迎畫面的中間;可以直接點選重新開啟此專案,如下圖所示。或者,點選在歡迎畫面上方的「Open」按鈕來開啟舊專案。

1-17

點選「Open」按鈕之後，開啟「Open File or Project」對話框，點選 Kotlin 專案資料夾後，按下「OK」按鈕來開啟專案，如下圖所示。

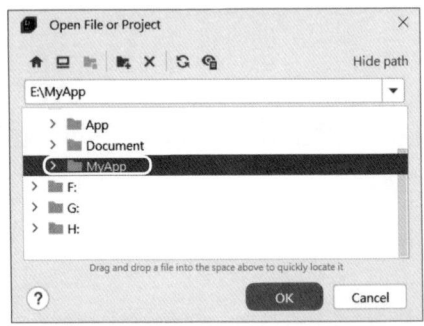

1.4 撰寫與執行 Kotlin 程式

建立新的 Kotlin 專案 MyApp 後，在專案視窗的「src」目錄內，新增 kotlin 程式碼檔案 MyApp.kt，並於程式碼編輯視窗內輸入以下程式碼。kotlin 程式區分英文字母大小寫，例如：main 與 Main 是不同的 2 個識別字，所以撰寫程式碼時需要特別注意。

在一行程式碼末尾加上分號，是許多程式語言的習慣，表示一行程式碼結束。Kotlin 程式碼並不用加上分號，但讀者也可以維持加上分號的習慣，並不會被視為錯誤。

此程式會讓讀者輸入自己的姓名,例如:輸入姓名為 "Mary"。輸入姓名後,按 Enter 鍵會顯示訊息「Hi, Mary 歡迎學習 Kotlin」。

```
1   fun main()
2   {
3       /*
4       示範變數宣告
5       */
6       val name: String    // 宣告字串變數 name
7
8       print("輸入姓名:")
9       name= readln()
10      println("Hi, $name" + " 歡迎學習 Kotlin")
11  }
```

1.4.1 程式註解

程式註解並不是程式的一部分,也不能被執行;主要用來作為程式的說明、解釋。程式註解有以下 2 種形式:

🛸 多行註解

多行註解由 "/*" 與 "*/" 所包含的所有文字內容,都會被視為程式註解,如上述程式碼第 3-5 行。

🛸 單行註解

單行註解由 "//" 開頭之後的所有文字內容,都會被視為程式註解,如上述程式碼第 6 行宣告變數之後的文字:「// 宣告字串變數 name」。

1.4.2 程式進入點：main() 函式

main() 函式為 Kotlin 程式的起點，也可以稱為「主函式」；一支 Kotlin 程式只能有一個 main() 函式。函式以關鍵字 fun 開始，接著是函式的名稱以及一對小括弧。函式內的程式碼寫在一對大括弧之內，例如：上述程式碼第 3-10 行，因此函式 main() 的形式如下所示。

```
fun main()
{
    在這裡寫程式碼敘述
        ⋮
}
```

另一種常被使用的大括弧形式是將左大括弧寫在小括弧之後，如下所示。

```
fun main(){
    在這裡寫程式碼敘述
        ⋮
}
```

上述程式碼第 6 行宣告字串變數 name，用來儲存讀者所輸入的姓名。第 8 行使用 print() 方法顯示輸入姓名的提示訊息。第 9 行使用 readln() 方法讀取所輸入的資料，並儲存於變數 name。第 10 行顯示輸出結果。

1.4.3 執行程式

撰寫好程式碼之後，按下程式碼編號右邊的 ▶ 按鈕來執行程式，如下圖所示。

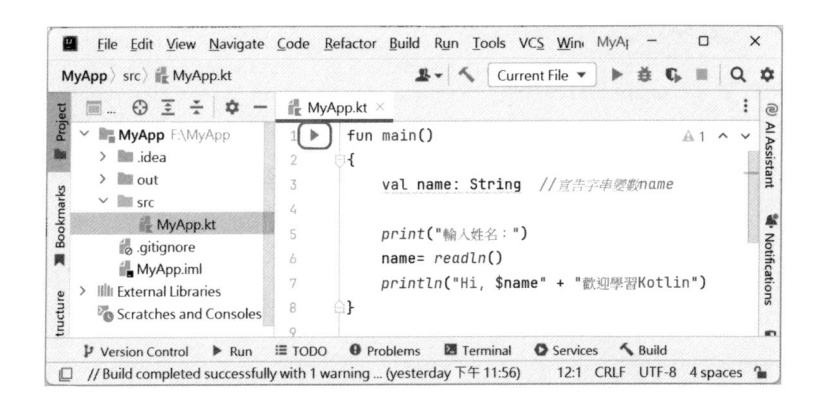

接著在彈出的執行選單上，點選「▶Run 'MyAppKt'」來執行程式，如下圖所示。

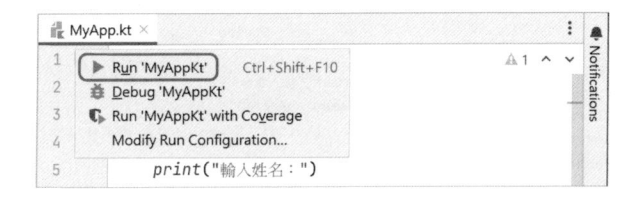

或者，按下 IntelliJ IDEA 右上方的執行按鈕，也能執行程式，如下圖所示。

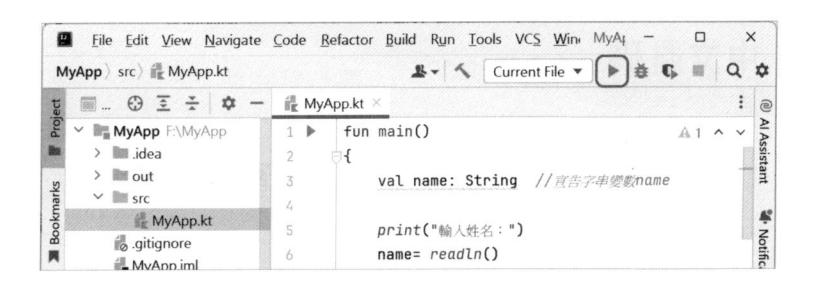

1.4.4 停止程式

在 IntelliJ IDEA 下方的「Run」執行視窗（又常稱為「控制台」）會顯示執行結果，如下圖所示。按下 ■ 按鈕可以停止程式的執行。

或者，按下 IntelliJ IDEA 右上方的「停止」按鈕，也能停止程式，如下圖所示。

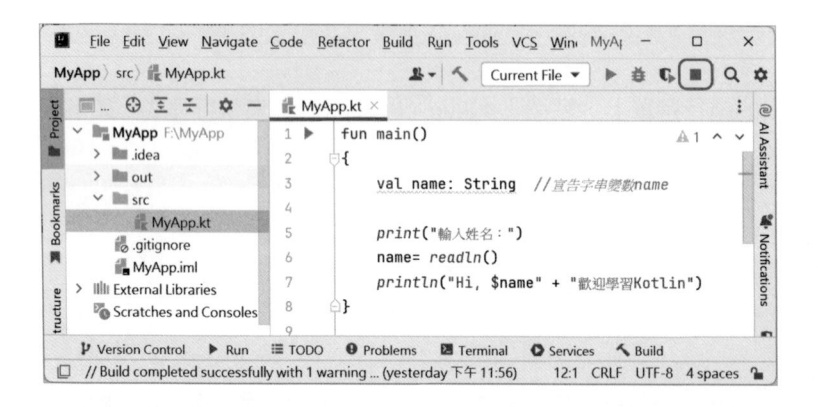

1.4.5 中文亂碼

若輸出中文時顯示亂碼，是因為 IntelliJ IDEA 或是不同公司提供的 JDK、不同版本的 JDK 的文字編碼與中文尚未完全相容的原因，如下圖所示。

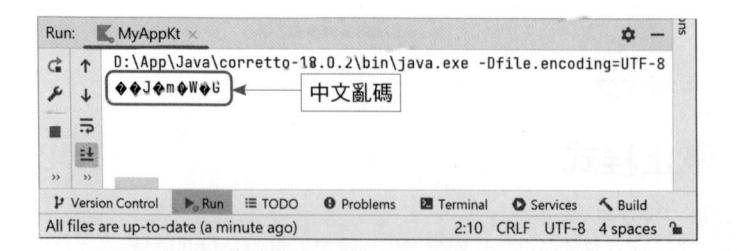

如上述所言，有不同的原因會產生中文亂碼問題，因此目前尚無完全有效的解決辦法，以下提供一種修正方法。點選主功能表「Run」>「Edit Configurations」開啟設定視窗，接著按左上角的「+」後，在彈出選單裡選擇「Kotlin」。

在「Main class」項目中輸入「MyAppKt」，在「VM options」項目中輸入「-Dfile.encoding=x-windows-950」（或「-Dfile.encoding=BIG5」；端看哪個能正確顯示與輸入中文），再按下「OK」按鈕來完成設定。最後要重新啟動 IntelliJ IDEA，並重新載入專案。

修正中文亂碼的問題之後，重新執行專案。在執行視窗中輸入姓名："Mary"。最後執行結果如下圖所示，已經可以正常顯示中文。

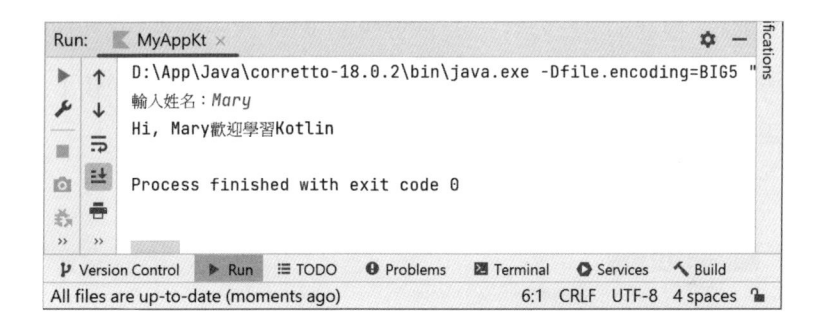

1.5 轉移 Kotlin 專案

不同電腦安裝 IntelliJ IDEA 與 JDK 的路徑、JDK 的版本可能並不相同，這導致了把 Kotlin 專案移至其他電腦後，會發生無法執行的問題。例如：可以載入專案，卻沒有出現可以執行的按鈕 ▶，如下圖所示。

1-23

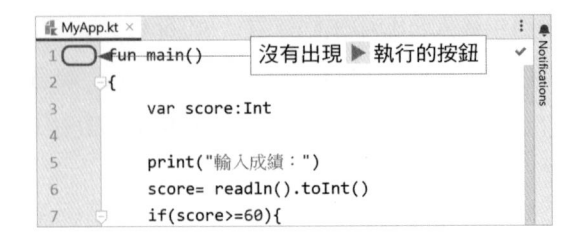

這是因為 Kotlin 專案原來所設定的資源與資源存取路徑，在目前這台電腦系統裡找不到這些資源與資源路徑，因而引起的問題，解決方法有以下 2 種。

🛸 重設專案的相關路徑

若專案的相關路徑已經遺失，則需要重新設定所有的相關路徑。

1. 選擇主功能表「File」>「Project Structure」，開啟「Project Structure」視窗。

2. 設定 SDK。在「Project」項目的「SDK」欄位設定正確的 JDK，並按下「Apply」按鈕套用新的設定；此處也會自動下載所缺少的 JDK。

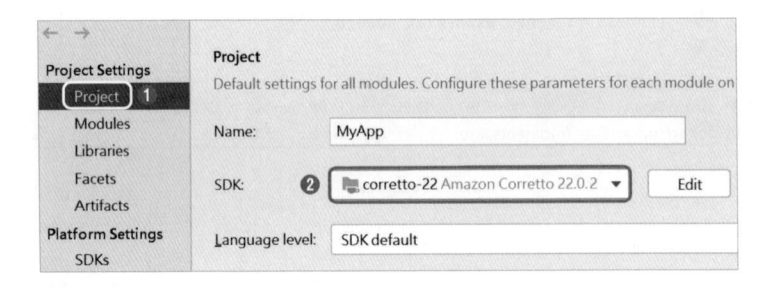

3. 設定專案相關路徑。在「Modules」項目的「Sources」分頁中，設定正確的「Sources」路徑。首先點選「Modules」項目，再按「+」來選擇專案的資料夾，如下圖所示。

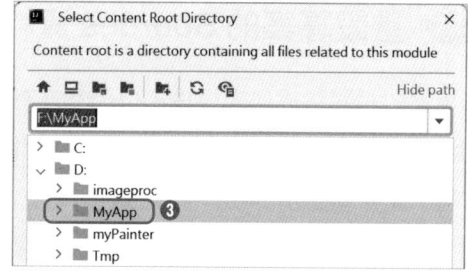

4. 接著點選「src」資料夾後，再點選「Sources」標籤，在右側就可以看到已經自動加入「Source Folders」的路徑，如下圖所示。

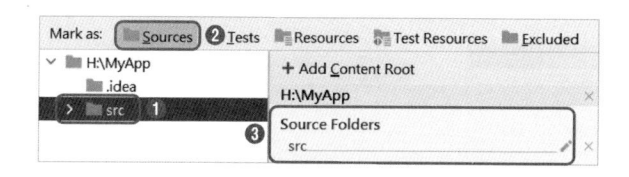

5. 最後按下「Project Structure」視窗的「OK」按鈕來完成設定。接著在 IntelliJ IDEA 程式碼編輯區的右上角，會出現如下的提示。

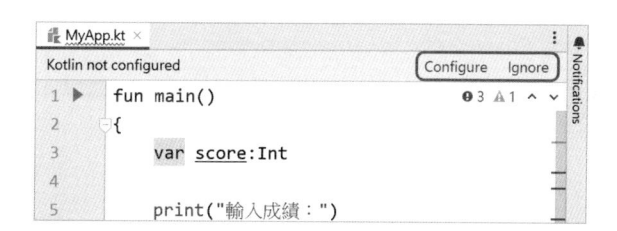

6. 點選「Configure」後，再選擇「Java」，IntelliJ IDEA 就會開始重新設定整個專案，如下圖所示。等到整個專案重新整理完畢之後，就能執行專案了。

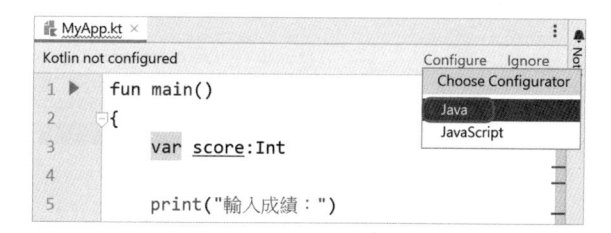

🛸 重設專案的 Sources 資料夾

若專案的相關路徑並未遺失，但仍然沒有出現可以執行的 ▶ 按鈕，這是專案無法識別程式原始碼的「Sources」資料夾的原因，因此只要重新設定「Sources」資料夾即可。如下圖所示，在專案視窗的「src」目錄上按滑鼠右鍵，然後在彈出選單上點選「Make Directory as」項目，最後再點選「Souces Root」。

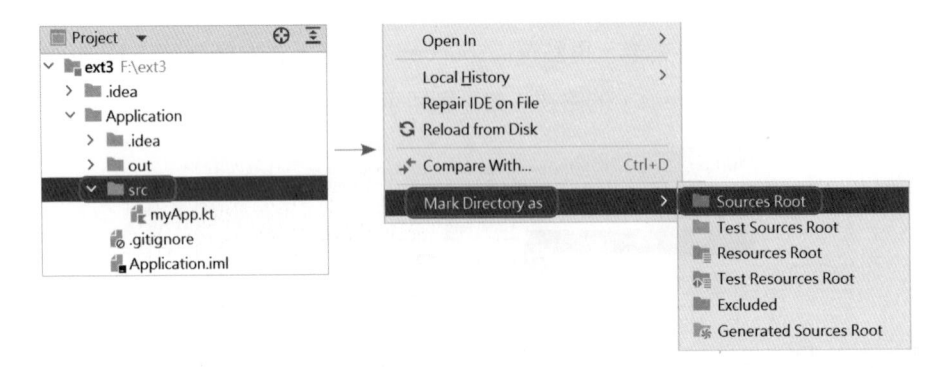

接著在 IntelliJ IDEA 程式碼編輯區的右上角，會出現如下的提示。

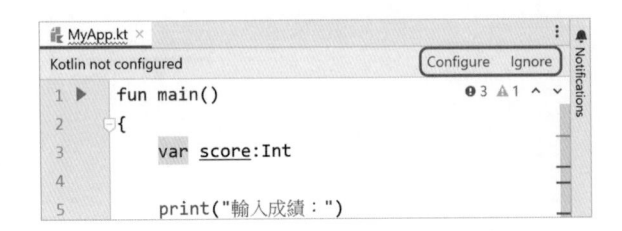

點選「Configure」後，再選擇「Java」，IntelliJ IDEA 就會開始重新設定整個專案，如下圖所示。等到整個專案重新整理完畢之後，就能執行專案了。

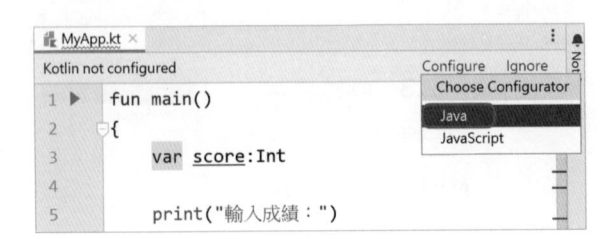

2
CHAPTER

資料型別與變數

2.1 變數宣告與使用

2.2 常用的資料型別

2.3 唯讀變數

2.4 延遲設定初始值

2.5 資料型別轉換

2.6 基本運算

2.1 變數宣告與使用

Kotlin 語言的變數具有型別推論（Type inference）的功能，因此宣告變數時並不需要指明其資料型別。並且，也針對空值 null 設定給變數的處理，提供了更安全的設定方式。

2.1.1 變數宣告

Kotlin 宣告變數的語法，如下所示；其中，val 關鍵字用於宣告不會被更動內容的變數，請參考 2.3 小節。

```
var/val 變數名稱 [:資料型別][ = 初始值]
```

若變數的內容會改變，則使用 var 關鍵字宣告變數，例如：以下變數宣告。

```
1   fun main()
2   {
3       var price: Int = 10
4       var name: String = "王小明"
5       var age:Int
6       var weight = 50.67
7   }
```

程式碼第 3 行宣告整數變數 price，初始值為 10。第 4 行宣告字串變數 name，初始值為 "王小明"。第 5 行宣告整數變數 age，但不設定初始值。第 6 行宣告變數 weight，不指定其資料型別，但因為初始值為小數 50.67，因此變數 weight 會自動被視為雙精浮點數 Double 型別。

若要在同一列程式碼中宣告多個變數，可以使用「;」連接多個變數宣告。這些變數可以是不同資料型別，如下所示。

2-2

```
var num:Int=3; var name="Mary"; var weight=55.7
```

2.1.2 將值設定給變數

當宣告變數時，若已知此變數的值，可以直接設定其初始值；否則可以之後再設定其值，例如：上述程式碼第 5 行的變數 age。將值設定給變數的方式，如下所示。

```
1  age=18
2  name="Mary"
3  price=age
```

程式碼第 1 行將數值 18 設定給變數 age。第 2 行將字串 "Mary" 設定給變數 name，覆蓋變數 name 原有的值 " 王小明 "，但下列程式碼會發生錯誤。

```
age="Mary"
```

這是因為變數 age 為整數型別，而 "Mary" 是字串；此 2 者資料型別不同，因此會發生錯誤。IntelliJ IDEA 也會出現錯誤提示，如下圖所示。

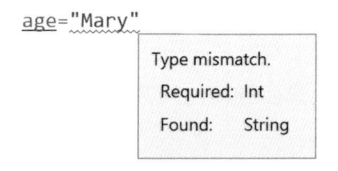

再看另一個例子，把數值 19 設定給字串變數 name，如下所示。

```
name=19
```

IntelliJ IDEA 出現的錯誤提示，如下圖所示。

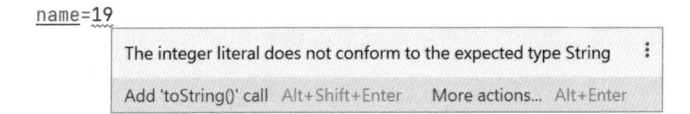

此種情形可以透過資料型別轉換便可解決，如下所示。

```
name=String.format("%n",19)
```

不同資料型別的值或是變數，可以透過資料轉型之後，再設定給不同資料型別的變數；更多關於資料轉型的內容，請參考後續章節。

範例 2-1：顯示商品名稱與價錢

宣告2個變數，用以表示商品的名稱 productName 與價錢 price。商品名稱為「電腦螢幕」，價錢為 6000 元。顯示結果為：「商品：電腦螢幕，價錢 6000 元。」。

一、解說

商品名稱為 "電腦螢幕"，所以變數 productName 應該宣告為字串變數。價錢為數值，所以變數 price 應該是整數變數。宣告變數可以有不同的方式，以下為其中一種宣告方式：

```
var productName:String
var price=6000
```

顯示資料到執行視窗，可以使用 print() 方法或是 println() 方法，差別在於 println() 方法顯示資料之後會自動換行。以下是 print() 方法常被使用的方式，更詳細的資料請參考後續章節。

```
1   print(3)
2   print(" 早安 ")
3   print("Hi,"+" 妳好 ")
4   print(" 妳好，${name}")
```

程式碼第1行顯示單個數值資料3；第2行顯示單個字串資料 "早安 "；第3行將2個字串串接在一起顯示；第4行則將一般文字與變數串接在一起顯示；其中，"${}" 稱為「字串樣板」，可以在大括弧中放置變數或是運算式。

二、執行結果

在執行視窗中顯示：

> 商品名稱：電腦螢幕，價錢：6000 元。

三、撰寫程式碼

1. 建立專案 Application，並新增 Kotlin 程式碼檔案 MyApp.kt。

2. 建立 main() 函式。

3. 於 main() 函式中撰寫如下程式碼：

```
1   fun main()
2   {
3       var productName:String
4       var price=6000
5
6       productName="電腦螢幕"
7
8       print("商品名稱：$productName，")
9       println("價錢：${price}元。")
10  }
```

程式碼第 3-4 行分別宣告變數 productName 與 price，分別表示商品名稱與價錢。商品名稱 productName 為字串型別，價錢 price 設定初始值為 6000，因此會自動把 price 設定為整數型別。程式碼第 6 行設定 productName 的內容等於字串 "電腦螢幕"。第 8 行顯示商品的名稱，第 9 行顯示商品的價錢。

2.2 常用的資料型別

Kotlin 所提供的資料型別與一般程式語言所提供的資料型別大同小異，但 Kotlin 特別針對空值（null）做了安全的處理。Kotlin 提供以下的基本資料型別：數值資料（Byte、Short、Int、Long、Float 與 Double）、Char、String 與 Boolean。須特別注意，Kotlin 的 Char 型別無法直接被拿來作為數值使用。

2.2.1 數值資料型別

Kotlin 提供以下數值資料型別：Byte、Short、Int、Long、Float 與 Double，其值域與所使用的位元組（Byte）數，如下表所列。

資料型別	位元組數	值域
Byte	1	127 至 -128
Short	2	32767 至 -32768
Int	4	2147483647 至 -2147483648
Long	8	9223372036854775807 至 -9223372036854775808
Float	4	$3.4028235E^{38}$ 至 $1.4E^{-45}$
Double	8	$1.7976931348623157E^{308}$ 至 $4.9E^{-324}$

例如：以下例子，程式碼第 1 行是錯誤的變數宣告，因為 Byte 型別的值域最大值為 127，而此處卻將 512 設定給 Byte 型別的變數 num1，因此會產生溢位錯誤。第 4 行宣告 Float（單精浮點數）型別的變數 num4，並將小數 12.3 設定給 num4，因此數值 12.3 之後要加上 f 或 F。

```
1   var num1:Byte=512      // 錯誤
2   var num2:Int=1000
3   var num3:Short=20
```

```
4    var num4:Float=12.3f
5    var num5=12.3
6    var num6=512L
7    var num7:Double=1.1e2
8    var num8:Double=2     // 錯誤
```

第 5 行將小數 12.3 設定給變數 num5；Kotlin 將小數數值預設為 Double（雙精浮點數）型別，因此宣告變數 num5 時雖然沒有指定資料型別，但會自動設定為 Double 型別。第 6 行將數值 512 加了 L，因此變數 num6 會自動被視為 Long 型別。第 8 行也是錯誤的變數宣告方式；Double 型別用來儲存小數數值，因此數值 2 要改成 2.0。

要取得各種數值型別的最大值與最小值，可以使用 MAX_VALUE 和 MIN_VALUE；例如：顯示 Byte 型別的最大值與 Int 型別的最小值，如下所示。

```
1    print(Byte.MAX_VALUE)
2    print(Int.MIN_VALUE)
```

2 進位、16 進位數值表示法

Kotlin 的數值型別也能接受 2 進位與 16 進位的數值，例如：以下程式碼。表示 16 進位數值以 0x 或 0X 開頭，如下程式碼第 3 行所示。表示 2 進位數值以 0b 或 0B 開頭，如下程式碼第 4 行所示。

```
1    var num:Int
2
3    num=0xff    // 等於 10 進位值 255
4    num=0b011   // 等於 10 進位值 3
```

無符號整數

kotlin 1.3 版開始支援無符號（Unsigned；無正負號）整數型別；因為沒有負值，所以無符號整數的正數值域會更大。因此，當變數只用來儲存正值時，可以將變數宣告為無符號整數型別。要設定給無符號變數的數值，需要加上 u 或 U，如下程式碼所示。

```
1   var num1:UByte=200u
2   var num2:UShort=1000U
3   var num3:UInt=1234      // 錯誤，1234 要加 u
4   var num4:ULong=-123     // 錯誤，不能儲存負值
5   var num5:ULong=123uL
```

Byte、Short、Int 與 Long 型別的無符號型別分別為：UByte、UShort、UInt 與 ULong，其最大值域分別為：255、65535、$2^{32}-1$ 與 $2^{64}-1$。上述程式碼第 3 行是錯誤的變數設定，因為數值 1234 沒有加上 u 或 U。第 4 行也是錯誤的變數設定，因為將負值 -123 設定給無符號變數 num4。

2.2.2　Char 型別

Char 型別（字元型別）用來儲存 1 個字元，並以單引號圍住此字元；例如：'A'、'@'、'4' 等，如下範例所示。Char 型別可以接受 Unicode 字元，因此程式碼第 3 行可以將中文字 '我' 設定給字元變數 c3。第 4 行是錯誤的變數設定，因為 'AB' 並不是 1 個字元，而是 2 個字元。

```
1   var c1:Char='A'
2   var c2='$'
3   var c3:Char='我'
4   var c4:Char='AB'
```

須特別留意，許多程式語言的字元型別所宣告的變數可以直接視為數值，因此可以做數值運算。但 Kotlin 的 Char 型別所宣告的變數不能直接視為數值（要經過型別轉換才行），所以無法做數值運算。例如：以下程式碼第 5 行是錯誤的設定。

```
5   var c4:Int=c1+1      // 錯誤，c1+1 無法變成整數
6   var c5:Char=c1+1     //c5 等於 'B'
```

因為 c1 是 Char 型別，不能視為數值，所以無法進行 c1+1 運算。第 6 行是正確的設定，變數 c5 等於字元 'B'。

逸出字元

字元 '\' 加上特定的字元後，會有不同的顯示效果與意義，這些字元稱為「逸出字元」(Escape character)。例如：'\n' 表示換行，顯示資料後會自動換至下一列；以下是常被使用的逸出字元。

逸出字元	說明
\b	倒退 1 個字元的位置。
\n	自動換至下一列。
\r	按 Enter。
\t	水平跳格。
\v	垂直跳格。
\\	顯示 \。
\"	顯示 "。
\'	顯示 '。
\u	Unicode 字元。

例如以下例子：

```
1  print("Hello,")
2  print('\t')
3  print("Mary.")
```

輸出結果為：

```
Hello,    Mary.
```

2.2.3　Boolean 型別

Boolean 型別（布林型別）的值只有 2 種：true 與 false，分別表示 " 真 " 與 " 偽 " 此 2 種情形，因此布林變數適合用來表示只有 2 種狀態的事情；例如：燈的開與關的狀態、成績及格與不及格的狀態。例如以下例子：程式碼第 1 行宣告布林型別的變數 fg1，並且設定初始值等於 true；第 2 行宣告布林型別的變數 fg2；第 4 行將此變數設定為 false。

```
1    var fg1:Boolean=true
2    var fg2:Boolean
3
4    fg2=false
```

2.2.4　String 型別

字串（String）可以解釋為：由 1 個或 1 個以上的字元所組成，並以 1 組雙引號所括住的內容，就稱為字串。撰寫程式時經常會使用到字串，諸如：姓名、商品名稱、提示輸入的訊息、電子郵件等都是字串，例如：" 王小明 "、"BOOK"、"@"、"A" 與 "12"。

上述的 "@" 與 "A" 雖然都只有 1 個字元的長度，但因為使用雙引號括住，所以也視為字串。而 "12" 的內容雖然是數字，但也因為使用雙引號括住，所以也視為字串。字串可以使用 + 運算子串接在一起，例如：

字串相加	相加結果
"A"+"BOOK"	"ABOOK"
"12"+"34"	"1234"

字串型別變數的宣告與使用，如下所示。程式碼第 1-3 行使用不同的方式分別宣告字串變數 str1、str2 與 str3；第 5 行將字串變數 str1 與 str3 串接後，設定給字串變數 str2，因此字串變數 str2 的內容等於："Hello 你好 "。

```
1    var str1:String="Hello"        // 指定資料型別、設定初始值
2    var str2:String                // 只有指定資料 String 型別
3    var str3=" 你好 "               // 只有指定初始值
4
5    str2=str1+str3                 // 字串串接
6    print(str2)
```

🛸 取得字串長度

欲取得字串的長度,可以使用字串型別的 length 屬性以及 count() 方法,例如:以下例子,程式碼第 3-4 行都會回傳字串 str 的長度等於 9。

```
1    var str:String="123456789"
2
3    println(str.length)
4    println(str.count())
```

🛸 取得字串部分內容

有以下方法取得字串的部分內容(子字串),如下表所列。字串裡的第 1 個字元,其在字串裡的位置為 0。假設字串變數 str 的內容為 "abcde" 這 5 個字元所組成,則第 0 位置的字元為 'a',第 4 位置的字元為 'e'。

函式 / 運算子	說明
[]	取得字串特定位置的字元;回傳值為字元型別。
first()	取得字串的第 1 個字元;回傳值為字元型別。
last()	取得字串的最後 1 個字元;回傳值為字元型別。
subString()	取得字串中的子字串;回傳值為字串型別。

[] 運算子可以取得字串裡特定位置的字元。例如:將變數 str 的第 3 位置的字元 'd' 設定給字元型別的變數 ch,如下所示。

```
var ch:Char=str[3]
```

方法 first() 可以取得字串的第 1 個字元，方法 last() 則可以取得字串的最後 1 個字元，如下所示。

```
var ch1:Char=str.first()
var ch2:Char=str.last()
```

方法 subString() 則可以取得字串的部分內容。例如：

```
1    var subStr:String
2    var str="abcde"
3    subStr=str.substring(2)
4    println(subStr)
5    subStr=str.substring(2,4)
6    println(subStr)
7    subStr=str.substring(2..4)
8    println(subStr)
```

程式碼第 4、6 與 8 行分別顯示結果為："cde"、"cd" 與 "cde"。第 3 行擷取變數 str 第 2 位置開始至最後的所有內容；第 5 行擷取變數 str 第 2 位置開始至位置 4 之前的所有內容，也就是變數 str 的位置 2-3 的內容；第 7 行擷取變數 str 第 2 位置開始至位置 4 的所有內容。

🛸 預防例外情況

當字串變數為空字串（沒有內容），使用 first()、last() 與 substring() 等方法擷取子字串時，會因無法取得字串的內容而發生例外錯誤的情況。如下程式碼所示，字串變數 str 宣告之後，其初始值為空字串，因此程式執行之後，程式碼第 2-3 行會發生例外情況而造成錯誤，進而中止程式執行。

```
1    var str:String=""              // 空字串
2    var str1=str.substring(2)      // 發生例外情況
3    var str2=str.first()           // 發生例外情況
```

為了避免此種情形發生，可以使用 firstOrNull() 與 lastOrNull() 方法取代 first() 與 last() 方法，如下所示。程式碼第 2 行變數 str1 會等於 null，第 3 行變數 str2 會等於 -1（使用了 Elvis 運算子），因此都不會發生例外情況而造成程式錯誤。

```
1    var str:String=""
2    var str1=str.firstOrNull()
3    var str2=str.firstOrNull() ?: -1
```

若搭配 Lambda 敘述式與 Kotlin 的範圍函式，還可以進一步處理發生錯誤之後的事情，如下所示。程式碼第 2-4 行表示當擷取字串 str 的第 1 個字元發生錯誤時，則顯示 "error" 訊息。

```
1    var str:String=""
2    str.firstOrNull{it==null}.apply {
3        print("error")
4    }
```

去除字串頭尾空白字元

字串的頭尾偶爾會出現空白字元，這些空白字元會影響判斷字串內容的正確性，可以使用 trim() 方法去除字串頭尾的空白字元，如下所示。

```
1    var str1:String="   Hello, how are you?   "
2    str1=str1.trim()
3
4    println(str1)
```

字串變數 str1 的內容為 "   Hello, how are you?   "；其頭尾都有數個空白字元。程式碼第 2 行使用 trim() 方法去除這些空白字元後，重新再設定給變數 str1，因此其內容變成："Hello, how are you?"。

2-13

多行字串

字串除了使用 1 組雙引號括住內容之外，也可以使用 3 組雙引號來設定多行字串內容。用此種方式顯示字串，會如實將所有內容顯示出來，如下所示。

```
1   var str1:String="""
2       "第 1 行字串 \n",
3         "第 2 行字串 "
4   """
5   println(str1)
```

輸出結果如下所示，將程式碼第 2-3 行的內容如實顯示出來。若使用 str1.length 取得字串的長度，等於 51 個字元。

```
    "第 1 行字串 \n"
       "第 2 行字串 "
```

trimIndent() 方法

可以在字串變數取得內容時加上 trimIndent() 方法，將多餘的空白字元刪除，如下所示。此時使用 str1.length 取得字串的長度，等於 29 個字元。

```
1   var str1:String="""
2       "第 1 行字串 \n",
3         "第 2 行字串 "
4   """.trimIndent()
```

trimMargin() 方法

trimMargin() 是另一種可以刪除多行字串中多餘字元的方法。例如：

```
1   var str1:String="""
2       "第 1 行字串 \n",
3         "第 2 行字串 "
```

```
4    """.trimMargin()
5    println(str1)
```

輸出結果如下所示，會保持與在程式碼編輯視窗裡的字串內容一樣的形式。

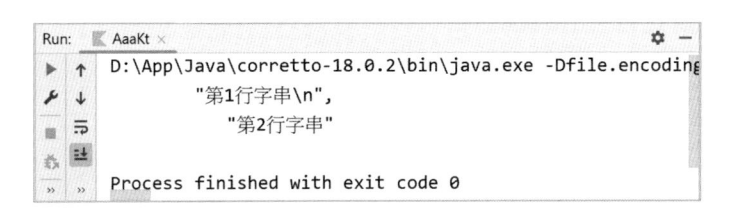

```
Run:  AaaKt
 D:\App\Java\corretto-18.0.2\bin\java.exe -Dfile.encoding
         "第1行字串\n",
         "第2行字串"

 Process finished with exit code 0
```

trimMargin() 方法會以預先設定的排版邊緣字串 "|" 作為去除多餘字元的依據。例如：

```
1    var str1:String="""
2        |"第1行字串 \n",
3        |"第2行字串"
4    """.trimMargin()
5    println(str1)
```

在 "|" 字串之前的空白都會被刪除，因此輸出結果如下所示。

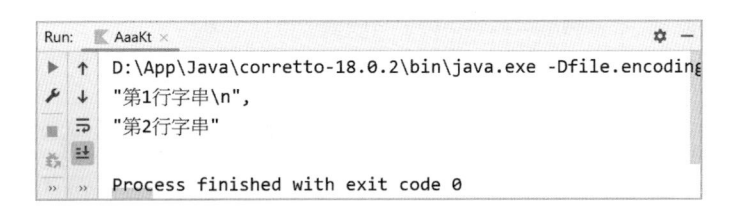

```
Run:  AaaKt
 D:\App\Java\corretto-18.0.2\bin\java.exe -Dfile.encoding
 "第1行字串\n",
 "第2行字串"

 Process finished with exit code 0
```

trimMargin() 方法可以自訂排版邊緣字串。例如：

```
1    var str1:String="""
2        @"第1行字串 \n",
3        @  "第2行字串"
4    """.trimMargin("@")
5    println(str1)
```

2-15

輸出結果如下所示；在自訂排版邊緣字串 "@" 右邊的空白字元都被保留下來，視為字串內容的一部分。

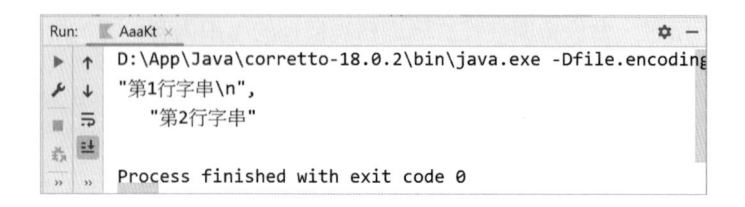

```
Run:    AaaKt
    D:\App\Java\corretto-18.0.2\bin\java.exe -Dfile.encoding
    "第1行字串\n",
        "第2行字串"

    Process finished with exit code 0
```

常使用的字串處理方法

字串型別提供很多的方法可以用來操作字串，以下為經常被使用的方法。欲查詢完整字串型別所提供的方法，可以查詢 Kotlin 官方網站所提供的參考文件。Kotlin 的各種類別所提供的方法，通常都有不同的使用方式，也請參考 Kotlin 官方網站所提供的參考文件。

方法	說明
indexOf()	回傳字元或子字串在字串中的位置；回傳值為整數型別。
lowercase()	將字串所有英文字元轉換為英文小寫字元；回傳值為字串型別。
isEmpty()	判斷是否為空字串；回傳值為布林型別。
isNullOrEmpty()	判斷是否為 null 或空字串；回傳值為布林型別。
replace()	使用新的字元或字串，取代原字串相同的內容；回傳值為字串型別。
split()	依照指定的字元或子字串，切割原字串；回傳值為字串陣列。
uppercase()	將字串所有英文字元轉換為英文大寫字元；回傳值為字串型別。

例如以下例子，程式碼第 3、4 行將字串變數 str 分別轉換為大寫字串與小寫字串；其輸出結果分別為："THIS IS A BOOK." 與 "this is a book."。第 5、6 行分別尋找字串 "is" 與字元 'a' 在變數 str 中的位置；回傳值分別為：2 與 8。第 7 行將變數 str 中的字串 "This" 替換為字串 "It"；輸出結果為 "It is a book"。

```
1   var str:String="This is a book."
2
3   println(str.uppercase())
4   println(str.lowercase())
5   println(str.indexOf("is"))
6   println(str.indexOf('a'))
7   println(str.replace("This","It"))
```

split() 方法可以依據指定的字元或是子字串,將原字串的內容拆解成為數個子字串,例如:以下例子。程式碼第 3 行將變數 str 依據空白字元拆解,因此會得到以下 4 個子字串:"This"、"is"、"a"、"book.",並儲存於變數 tokens 中。

```
1   var str:String="This is a book."
2
3   var tokens=str.split(' ')
4   tokens.forEach {
5       println(it)
6   }
```

forEach 敘述

Kotlin 對於集合類型的資料型別,提供了 forEach 敘述,可以方便用於操作這些變數裡的每個元素。字串可以視為許多字元的集合,因此也可以使用 forEach 敘述,並搭配 Lambda 語法來操作字串裡的每個字元。例如:

```
1   var str="abcde"
2
3   str.forEach{
4       println(it)
5   }
```

上述程式碼 3-5 行會從變數 str 裡依序取出每個字元,並自動儲存於變數 it;第 4 行將變數 it 列印出來,所以第 4 行會被執行 5 次,分別顯示:'a'、'b'、'c'、'd'、'e' 這 5 個字元;其中,變數 it 是 Lambda 語法特定的變數用法。

如果只是單純顯示資料，forEach 敘述還有更簡潔的寫法：

```
1    var str="abcde"
2
3    str.forEach(::println)
```

這樣表示 forEach 要執行的是 println() 這個方法，因此會自動將每個資料傳遞給 println() 方法。

format() 方法

字串類別的 format() 方法可以將各種的資料，依照指定的格式化字串，將資料轉換為特定樣式的字串，例如：指定浮點數的小數位數、轉換不同基底的數值等。

雖然最後輸出的結果是字串，但可再將字串轉為各種資料型別。format() 方法的語法如下所示。格式化字串以 "%" 開頭，再接上特定的旗標與格式化字元，如下表所示。

```
String.format(格式化字串, 數值/變數/運算式)
```

格式化字串用於設定資料的樣式，形式如下所示。

```
"%[正負號/對齊方式][長度][.小數位數]格式化字元"
```

正負號/對齊方式、長度與 .小數位數此 3 項都是可選擇的項目，因此一個最基本的格式化字串單元為 "% 格式化字元"，例如："%d" 表示顯示整數，"%f" 則為顯示浮點數。常被使用的格式化字元。如下表所示。

格式化字元	輸出格式
b	布林值。
c	字元。
d	有符號整數。

格式化字元	輸出格式
e	科學記號形式的浮點數。
f	小數形式的浮點數。
g	科學記號或小數形式的浮點數；取決於值。
h	引數的雜湊碼。
n	換行。
o	8 進制數值。
s	字串。
t	日期或時間。
x	16 進制數值。

例如以下例子，將 2 個資料：字串 " 王小明 " 與數值 18，分別依序套用到格式化字串 "%s" 與 "%d"。

```
val str = String.format("%s，今年 %d 歲。", " 王小明 ",  18)
```
資料 1
資料 2

經過 format() 方法依照格式化字串的內容，"%s" 會被置換為 " 王小明 "，"%d" 會被置換為 18。將 2 個資料組合之後，字串變數 str 的內容等於：

王小明，今年 18 歲。

資料對齊方式與顯示正負號

對齊方式與顯示正負號有以下旗標可以使用。format() 方法的資料預設為靠右對齊，因此可以使用 "%-" 使資料靠左對齊，並且可以使用 "%+" 顯示資料的正負符號。

旗標	輸出格式
-	顯示資料靠左對齊。
+	顯示資料的正負符號。

資料顯示長度與前置填滿字元

要設定顯示資料的長度，或是將不足所設定長度的資料以 0 補足，可設定如下表的旗標。

旗標	輸出格式
n	n 為整數，用於設定資料顯示的長度。
0	設定 0 為前置填滿字元，用於配合顯示長度。

例如：顯示一數值 123 與一字元 'A'。123 顯示長度為 6，並且靠左對齊、需要顯示正負號，則 format() 方法的格式化字串如下所示。

```
var str=String.format("%+-6d%c", +123, 'A')
println(str)
```

此設定要組合 2 個資料：數值 123 與字元 'A'，因此相對應的格式化字元為 "%d" 與 "%c"。並且由於數值 123 為正值，因此變數 str 的內容如下所示。

```
+123   A
```

因為設定了 "-" 旗標，所以 +123 向左靠齊。並且設定的資料長度為 6，所以 +123 之後有 2 個空白（"+" 也占了一個長度）。

再舉另外一個例子：欲將整數 123 設定為 6 個位數的長度，並且前置補 0，因此 format() 方法的格式化字串如下所示。

```
var str=String.format("%06d", 123)
println(str)
```

顯示結果如下所示。

```
000123
```

如果所設定的資料長度小於資料長度時,則會自動調整長度以符合資料的長度;因此,資料的內容並不會因此而被截斷。

設定小數位數

浮點數可以利用以下的格式化字串,來控制浮點數的位數以及小數位數。

```
var str=String.format("%5.2f", 12.34567)
println(str)
```

此格式化字串 "%5.2f" 表示浮點數總長度為 5 個位數 (包含小數點) ,其中小數位數為 2 位,小數部分會自動四捨五入,所以變數 str 的內容等於:

```
12.35
```

範例 2-2:format() 方法

使用 String 型別的 format() 方法,組合以下資料:

1. 顯示:" 王小明,全班排名:12%";其中,姓名與 12 分別使用字串 " 王小明 " 與變數 ranking。
2. 先顯示靠左對齊之整數 123,顯示其正負號,並且顯示長度為 6,再接著顯示字元 'A'。
3. 顯示一整數 456;顯示長度為 6,前置字元補 0。
4. 顯示浮點數 58.07567,顯示長度為 5,小數位數長度為 3。

一、解說

1. 要同時輸出字串與數值,因此要使用格式化字元:"%s" 與 "%d"。要在格式化字串裡顯示 "%" 字元,要使用 "%%"。
2. 要顯示標示正負號的資料,因此要使用格式化旗標 "%+"。資料要靠左對齊,因此要使用格式化旗標 "%-"。

3. 要設定資料長度為 6，並且前置字元補 0 的整數，因此格式化字串為："%06d"。

4. 要設定資料長度為 5，小數位數為 3 位的浮點數，因此格式化字串為："%5.3f"。

二、執行結果

在執行視窗中執行結果，如下所示。

```
王小明，全班排名：12%
+123  A
000123
58.076
```

三、撰寫程式碼

1. 建立專案 Application，並新增 Kotlin 程式碼檔案 MyApp.kt。

2. 建立 main() 函式，並於 main() 函式中撰寫如下程式碼。程式碼第 1 行宣告整數變數 ranking，並設定其初始值等於 12。第 3 行因為要組合 1 個字串以及 1 個整數，在 format() 方法裡的格式化字串也會有對應的格式化字元："%s" 與 "%d"。要輸出 "%"，則使用 "%%"。

```
1  var ranking = 12
2
3  println(String.format("%s，全班排名：%d%%",
4      "王小明", ranking))
5  println(String.format("%+-6d%c", 123, 'A'))
6  println(String.format("%06d", 123))
7  println(String.format("%5.3f", 58.07567))
```

程式碼第 5 行要顯示標示正負號的資料，因此要使用格式化旗標 "%+"。資料要靠左對齊，因此要使用格式化旗標 "%-"。要輸出長度為 6 的資料，所以要使用長度的格式化旗標 "%6"。要顯示 1 個整數，並接著再顯示 1 個字元，因此使用的格式化字元為 "%d" 與 "%c"。綜合以上的顯示需求，此 format() 方法的格式化字串為："%+-6d%c"。

程式碼第6行要設定資料長度為6，並且前置字元補0的整數，因此format()方法的格式化字串為：`"%06d"`。第7行要設定資料的長度為5，小數位數為3位的浮點數，因此format()方法的格式化字串為：`"%5.3f"`。

2.2.5　Null safety

Null safety可以解釋為：安全地使用null。在C/C++、C#、Java等語言，將null值（空值）設定給變數（或物件），表示此變數雖然已經宣告，但尚未經過初始化與記憶體配置，因此存取此變數是沒有意義的行為。所以存取這些變數時，都需要先判斷其內容是否等於null，否則程式會發生錯誤。尤其是針對C/C++所宣告的指標變數，都必須先做null檢查，或是對已歸還的記憶體的指標重新設定為null，這已經是C/C++工程師寫程式的習慣了。

然而，當程式越寫越複雜、多次修改之後；不小心存取一個設定為null值的變數，程式便會發生錯誤而中止；這是因為無法讓一個尚未賦予意義或是沒有內容的變數做事情。尤其是對使用Java的工程師而言，經常會遇到「NullPointerException」錯誤而不知該如何解決。

為了解決此問題，Kotlin規定宣告變數不能沒有初始值，藉以避免直接存取沒有意義或沒有內容的變數而造成錯誤。例如：宣告1個沒有初始值的整數變數score，用來表示學生的考試成績並顯示其值，如下所示。在println(score)敘述中，變數score出現了代表錯誤的紅色波浪底線，錯誤訊息為：「變數score必須初始化」。

```
fun main()
{
    var score:Int

    println(score)
}
```

Variable 'score' must be initialized
var score: Int
untitled

設定 null 值

上述的情形中，若將變數 score 設定 0 為初始值，此錯誤不就解決了嗎？但考慮學生考試的 2 種實際情形：①考試分數 0 分、②缺考，這是 2 種不一樣的意義：①學生有參加考試，但得到 0 分（此分數有意義、有內容）；②學生沒有參加考試，所以沒有分數（此分數沒有內容、沒有意義）。

假設學生缺考，但將變數 score 的初始值直接設定為 0，就表示學生已經參加了考試，並且得到了 0 分；如此一來，程式邏輯就發生了錯誤，之後在判斷成績時就會出現問題。因此，可以將變數 score 的初始值設定為 null，表示此分數尚未有內容。這樣的變數設定方法使得 null 變得更有意義，但直接在宣告變數 score 時，將初始值設定為 null 會發生錯誤，如下所示。

```
var score:Int=null
```

這是因為變數 score 並非宣告為「可以設定為 null」的變數型別，所以無法將 null 設定給變數 score。

Nullable types 與 non-null types

為了讓變數能更安全地使用 null，Kotlin 將變數宣告與使用區分為 2 種類型：①可以設定為 null、②非設定為 null。截至目前為止，所介紹、範例程式碼所使用的變數宣告、使用方式，都是屬於「非設定為 null」的類型。

變數宣告時，在資料型別之後加上 "?" 運算子，此變數即被宣告為「可以設定為 null」的變數，如下所示。

```
var/val 變數名稱:資料型別?[ = 初始值]
```

例如：

```
1    var score:Int?
2    var point:Int?=null
3    var str:String?="Mary"
```

換句話說，在宣告變數時，考量到變數可能會設定為 null 時，便要將此變數宣告為「可設定為 null」的變數形式。

🛸 Safe calls

存取「可以設定為 null」的變數時，有特定的方式或是需要特別注意的地方，才不至於造成錯誤。例如：以下例子，宣告字串變數 str，如下所示。

```
1    var str:String?="Mary"
```

接著使用字串型別的 length 屬性查詢變數 str 的長度，如下所示。此行程式碼會發生錯誤，因為變數 str 的內容可能是 null，所以無法取得變數內容的長度。

```
3    print(str.length)
```

把滑鼠移至錯誤的地方並停留一會兒，IntelliJ IDEA 會立即給予修正的建議，如下圖所示。這裡說明了只有 "?." 或 "!!" 運算子可以使用在「可以設定為 null」的資料型別 String?。

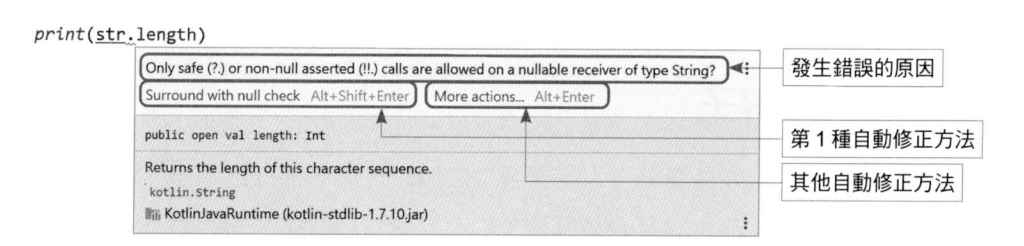

若點選了第 1 種的自動修正方法，程式碼會被修正為：先判斷變數 str 的內容不等於 null，才能執行第 4 行顯示變數 str 的長度，如下所示。

```
3    if (str != null) {
4        print(str.length)
5    }
```

若點選了其他的修正方法,會進一步彈出選單,如下所示。

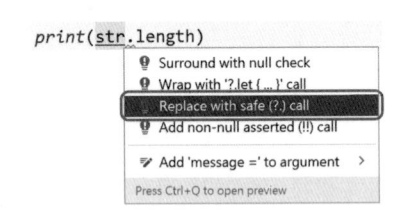

```
print(str.length)
    Surround with null check
    Wrap with '?.let { ... }' call
    Replace with safe (?.) call
    Add non-null asserted (!!) call
    Add 'message =' to argument
    Press Ctrl+Q to open preview
```

點選第 3 種的自動修正方式,如上圖所示,則程式碼第 3 行會被自動修正(若自動修正的程式碼發生錯誤,請手動修正為以下程式碼)為:

```
3    print(str?.length )
```

若點選第 4 種的自動修正方式,則程式碼第 3 行會被自動修正為:

```
3    print(str!!.length )
```

此 2 種修正方式都能正確執行,並顯示變數 str 的長度等於 4。"?." 稱為「safe call 運算子」(安全呼叫運算子),而 "!!" 稱為「not-null assertion 運算子」(非 null 明確運算子);此 2 種運算子的差別於後詳述。

🛸 ?. 與 !! 運算子

"?." 稱為「safe call 運算子」(安全呼叫運算子),而 "!!" 稱為「not-null assertion 運算子」(非 null 明確運算子)。此 2 種運算子都能正確地操作「可以設定為 null」的變數。

"?." 運算子能夠讓 Kotlin 編譯器自動檢查變數是否為 null,以避免發生錯誤;而 "!!" 運算子則是告訴 Kotlin 編譯器變數不會有 null 的情形,所以不用檢查變數是否為 null。

看以下例子：將字串變數 str 的長度設定給整數變數 len，如下程式碼所示，字串變數 str 的初始值為 null。程式碼第 5 行將字串 str 的長度設定給整數變數 len，此行程式碼會發生錯誤。

```
1   var str:String?= null
2   var len:Int
3   var len1:Int?
4
5   len= str.length
```

程式碼第 5 行發生錯誤的原因，在於變數 str 為「可以設定為 null」的變數，因此若其內容等於 null 時，再取其長度是沒有意義的。可依照自動修正的建議，將第 5 行程式碼修改如下：若變數 str 不等於 null 時，才能取出變數 str 的長度，並設定給變數 len。

```
5   if (str != null) {
6       len=str.length
7   }
```

另一種自動修正的方式，使用 "?." 運算子修正程式如下，但這樣的修正仍然發生錯誤；若程式碼第 5 行是 println(str?.length) 則正確無誤。

```
5   len= str?.length
```

這是因為即使變數 str 的內容為 null，無法取出其長度，但 println() 方法仍然可以顯示 "null" 訊息，表示無法顯示變數 str 的長度。但要將 null 設定給整數變數 len 是做不到的事情，因此即使自動修正程式碼之後，仍然會發生錯誤。

有 2 種方法可以修正此種錯誤。第 1 種方法：使用 "!!" 運算子，如下所示。但程式卻在執行發生錯誤而中止，因為 "!!" 運算子讓 Kotlin 編譯器不檢查變數 str 是否會有 null 的可能性，因此在撰寫程式碼時並不會有錯誤出現，但執行時就會因無法將 null 設定給變數 len 而導致錯誤發生。

```
5    len= str!!.length
```

第 2 種修正方式將程式碼第 5 行改為如下：將變數 str 的長度改為設定給變數 len1；因為第 3 行將變數 len1 被宣告為「可以設定為 null」的變數型別，所以可以接受 null。

```
5    len1= str?.length
```

要安全地使用 "?." 與 "!!" 運算子，可以歸納為以下規則：

1. 某一變數要接收「可以設定為 null」的變數的值，此變數也要宣告為「可以設定為 null」的變數型別。
2. 使用 "!!" 運算子，必須自行檢查變數的值是否可能為 null。

🛸 Elvis 運算子 ?:

這個運算子的名稱是來自於歌手「貓王」的姓名：Elvis Presley；據說是當時設計這個運算子的人，覺得將這個運算子順時針轉 90 度後，看起來很像「貓王」的側臉：飛機頭與雙眼。

考慮以下程式碼，程式碼第 4-7 行判斷若變數 str 不等於 null，則將變數 str 的長度設定給變數 len；否則將 -1 設定給 len。

```
1    var str:String?=null
2    var len:Int
3
4    if(str!=null)
5        len=str.length
6    else
7        len=-1
```

程式碼第 4-7 行可以使用 Elvis 運算子 "?:" 簡化為如下程式碼：

```
4   len=str?.length ?: -1
```

使用 "?:" 運算子重寫的程式碼,顯然變得更簡潔明瞭。

2.2.6　檢查變數型別

程式執行時,有時要檢查變數的資料型別,可以使用 class.java.typename 或 class.java.simpleName 來查詢,例如:顯示變數 weight 的資料型別。

```
println(weight::class.java.typeName)
```

顯示結果:

```
double
```

也可以用 is 運算來檢查變數是否屬於特定的資料型別,is 運算會回傳 true 或 false 的結果,例如:顯示整數變數 price 是否為整數型別。

```
print( price is Int)
```

顯示結果:

```
true
```

範例 2-3:字串處理

宣告 2 個字串變數 str、st1 與整數變數 len,並考慮字串內容可能為空值。完成以下步驟:

1. 將字串 " This is a book " 設定給變數 str。
2. 將變數 str 去除頭尾空白。
3. 將變數 str 的長度儲存於變數 len,並顯示 len 的值。

4. 將字串 str 去除空白字元後設定給變數 st1，並顯示 str1 的長度。

一、解說

題目提及字串變數的內容要考慮空值，所以 2 個字串變數要宣告為 String? 型別。要將字串去頭尾空白字元，則使用 trim() 方法。因為字串變數的內容有可能為空值，如果將字串變數的長度直接設定給變數 len，便會發生錯誤，所以可以使用 "?:" 運算子來防止錯誤。

二、執行結果

在執行視窗中執行結果，如下所示。

```
14
Thisisabook
```

三、撰寫程式碼

1. 建立專案 Application，並新增 Kotlin 程式碼檔案 MyApp.kt。

2. 建立 main() 函式，並於 main() 函式中撰寫如下程式碼。程式碼第 1-2 行宣告 String? 型別的字串變數 str 與 str1，並且變數 str 的初始值等於 null；第 3 行宣告整數變數 len，用於儲存變數 str 的長度。

```
1   var str: String? =null
2   var str1:String?
3   var len:Int
4
5   str=" This is a book "
6   str=str?.trim()
7   len=str?.length ?: -1
8   println(len)
9
10  str1=str?.replace(" ","")
11  println(str1)
```

程式碼第 5 行設定變數 str 的內容，第 6 行使用 trim() 方法去除變數 str 的字串內容的頭尾空白字元。第 7 行使用 "?:" 運算子來處理取得變數 str 的長度；若變數 str 的長度等於 null，則變數 len 等於 -1。第 10 行使用 replace() 方法，以 "" 取代變數 str1 中的空白字元 " "，便可刪除變數 str1 中的空白字元。

2.2.7　範圍變數

範圍變數不只有一個值，而是一個範圍之內的多個值，例如：整數 2-6，所以此變數的長度等於 5。整數、長整數、字元資料型別都能宣告為範圍變數。宣告範圍變數的方式有 3 種：①範圍運算子 ".."、② until、③ downTo，並且可以搭配 step 做迭代設定。

🛸 範圍運算子 ..

使用範圍運算子 ".." 宣告的變數必須是遞增的值，例如：1、2、3、4、5，而不能是 5、4、3、2、1。例如：宣告整數變數 r1 等於 2-8 的範圍值。

```
1  var r=2..8
2
3  println(r::class.java.simpleName)
4  println(r.count())
5  r.forEach {
6      println(it)
7  }
```

程式碼第 3 行顯示變數 r1 的型別為 IntRange。第 4 行顯示變數 r1 的值有 7 個。第 5-6 行顯示變數 r1 的內容：2、3、4、5、6、7、8。

若搭配 step 關鍵字，可以設定迭代值。例如：宣告範圍變數 r1 的內容為 2、4、6、8，如下所示。

```
var r=2..8 step 2
```

宣告字元型別的範圍變數的例子：變數 r 的值等於 'E'-'P'，共有 12 個字元。

```
var r='E'..'P'
```

until

until 關鍵字可以用於宣告遞增的範圍變數，也能搭配 step 使用。例如：宣告範圍變數，其值等於遞增整數 1-9，如下所示。

```
var r=1 until 10
```

若搭配 step 使用，產生迭代整數 1、3、5、7、9，如下所示。

```
var r=1 until 10 step 2
```

downTo

downTo 關鍵字可以用於宣告遞減的範圍變數，也能搭配 step 使用。例如：宣告範圍變數，其值等於遞減整數 10-1，如下所示。

```
var r=10 downTo 1
```

若搭配 step 使用，產生迭代整數 10、8、6、4、2，如下所示。

```
var r=10 downTo 1 step 2
```

2.3 唯讀變數

Kotlin宣告變數時，可以使用關鍵字 var 或 val。其差別在於使用 var 宣告的變數可以改變其值，而使用 val 宣告的變數在第 1 次設定其值之後，就無法改變其值；換句話說，就是無法再設定此變數的值。

val 所宣告的變數，就如同是 C/C++ 使用 const 修飾的變數，或等同於是 java 的 final 變數。因此，若考慮變數一旦設定了第 1 次的值之後，就不能再被改變其值時，就可以將此變數以 val 來宣告。

2.3.1 以 val 宣告變數

以整數變數為例，宣告與設定 val 宣告的變數，如下所示。

```
1   val number:Int=165
2   val height:Int
3
4   number=20         // 錯誤
5   height=number
6   height=170        // 錯誤
```

程式碼第 4、6 行是錯誤的程式碼。變數 number 在宣告時已經設定了初始值 165，第 4 行將數值 20 再次設定給變數 number，因此發生錯誤。變數 height 雖然在宣告時沒有設定初始值，但在第 5 行將變數 number 設定給變數 height，因此第 6 行將數值 170 再次設定給變數 height，就發生錯誤。

2.4 延遲設定初始值

Kotlin宣告變數時，必須設定其初始值。然而在某些情形之下，並無法立即在宣告變數時就給予初始值，此時就適合使用延遲設定初始值。

2.4.1　var變數延遲設定初始值

以var宣告的變數，分為2種形式的延遲設定初始值：①基礎資料型別、②延伸資料型別（複合資料型別）。基礎資料型別為Int、Char、Float、Double、Long等資料型別，衍生資料型別則為串列、集合與映射等資料型別。

基礎資料型別

以整數型別的資料為例，如下所示。首先需要匯入kotlin.properties.Delegates套件，然後宣告變數bookNum。因為bookNum要延遲設定初始值，因此使用Delegates.notNull<Int>()設定其值延後才設定；<Int>表示變數bookNum的資料型別為Int。

```
import kotlin.properties.Delegates

fun main() {
    var bookNum by Delegates.notNull<Int>()

    bookNum = 10
}
```

衍生資料型別

以整數陣列型別IntArray為例（請參考第6章），如下所示。在變數宣告之前，加上修飾字lateinit，就可在宣告變數時不設定初始值。

```
fun main(){
    lateinit var bookNum: IntArray

    a=IntArray(5)
        ⋮
}
```

2.4.2　val 變數延遲設定初始值

val 變數使用 lazy{} 敘述來延遲設定初始值,如下所示。lazy 敘述是一個程式碼區塊,在區塊中的最後一個運算值會被當作是 val 變數的初始值。當在程式中第一次使用到此 val 變數時,此時 lazy{} 敘述才會被執行。

如下範例所示,當要計算購書總金額時,此時 lazy{} 敘述區塊才會被執行:在區塊內最後 number 的值才會設定給變數 bookNum。

```
fun main(){
    val bookNum: Int by lazy {
        var number=0
            ⋮
        number
    }
    val price=bookNum*250  // 每本書單價 250 元

    print("總金額: $price")
}
```

2.5 資料型別轉換

撰寫程式過程中,都會遇到需要將不同資料型別的資料彼此轉換的時候。雖然有的程式語言提供了資料型別推論的機制,例如:Python、Kotlin;這些程式語言在宣告變數時,並不需要明確指定其資料型別,也大多能自行處理資料轉換。但資料推論機制並無法處理資料轉換的所有情況,因此免不了要手動處理這些資料轉換。

資料型別轉換有 2 種方式:①隱性資料型別轉換、②明確資料型別轉換(或稱為「強制資料型別轉換」);前者是由程式語言自行處理資料轉換,後者則需要程式開發者自行處理。

2.5.1 隱性資料型別轉換

隱性資料型別轉換通常發生在數值類型的變數,並且是將較小值域的變數或是數值,設定給較大值域的變數,例如:以下例子。

```
1   var num:Double=2.0
2   var num1=num+1    // 隱性轉型
3
4   println(num1::class.java.simpleName)
```

程式碼第 1 行宣告 Double 型別的變數 num,其初始值等於 2.0。第 2 行宣告沒有指定資料型別的變數 num1,其初始值等於變數 num 加上整數數值 1。

因為變數 num 的資料型別為 Double,數值 1 的資料型別為 Int,因此 Kotlin 編譯器會將數值 1 轉型為 Double 型別後,再與 num 相加,最後再設定給變數 num1。因此,變數 num1 的資料型別也會被設定為 Double;第 4 行會輸出 "Double"。

2.5.2 明確資料型別轉換

再看需要明確資料型別轉型的例子：

```
1   var str="64"
2   var num:Int
3
4   num=str+36
```

程式碼第 1 行宣告了字串型別的變數 str，初始值等於字串 "64"。第 2 行宣告整數變數 num，第 4 行將變數 num 設定為 str 加上數值 36。第 4 行會發生錯誤，因為變數 str 為字串型別，64 是數值；Kotlin 編譯器無法自動將字串 "64" 和數值 36 加在一起，再設定給整數變數 num。

因為將字串和數值加在一起，這樣的操作並沒有意義，也無法完成。此時就需要將變數 str 強制轉型為數值，然後才能和數值 36 相加在一起，如下所示。

```
4   num=str.toInt()+36
```

2.5.3 常被使用的資料轉型方法

常被使用的資料轉型方法，如下表所列。這些資料轉型方法的命名方式都是以 toXXX() 的方式命名；其中 XXX 是資料型別的名稱。

函式	說明
toByte()	將資料轉為 Byte 型別；回傳值為 Byte 型別。
toBoolean()	將資料轉為 Boolean 型別；回傳值為 Boolean 型別。
toDouble()	將資料轉為 Double 型別；回傳值為 Double 型別。
toFloat()	將資料轉為 Float 型別；回傳值為 Float 型別。
toInt()	將資料轉為 Int 型別；回傳值為 Int 型別。
toLong()	將資料轉為 Long 型別；回傳值為 Long 型別。

函式	說明
toShort()	將資料轉為 Short 型別；回傳值為 Short 型別。
toString()	將資料轉為 String 型別；回傳值為 String 型別。

對於無符號的數值變數，也有相對應的轉換方法。這些方法的命名方式為：toUXXX()；其中，XXX 可為以下的資料型別：Byte、Short、Int 與 Long，例如：toUInt()。

前述中有提到強制轉型後的結果不一定正確，也可能會發生錯誤，而導致程式中止，例如：以下程式碼。程式碼第 3 行可以正確執行，把字串 "123" 轉型為數值 123；但程式碼第 4 行在執行時會發生錯誤；因為無論如何地轉換，也無法把字串 "Mary" 轉型為數值。

```
1    var str="123"
2    var name="Mary"
3    var a=str.toInt()
4    var b=name.toInt()
```

對於強制轉型所發生的錯誤導致程式中止，可以使用以下系列的轉型方法來避免此種情形發生：toXXXOrNull()；其中 XXX 可為以下的資料型別：Byte、Short、Int、Long、Float 與 Double，例如：以下例子。

```
1    var name="Mary"
2    var a=name.toIntOrNull()
```

程式碼第 2 行並不會發生錯誤，程式也能正確執行；因為變數 a 等於 null。對於無符號數值也有相對應的轉型方法：toUXXXOrNull()；其中，XXX 可為以下的資料型別：Byte、Short、Int 與 Long，例如：toUIntOrNull()。

🛸 as? 運算子

"as?" 稱為「安全轉換運算子」（Safe cast operator），能夠判斷資料轉型處理是否能正確地執行，不會發生錯誤；若發生錯誤，則會以 null 取代資料轉型處理的結果，以避免程式發生錯誤而中止。"as?" 的語法如下所示。

> 變數 = 運算式 / 變數 as? 資料型別

例如以下例子，程式碼分別宣告了以下變數：第 1 行宣告了字串變數 str，初始值等於字串 "12"。第 2-4 行宣告變數 a-c，分別用於接收變數 str 轉型後的結果。因為有可能產生 null，所以宣告變數 a-c 時都使用 "?" 修飾。

```
1    var str:String="12"
2    var a:String?= str as? String
3    var b:Int?= str as? Int
4    var c:Int?= str.toInt() as? Int
```

程式碼第 2 行判斷變數 str 是否能轉型為 String 型別，若可以轉換為 String 型別，則將轉型後的值設定給變數 a；否則將 null 設定給變數 a。第 3 行判斷變數 str 是否能轉型為 Int 型別，若可以轉換為 Int 型別，則將轉型後的值設定給變數 b；否則將 null 設定給變數 b。

第 4 行判斷 str.ToInt() 是否能轉型為 Int 型別，若可以轉換為 Int 型別，則將轉型後的值設定給變數 c；否則將 null 設定給變數 c。

程式碼第 2 行變數 a 等於字串 "12"，第 3 行變數 b 會等於 null，第 4 行變數 c 等於數值 12。

2.5.4 資料溢位

明確資料型別轉型可以強制讓資料轉換，但也會存在不容易察覺的陷阱，例如：以下例子。

```
1  var a:Byte=0;
2  a= 200
```

程式碼第 1 行宣告了 Byte 型別的變數 a，初始值等於 0。第 2 行將數值 200 設定給變數 a；此行程式碼會發生錯誤，因為數值 200 已經超過了 Byte 型別的最大值域了。若是硬要將數值 200 設定給變數 a，便要使用強制轉型，如下所示。

```
2  a=(200).toByte()
```

toByte() 能將數值變數或是數值轉型為 Byte 型別，但不保證轉型後的資料是正確的資料；上述第 2 行程式碼 a 的值等於 -56。使用強制轉型後的資料正確性，需要程式開發者自行檢查。

2.6 基本運算

Kotlin 提供 3 種類型的運算式：①算術運算（Arithmatic operation）、②邏輯運算（Logical operation）、③關係運算（Relational operation）。一條運算式需要有運算元和運算子（Operator）；例如：y=x+4，其中 "y"、"x" 和 "4" 是運算元，"+" 和 "=" 是運算子。

2.6.1 算術運算

數值運算

數值運算又可以區分為：①一般運算、②位元運算，如下表所示。

運算子		說明	範例	運算結果
一般運算子	+	加法運算	y = x + 5	
	-	減法運算	y = x – 5	
	*	乘法運算	y = x * 5	
	/	除法運算	y = x / 5	
	%	取餘數運算	y = 5 % 4	1
	++	遞增運算	前置遞增：y=++x、後置遞增：y=x++	
	--	遞減運算	前置遞減：y=--x、後置遞減：y=x--	
位元運算子	and	AND 運算	y = 6 and 3	2
	or	OR 運算	y = 6 or 3	7
	inv()	NOT 運算	y = 6.inv()	-7
	xor	XOR 運算	y = 6 xor 3	5
	shl	左移運算	y = 1 shl 2	4
	shr	右移運算	y = 8 shr 2	2

前置 / 後置運算

此 2 種運算會因運算式的不同而產生不同結果，須特別留意。以遞增運算為例，如下範例，運算後之結果 y 之值等於 1，而 z 之值等於 3。

```
1   var x=1; var y:Int; var z:Int
2
3   y=x++
4   z=++x
```

程式碼第 3 行之變數 x 為後置遞增（x++），因此運算方式為：

1. 先把 x 之值設定給 y，所以 y 等於 1。

2. 然後，x 本身遞增 1，所以 x 等於 2。

程式碼第 4 行之變數 x 為前置遞增（++x），因此運算方式為：

1. 先把 x 本身遞增 1，所以 x 等於 3。

2. 然後，再把 x 設定給 z，所以 z 等於 3。

位元運算

Kotlin 的位元運算有不同的表達方式，例如：位元運算子、位元運算函式等。以 AND 運算為例，如下所示。此 3 行程式碼所做的事情都一樣，第 1 行使用 and 運算子，第 2 行使用 and() 函式，第 3 行使用整數型別的 and() 方法。

```
1   x = 6 and 3
2   x = 6 and(3)
3   x = 6.and(3)
```

or、xor、shl 與 shr 運算子也有其函式、方法的形式可以使用。如下範例所示，最後變數 z 等於 30。

```
1   var x:Int=6
2   var y=x shl 2   //y=24
3   var z=y.or(x)
4
5   println(z)
```

無符號數的左移與右移運算分別是 ushl 與 ushr，也有相對應的函式與方法，分別是：ushl() 與 ushr()。

2.6.2　關係運算

關係運算式用來表示 2 個運算結果彼此之間的關係，例如：(x+8)>y。Kotlin 提供如下表所列之關係運算子。

運算子	說明
==	等於。
===	指向相同的參考。
>	大於。
<	小於。
!=	不等於。
!==	指向不相同的參考。
>=	大於或等於。
<=	小於或等於。

需特別注意，運算式的 "=" 和關係運算子的 "=="、"===" 此 3 者是不一樣的作用。"=" 是指派運算子，用於把運算式的 "=" 的右邊運算結果設定給左邊的運算元，例如：

```
x=4+6
```

因此，x 等於 10。而 "==" 則是判斷運算式左右兩邊的關係。例如：

```
4==6
```

因為 4 並不等於 6，所以運算結果是 false。經過關係運算子運算後的結果只有 true 和 false 此 2 種。

"===" 指的是 2 個運算元是否指向相同的參考物件。Kotlin 的官方文件特別說明：對於基本的資料型別而言，"==" 與 "===" 的運算結果是相同的。例如：

```
1   var a:Int=10
2   var b:Int=10
3
4   println(a==b)
5   println(a===b)
```

2-43

因為 Int 為基本資料型別，所以程式碼第 4、5 行是一樣的輸出結果：true。再看另外一個例子：

```
6   var c=Integer(10)
7   var d=Integer(10)
8
9   println(c==d)
10  println(c===d)
```

程式碼第 6、7 行使用 Integer 類別來宣告 2 個整數變數 c 與 d，雖然變數 c 與 d 的值一樣，但其實是 2 個獨立不同的變數物件。因此，第 9 行會顯示 true，第 10 行會顯示 false。

2.6.3　條件邏輯運算

有 3 種條件邏輯運算子：條件式 AND、條件式 OR 與反向，分別用 "&&"、"||" 與 "!" 表示。其運算結果只有 true 與 false 此 2 種情形。

運算子	說明	範例	運算結果
&&	前後 2 運算式必須同時為 true。	(6<5) && (6==6)	false
||	前後 2 運算式其中一個為 true 即可。	(6<5) || (6==6)	true
!	true 變為 false，false 變為 true。	var a=true　!a	false

如表中之範例，運算式 (6<5) 的運算結果為 false，另一個運算式 (6==6) 之運算結果為 true，因此 2 個運算式再以條件式 AND 做運算時，便得到 false 之運算結果。若此 2 個運算式以條件式 OR 做運算，便得到 true 之運算結果。

2.6.4　複合運算

使用複合式運算子，可以簡化運算式的表達方式，但不會改變原來之運算結果，因此是否要使用複合式運算子，端賴讀者自己的程式撰寫習慣。複合運算子的 Kotlin 語法為：

(算數運算子)=

這裡的算數運算子可以帶入 +、-、% 等，但不包括遞增和遞減運算子（++、--），例如："+="、"-="、"%="，如下例子所示。

```
1    var a=2
2
3    a=a+6
4    a+=6
```

程式碼第 3 行與第 4 行是相同的運算式：將變數 a 先加 6 之後，再設定給變數 a。差別只在於程式碼第 4 行利用了 "+=" 複合運算子簡化了運算式而已，並不會改變運算結果或是加快運算的效率。

2.6.5　運算優先順序

運算式中的多個運算子有一定之優先運算順序，如下表所示。因此運算式按照這些預定的優先順序進行運算，才能得到正確的運算結果。運算子優先權相同者，則由左至右依序運算。

例如，我們想做一運算：變數 x 的初始值為 2。運算式為：5 加上先左移 2 bits 之後的 x，最後再把運算結果指定給變數 y；正確的運算結果 y=13，程式碼如下所示。

```
1    var x=2; var y:Int
2
3    y=5+x shl 2
```

上述程式碼的計算結果是錯誤的：y=28。發生錯誤的原因是因為shl的運算優先權低於"+"。將程式碼第3行更正如下，因為"()"的運算優先權高於"+"，因此(x shl 2)會先被計算後，再加上5，如此便可得到正確的運算結果：y=13。

```
1   var x=2; var y:Int
2
3   y=5+(x shl 2)
```

運算子	優先順序
[], (), ., 後置遞增/遞減	高
前置遞增/遞減	
*, /, %	
+, -	
shl, shr	
<, >, <=, >=	
==, !=	
and	
or	
&&	
||	
=, *=, /=, %=, +=, -=, !=	低

範例2-4：長度單位轉換

寫一程式，將輸入的公分轉換為英吋，並且四捨五入計算至小數點第2位。

一、解說

數值資料經常遇到的2種計算方式：①四捨五入至整數、②四捨五入計算至小數點第幾位。

四捨五入至整數所使用的方法為：runToInt()；例如：以下例子，變數 b 的值等於 13。

```
1   var a=12.7
2   var b:Int=a.roundToInt()
```

四捨五入計算至小數點第幾位的方法有很多種，其中一種是使用 String 類別的 format() 方法，例如以下例子：變數 b 的值等於 0.4。format() 方法會將變數 a 依照格式化字串的內容 "%.2f" 轉換為字串，所以還要再用 toDouble() 方法轉換為雙精浮點數；其中，格式化字串 "%.2f" 表示四捨五入至小數點第 2 位。

```
1   var a=0.397
2   var b:Double=String.format("%.2f",a).toDouble()
```

二、執行結果

在執行視窗中，執行結果如下所示。例如：輸入 2 公分，轉換結果等於 0.79 英吋。

```
輸入長度(公分)：2
2 公分 =0.79 英吋
```

三、撰寫程式碼

1. 建立專案 Application，並新增 Kotlin 程式碼檔案 MyApp.kt。
2. 建立 main() 函式，並於 main() 函式中撰寫如下程式碼。程式碼第 1-3 行宣告 3 個變數 inch、cm 與 str，分別代表「轉換後的英吋」、「輸入的公分」與「使用者輸入的資料」。

```
1   var inch:Double    // 英吋
2   var cm:Int         // 公分
3   var str:String     // 輸入的資料
4
5   print("輸入長度(公分)：")
6   str=readln()
```

```
7   cm=str.toInt()
8   inch= String.format("%.2f",cm*0.3937).toDouble()
9   println(str+" 公分 ="+inch.toString()+" 英吋 ")
```

程式碼第 6 行讀取使用者輸入的資料，並儲存於變數 str。第 7 行使用 toInt() 方法將輸入的資料 str 轉換為整數，再儲存於變數 cm。第 8 行使用 String 類別的 format() 方法，將變數 cm 四捨五入後取到小數第 2 位，然後使用 toDouble() 方法轉換成 Double 型別，最後再儲存到變數 inch。第 9 行顯示輸入的長度以及轉換後的英吋長度。

3

CHAPTER

標準輸出與輸入

3.1 標準輸出

3.2 標準輸入

3.1 標準輸出

Kotlin 語言的標準輸出指令為 print() 與 println() 方法，能將欲顯示的資料輸出到螢幕上顯示。此兩者的使用方式與功能相同，差別只在於 println() 顯示資料之後，會自動將游標換至下一行開頭。

3.1.1 print()、println() 方法

print() 與 println() 方法的差別在於，println() 顯示資料之後，會自動將游標換至下一行開頭，其餘並無差異。print() 方法的語法，如下所示；訊息可以是任何資料型別或是運算式。後續本文使用 print() 或是 println() 方法，則視需要而定。

```
print(訊息)
```

例如：以下例子。程式碼第 1-6 行分別顯示：整數、浮點數、字串、16 進位整數、字元與運算式。程式碼第 4 行顯示結果為 16，因為 0x10 的十進位值等於 16。

```
1    println(12)
2    println(12.34)
3    println("Hello")
4    println(0x10)
5    println('#')
6    println(1+2)
```

print() 方法同時顯示多個資料時，需使用 "+" 運算子將資料串接在一起，例如：以下例子。程式碼第 1 行宣告整數變數 age，初始值等於 18。第 3 行將變數 age 轉換為字串後，才能和其他 2 個字串資料串接在一起顯示。

```
1    var age=18
2    println("Hello,"+" 您好 ")
3    println(" 王小明今年 "+age.toString()+" 歲 ")
```

上述程式碼第 2、3 行的顯示結果，如下所示。print() 搭配 String 類別的 format() 方法，可以輸出特定顯示格式的字串。

```
Hello, 您好
王小明今年 18 歲
```

字串樣板

變數除了使用 "+" 運算子和其他資料組合在一起，透過 print() 方法輸出之外，也能使用字串樣板運算子 "$" 直接把變數鑲嵌到字串中，這樣的方式會比使用 "+" 運算子來得更方便。例如：前述顯示「王小明今年 18 歲」的例子。

```
1    var age=18
2    println(" 王小明今年 $age 歲 ")
```

程式碼第 2 行中的 $age 會被置換為變數 age 的內容，也就是 18，因此輸出結果為：「王小明今年 18 歲」。

請注意程式碼第 2 行在 $age 之後空了一個空白字元，因此顯示結果 18 的後面也空了一個空白字元。這是因為若沒有在 $age 的後面留一個空白字元，則 Kotlin 編譯器將無法分辨字串樣板是 "$age" 還是 "$age 歲 "。為了解決這個問題，可以將變數置於大括弧 "{}" 之內；如此，Kotlin 的編譯器便能正確辨識字串樣板了，如下所示。

```
1    var age=18
2    println(" 王小明今年 ${age} 歲 ")
```

字串樣板除了可以使用於變數之外，也能使用運算式。例如：

```
1    var age=18
2    print(" 王小明 10 歲嗎？ ${if(age==10) " 是 " else " 否 "}")
```

輸出結果為：「王小明 10 歲嗎？ 否」。程式碼第 2 行在字串樣板中放入了完整的 if…else 敘述。

範例 3-1：print() 與 println()

使用 print() 或 println() 方法顯示如下的書籍資訊，其中書名、價錢與作者為變數。書名欄位長度為 20，價錢欄位長度為 8，作者欄位長度為 12；此 3 個欄位皆靠左對齊，並在價錢之前加上 '$' 字元。

```
BOOK                PRICE   AUTHOR
----------------------------------------
Learning Kotlin     $580    Mary Brown
```

一、解說

此題目可以分為 3 個部分：①顯示標題、②顯示分隔線、③顯示書籍資料。

1. 書名 book 與作者 author 此 2 個變數的資料型別應為字串，價錢變數 price 應該為整數型別。題目中指定了書名、價錢與作者欄位的長度，並且指定靠左對齊，因此可以知道顯示標題的 String.format() 方法的格式化字串應為：

   ```
   String.format("%-20s%-8s%-12s",…)
   ```

2. 由此 3 個欄位的寬度可以知道資料總長度等於 40，所以可以使用字串類別的 padStart() 方法產生 40 個 '-' 字元，作為標題與書籍資料的分隔線，使用方式如下所示。padStart() 方法會回傳所產生的字串，因此可以宣告字串變數來接收 padStart() 方法所回傳字串。

   ```
   字串變數.padStart(40,'-')
   ```

3. 書籍資料由 3 個變數所組成，因此也可以使用 String.format() 方法來將此 3 個變數組合後再顯示。

   ```
   String.format("%-20s$%-8s%-12s",book,price,author)
   ```

   題目規定要在價錢前面加上 '$' 字元，因此可以在格式化字串裡直接加上 '$'。

二、執行結果

在執行視窗中顯示：

```
BOOK                  PRICE       AUTHOR
----------------------------------------
Learning Kotlin       $580        Mary Brown
```

三、撰寫程式碼

1. 建立專案 Application，並新增 Kotlin 程式碼檔案 MyApp.kt。

2. 建立 main() 函式。

3. 於 main() 函式中撰寫如下程式碼。程式碼第 1-4 行宣告以下變數：book、price、author 與 padding，分別代表書名、價錢、作者與填塞字元。填塞字元用於儲存多個 '-' 字元，作為標題與書籍資料的分隔線。

```
1   var book="Learning Kotlin"
2   var price=580
3   var author="Mary Brown"
4   var padding:String=""
5
6   println(String.format("%-20s%-8s%-12s","BOOK",
7       "PRICE","AUTHOR"))
8   println(padding.padStart(40,'-'))
9   println(String.format("%-20s$%-8s%-12s",
10      book,price,author))
```

程式碼第 6-7 行顯示標題列；書名、價錢與作者的欄位長度分別為 20、8 與 12，並且靠左對齊。第 8 行使用字串類別的 padStart() 方法產生 40 個 '-' 字元，作為標題與書籍資料的分隔線。第 9-10 行使用 String 類型的 format() 方法以及字串樣板，將變數 book、price 與 author 組合在一起顯示。

3.2 標準輸入

Kotlin 提供了多種讀取資料的方式；常被用於讀取資料的方法有：readLine()、Scanner 類別、readln() 與 readlnOrNull()。

Scanner 類別所宣告的物件，可以作為讀取資料的讀取器。使用 Scanner 類別宣告物件，需要先匯入 java.util.Scanner 套件。readLine() 可以讀取一列字串資料；為了能更好處理 null 值，自 Kotlin 1.6 版之後，Kotlin 以 readlnOrNull() 與 readln() 方法，分別取代 readLine() 與 readLine()!!。

3.2.1 Scanner

Scanner 是 Java 所提供的標準類別，專門用於讀取資料，因此提供了許多的方法用於讀取各種不同型別的資料。使用 Scanner 時，要匯入 java.util.Scanner 套件，然後宣告 Scanner 物件，再用此物件作為資料讀取器。

Scanner 基本用法

Scanner 類別所提供的讀取資料的方法，如下表所列。

方法	說明
next()	讀取字串資料；回傳值為 String 型別。
nextBoolean()	讀取布林值；回傳值為 Boolean 型別。
nextByte()	讀取 Byte 資料；回傳值為 Byte 型別。
nextDouble()	讀取浮點數資料；回傳值為 Double 型別。
nextFloat()	讀取浮點數資料；回傳值為 Float 型別。
nextInt()	讀取整數資料；回傳值為 Int 型別。
nextLine()	讀取一列字串資料；回傳值為 String? 型別。

方法	說明
nextLong	讀取長整數資料；回傳值為 Long 型別。
nextShort()	讀取短整數資料；回傳值為 Short 型別。

nextByte()、nextInt() 與 nextShort() 方法可以指定不同的基底，例如：16 進位、8 進位。next() 方法與 nextLine() 方法都用於讀取字串資料，但有不少的差異處：

方法	說明
next()	・不接受空白字元。 ・輸入資料中若有空白字元，自動將空白字元之前的資料作為輸入的資料。
nextLine()	・讀取一整列的資料。 ・接受空白字元。

使用 Scanner 讀取資料的範例，如下所示。程式碼第 1 行匯入 java.util.Scanner 套件，第 4 行使用標準的輸入管道 System.`in` 來宣告 Scanner 物件 reader；之後便可以使用 reader 這個讀寫器物件來讀取資料。

```
1   import java.util.Scanner
2   fun main()
3   {
4       val reader= Scanner(System.`in`)
5
6       var data1=reader.next()          // 一個 string, 不能有空白字元
7       var data2=reader.nextLine()      // 一整列 string，可以有空白
8       var data3=reader.nextDouble()    // double
9       var data4=reader.nextInt()       // 整數
10      var data5=reader.nextInt(16)     // 整數，16 進位
11  }
```

3-7

程式碼第 6 行宣告變數 data1，使用 next() 方法讀取輸入的一個字串資料，並儲存到變數 data1。程式碼第 7 行宣告變數 data2，使用 nextLine() 方法讀取輸入的一列字串資料，並儲存到變數 data2。第 8 行宣告變數 data3，使用 nextDouble() 方法讀取輸入的一個字串資料，並自動轉為 Double 型別，最後儲存到變數 data3。

第 9 行宣告變數 data4，使用 nextInt() 方法讀取輸入的一個字串資料，並自動轉為 Int 型別，最後儲存到變數 data4。第 10 行宣告變數 data5，使用 nextInt(16) 方法讀取輸入的一個字串資料，並自動轉為 Int 型別，最後儲存到變數 data5；參數 16 表示 16 進位。例如：輸入字串 "10"，在轉換為整數時，會以 16 基底的整數來做轉換，所以最後儲存到變數 data5 的值等於 16（已轉換為以 10 為基底的整數）。

3.2.2　readLine() 方法

readLine() 方法的範例，如下所示。readLine() 方法回傳的資料型別為 String?，因此接收其回傳資料的變數也必須宣告為 String? 型別，如程式碼第 1 行所示。若覺得並不需要考慮變數等於空值的情形，則 readLine() 方法也可以加上 "!!" 運算子，如程式碼第 5 行所示。

```
1    var str1:String?
2    var str2:String
3
4    str1=readLine()
5    str2=readLine()!!
```

更好處理空值的方法

由於 readLine() 方法可以接收空值，當把 readLine() 所接收的空值轉為數值時，便會發生錯誤。為了避免發生錯誤，可以使用如下的程式碼：

```
var v:Int?
v=readLine()?.toIntOrNull()
```

雖然上述程式碼能正常執行，但有著空值的整數變數卻無法拿來運算，在實際的算術運用上並沒有什麼幫助。因此，改使用 "?:" 運算子，讓輸入等於空值時，變數設定為某個數值，這樣的作法反而有運算上的意義，如下程式碼所示。

```
var v:Int
v=readLine()?.toIntOrNull()?: -1
```

上述程式碼在輸入的資料等於空值時，將變數 v 設定為 -1，使得變數 v 可以進行數值運算。

3.2.3　readln()、readlnOrNull() 方法

自 Kotlin 1.6 版之後，Kotlin 以 readlnOrNull() 與 readln() 方法，分別取代 readLine() 與 readLine()!!，如下表所示。

1.6之前的版本	1.6與之後的版本	說明
readLine()!!	readln()	讀取一列的資料，遇到 EOF 後拋出 RuntimeException 例外事件。
readLine()	readlnOrNull()	讀取一列的資料，遇到 EOF 後回傳 null。

readln() 與 readlnOrNull() 方法的範例，如下所示。

```
1  var str1:String
2  var str2:String?
3
4  str1=readln()
5  str2=readlnOrNull()
```

讀者仍然可以使用 readLine() 方法，但 JetBrains 官方已宣布未來會摒棄 readLine() 方法，因此還是使用 readln() 與 readlnOrNull() 方法會有比較好的相容性。

3.2.4　連續輸入多個資料

C/C++、Python 等語言，都可以在同一列輸入並讀取多個資料，這樣的輸入方式會比較簡潔方便。例如：要輸入姓名與年齡，可在同一列輸入："王小明 18"，而不需要輸入 2 次（即第 1 次輸入姓名，第 2 次再輸入年齡）。當需要輸入的資料變多時，能夠在同一列輸入多項資料更顯得方便。

Kotlin 的輸入指令並無法提供可以一次輸入多個資料的功能，因此必須技巧性地撰寫程式碼，才能做到相同的事情。以下提供多種方式來達到一次輸入多個資料的功能。

🛸 輸入多個資料

以下範例示範使用 Scanner() 方法連續輸入 2 個整數。若要輸入不同資料型別的資料，則使用不同的輸入方法就可以做到。要使用 Scanner() 方法，需要先匯入 java.util.Scanner 套件，如程式碼第 1 行所示。

```kotlin
1   import java.util.Scanner
2
3   fun main()
4   {
5       val read= Scanner(System.`in`)
6       print("輸入2個整數資料(以空白隔開)：")
7       val a = read.nextInt()
8       val b = read.nextInt()
9       println("第1個資料：$a，第2個資料：$b")
10  }
```

🛸 輸入不同資料型別的資料

以下範例示範連續輸入 2 個不同資料型別的資料：姓名與年齡。姓名為字串資料型別，年齡為整數資料型別。

```
1   import java.util.Scanner
2
3   fun main()
4   {
5       val read= Scanner(System.`in`)
6       print("輸入姓名與年齡(使用空白隔開):")
7       val name = read.next()
8       val age = read.nextInt()
9       println("$name, 型別 : ${name::class.java.simpleName}")
10      println("$age, 型別 : ${age::class.java.simpleName}")
11  }
```

🛸 使用 with 關鍵字

使用 with 關鍵字可以使程式碼更簡潔,如下範例。程式碼第 6 行直接將標準輸入 Scanner(System.`in`) 置於 whth 敘述之內,因此在 with 的程式碼區塊之內,就不再需要使用 Scanner 宣告資料讀取變數。

```
1   import java.util.Scanner
2
3   fun main()
4   {
5       print("輸入姓名與年齡(使用空白隔開):")
6       with(Scanner(System.`in`)){
7           var name=next()
8           var age=nextInt()
9           println("姓名:$name,年齡:$age")
10      }
11  }
```

3-11

使用 split() 方法

字串型別的 split() 方法可以依據指定的分割字元，將字串切割為多個子字串。利用這種特性，可以將一列輸入的資料，切割為多個輸入的資料。如下範例，使用字元 ',' 作為 split() 方法的分割字元。變數 data 儲存多個資料資後，其資料型別為 ArrayList。

```
1   import java.util.Scanner
2
3   fun main()
4   {
5       val read= Scanner(System.`in`)
6       print(" 輸入多個資料 ( 以逗點隔開 ): ")
7       val data = readln().split(',')
8       data.forEach {
9           println(it)
10      }
11  }
```

將輸入資料轉換為指定的資料型別

字串類別的 split() 方法切割出來的資料都是字串型別，還要再做一次資料轉換，才能轉為其他資料型別的資料，因此可以在 split() 方法之後再串接 map() 方法，便可以在字串被切割出來之後，立刻轉型為所需要的資料型別，如下範例所示。程式碼第 7 行 map() 方法的指定轉換格式為：String → Double 型別。

```
1   import java.util.Scanner
2
3   fun main()
4   {
5       val read= Scanner(System.`in`)
6       print(" 輸入多個資料 ( 以逗點隔開 ): ")
7       val data = readln().split(',').map(String::toDouble)
```

```
8       data.forEach {
9           println(it)
10      }
11  }
```

限制輸入資料的數量

透過 split()、map() 方法以及變數宣告的方式，可以指定輸入資料的數量，例如：以下範例指定只能輸入 3 個整數。程式碼第 7 行宣告變數的方式為：(a,b,c)，表示要接收來自 readln() 與 split() 所切割出來的 3 個變數。

```
1   import java.util.Scanner
2
3   fun main()
4   {
5       val read= Scanner(System.`in`)
6       print("輸入3個整數(以空白隔開)：")
7       val (a,b,c) = readln().split(' ').map(String::toInt)
8       println("三數相加=${a+b+c}")
9   }
```

當輸入的資料多於 3 個時，多出來的資料會被丟棄。若輸入的資料少於 3 個，便會發生例外錯誤事件，則可以使用 try…catch 來處理例外事件。

範例 3-2：計算平均成績

計算 3 位學生的平均成績。一次輸入 3 位學生的姓名與體重，如下第一列所示。姓名與體重之間使用冒號隔開；每位學生的資料使用逗點隔開，輸入的資料可能包含空白字元。顯示學生的資料，如以下第 2-4 列所示，以及顯示 3 位學生的平均體重。

```
真美麗：45.3, 王小明：52.34, 李小強：50.5
姓名：真美麗，體重：45.3
姓名：王小明，體重：52.34
```

3-13

姓名：李小強，體重：50.5
平均體重：49.38

一、解說

學生的資料包括姓名與體重，題目要求一次同時輸入 3 位學生的資料，因此在同一列中輸入 3 位學生的資料，然後再使用 split() 方法切割出 3 位學生的資料。因為輸入的時候，可能包含了空白字元，所以在使用 split() 方法之前，要先將這些多餘的空白字元刪除。輸入資料並刪除空白字元後，再將輸入的資料切割出 3 位學生的資料，其程式碼如下所示。

```
val data=readln().replace(" ","").split(',')
```

replace() 方法使用 "" 取代 " " 空白字元。學生資料之間是用逗點隔開，因此 split() 方法裡的分隔字元為 ','。變數 data 的資料型別為 ArrayList，儲存了 3 個學生資料。

學生資料包含：姓名與體重，並使用冒號 ":" 隔開，因此可以針對 data 中的每一筆學生資料再進行切割，取出姓名與體重，如下所示。

```
data.forEach {
    val(name,weight)=it.split(':')
}
```

使用 forEach 敘述從 data 中逐筆將資料分割為姓名和體重，分別儲存於變數 name 與 weight。

二、執行結果

在執行視窗中顯示：

真美麗 : 45.3, 王小明 : 52.34, 李小強 : 50.5
姓名：真美麗，體重：45.3
姓名：王小明，體重：52.34

姓名：李小強，體重：50.5
平均體重：49.38

三、撰寫程式碼

1. 建立專案 Application，並新增 Kotlin 程式碼檔案 MyApp.kt。
2. 建立 main() 函式。
3. 於 main() 函式中撰寫如下程式碼。程式碼第 1 行使用 readln() 方法讀取資料，並連續使用 replace() 與 split() 方法，將輸入的資料刪除空白字元與切割輸入的資料，最後儲存於變數 data。此時變數 data 的資料型別為 ArrayList，儲存了 3 筆學生的資料。第 2 行宣告變數 total，用於儲存 3 位學生體重的總和。

```
1   val data=readln().replace(" ","").split(',')
2   var total:Double=0.0
3
4   data.forEach {
5       val(name,weight)=it.split(':')
6
7       println("姓名：$name，體重：$weight")
8       total+=weight.toDouble()
9   }
10
11  println(String.format("平均體重：%2.2f",total/3.0))
```

程式碼第 4-9 行是變數 data 的 forEach 敘述結構，用於處理取出每個學生的姓名與體重、顯示每位學生的姓名與體重，以及計算 3 位學生的體重總和。第 11 行計算與顯示 3 位學生的平均體重；在 format() 方法裡的格式化字串為 "2.2f"，所以平均體重的顯示格式為 2 位整數與 2 位小數。

4 CHAPTER

判斷與選擇

4.1 if…else 判斷敘述

4.2 when 選擇敘述

4.3 例外處理與輸入範圍檢查

4.1 if…else 判斷敘述

讓 Kotlin 程式具有判斷能力的程式指令為 if…else 判斷敘述。if…else 判斷敘述有 3 種運用的形式：if、if…else 與巢狀判斷敘述，這 3 種形式通常會視不同的程式思考邏輯，頻繁地在程式中被使用。

4.1.1　if 判斷敘述

if 判斷敘述是最基本的判斷敘述，語法如下所示。

```
if(條件運算式){
    程式碼
        ⋮
}
```

此語法可以解釋為：如果條件運算式成立（運算結果等於 true），則執行左右大括弧裡的程式碼（多行程式碼可以稱為「程式區塊」）。條件運算式可以簡單如 x>5 這種形式，或是多個運算條件的組合，例如：(x>5)&&(x<10)。在 if 判斷式成立後，要執行的程式碼若只有 1 行，則左右大括弧可以省略。條件運算式的運算結果只有 true 與 false 此 2 種情形。

範例 4-1：判斷成績是否及格

輸入成績（0-100 分），並判斷成績是否及格；若成績達 60 分，則顯示 " 及格 "。

一、解說

成績應為數值，所以應該將成績宣告為數值變數，例如：Int 型別。題目也要求輸入成績，因此可以使用 readln() 方法讀取使用者所輸入的資料。readln() 函式所讀取的資料皆視為字串資料，因此將輸入的資料使用 toInt() 方法轉型為整數，才能儲存於成績變數，如下所示。

```
1    var score:Int    // 成績
2    score= readln().toInt()
```

程式碼第 2 行將 readln() 與 toInt() 使用 "." 串在一起，稱為「方法（函式）串接」；此行程式碼的意思為：先使用 readln() 方法讀取使用者輸入的資料，然後將資料再使用 toInt() 方法轉成整數，最後再儲存於變數 score。題目只要求檢查成績是否及格，並未要求檢查成績是否不及格，因此判斷式如下所示。

```
if(score>=60){
    程式碼
}
```

二、執行結果

在執行視窗中輸入成績 80 分後，顯示訊息 " 及格 "，如下所示。

```
輸入成績：80
及格
```

三、撰寫程式碼

1. 建立專案 Application，並新增 Kotlin 程式碼檔案 MyApp.kt。

2. 建立 main() 函式。

3. 於 main() 函式中撰寫如下程式碼：

```
1    var score:Int
2
3    print(" 輸入成績：")
4    score= readln().toInt()
5    if(score>=60){
6        println(" 及格 ")
7    }
```

程式碼第1行宣告整數變數 score，用於儲存所輸入的成績。第4行讀取輸入的資料並轉換為整數後，儲存於變數 score。第5-7行判斷若 score 大於等於60，則條件運算式 score>=60 的結果等於 true，滿足 if 判斷敘述，因此執行第6行程式碼：顯示"及格"；若 score 小於60，則不滿足 if 判斷敘述，因此不會執行第6行程式碼，所以程式就此結束，不會顯示任何訊息。

4.1.2　if…else 判斷敘述

單獨只有 if 的判斷式，雖然可以作為完整的判斷敘述，但如同範例 4-1 只有顯示成績及格的訊息，卻沒有顯示成績不及格的訊息，這樣的邏輯呈現稍嫌有些不足，因此可以使用 if…else 判斷敘述改善。if…else 判斷敘述比單獨 if 判斷敘述提供更完整的判斷邏輯，其語法如下所示。

```
if(條件運算式){
    程式碼區塊 A
        ⋮
}
else{
    程式碼區塊 B
        ⋮
}
```

此語法可以解釋為：如果條件運算式成立，則執行程式碼區塊 A；否則執行程式碼區塊 B。相同地，若程式碼區塊 B 只有1行程式碼，則左右大括弧也可以省略。以上述成績是否及格的範例作為例子，改為使用 if…else 判斷敘述後的程式碼如範例 2 所示。

範例 4-2：判斷成績是否及格或不及格

輸入成績（0-100分），並判斷成績是否及格；若成績達 60 分則顯示 " 及格 "，否則顯示 " 不及格 "。

一、解說

此範例與範例 4-1 大致相同,差別在於成績若低於 60,也要顯示 " 不及格 "。因此,可以將此範例的成績判斷解釋為:輸入的成績若達 60 分則顯示 " 及格 ",否則顯示 " 不及格 ",因此適合使用 if…else 判斷敘述,其判斷式如下所示。

```
if(score>=60){
    顯示 " 及格 "
}
else{
    顯示 " 不及格 "
}
```

二、執行結果

在執行視窗中輸入成績為 80 分後,顯示訊息 " 及格 ",如下所示。

```
輸入成績:80
及格
```

若輸入的成績低於 60 分,則會顯示不及格,如下所示。

```
輸入成績:50
不及格
```

三、撰寫程式碼

1. 建立專案 Application,並新增 Kotlin 程式碼檔案 MyApp.kt。

2. 建立 main() 函式。

3. 於 main() 函式中撰寫如下程式碼:

```
1  var score:Int
2
3  print(" 輸入成績:")
4  score= readln().toInt()
```

```
5    if(score>=60)
6        println(" 及格 ")
7    else
8        println(" 不及格 ")
```

程式碼第 1 行宣告整數變數 score，用於儲存所輸入的成績。第 4 行讀取輸入的資料並轉換為整數後，儲存於變數 score。第 5-8 行是 if…else 判斷敘述，第 5 行判斷若 score 大於等於 60，則條件運算式 score>=60 的結果等於 true，滿足 if 判斷敘述，因此執行第 6 行程式碼：顯示 " 及格 "；若 score 小於 60，則不滿足 if 判斷敘述，因此執行第 8 行程式碼：顯示 " 不及格 "。

4.1.3　巢狀判斷敘述與複合條件運算式

當要判斷的事情變得更多，或是判斷的條件有先後關係時，單靠多個 if…else 判斷敘述無法處理更複雜的程式邏輯，此時要靠巢狀判斷敘述，才能更方便釐清程式邏輯以及讓程式更容易撰寫。

巢狀判斷敘述

巢狀判斷敘述指的是在 if 或 else 的程式區塊內還有其他的 if…else 判斷敘述，形成多層的 if…else 判斷敘述，例如：以下例子。

```
if( 條件運算式 1)
    {
        程式敘述 1
        if( 條件運算式 2)
            {
                程式敘述 2
            }
        else
            {
                程式敘述 3
            }
```

第二層 if…else

第一層 if…else

```
        }
else
    {
        if( 條件運算式 3 )
            {
                程式敘述 4              第三層 if
            }
    }
```

如上圖所示，第一層 if 程式區塊中包含了 2 個部分：程式敘述 1 與另一個 if…else（第二層 if…else）。在第一層的 else 程式區塊中，只包含了一個第二層的 if 程式區塊。巢狀 if…else 並沒有一定的形式或結構，都是視程式需求與撰寫習慣；若遇到更複雜的條件判斷，三層的 if…else 也是時常可見的形式。

不需要刻意不去使用巢狀的 if…else 結構，不然反而造成程式難以閱讀，或是形成更冗餘的寫法，甚至降低了程式的執行效率。撰寫巢狀 if…else，要有程式碼縮排的良好習慣，避免造成程式碼不易閱讀以及產生 if…else 的配對錯誤。

🛸 複合條件運算式

日常生活中所遇到需要判斷的事情，時常需要很多的判斷條件。例如，徵求行政助理的條件為：①年齡需介於 20-30 歲、②需高中學歷或具相關經驗。多個條件組合在一起判斷，便稱為「複合條件」。假設宣告了以下的變數：age、fgExp 與 fgGra，分別表示年齡、是否有相關經驗以及是否具高中學歷。

```
1   var age:Int              // 年齡
2   var fgExp:Boolean        // 是否具有相關經驗
3   var fgGra:Boolean        // 是否具高中或以上學歷
4          :
5   if( (age>=20 && age<=30) && (fgRxp==true || fgGra==true) )
6          :
```

條件判斷式如上述第 5 行程式碼所示，共有 2 個必要條件：①滿足年齡需求、②滿足學歷或要有相關經驗，所以這 2 個必要條件是使用 "&&" 運算子連接。

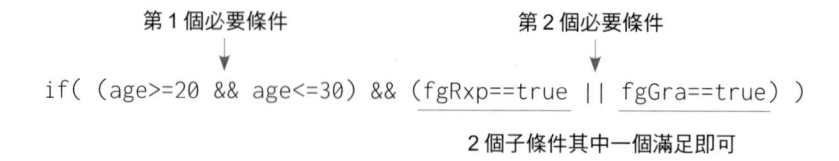

```
           第1個必要條件                    第2個必要條件
               ↓                              ↓
   if( (age>=20 && age<=30) && (fgRxp==true || fgGra==true) )
                                    2 個子條件其中一個滿足即可
```

而只要滿足高中畢業或具相關經驗，就能滿足第 2 個必要條件，因此這 2 個子條件使用 "||" 運算子連接，只要其中一個子條件成立，則第 2 個必要條件就成立。

4.1.4 範圍運算子與 contains() 方法

對於判斷某一範圍的 if…else 判斷式，可以使用範圍運算子 ".." 或是 contains() 方法來簡化多個 if…else 判斷敘述，或是簡化複合條件運算式。

🛸 範圍運算子 ..

範圍運算子 ".." 的使用語法，如下所示。假設 v 為要判斷的值，r1、r2 分別為範圍起始值與範圍結束值；r1 與 r2 可以為數值、字元與字串型別的值或是變數。

```
if( v in r1..r2 )
    ⋮
```

例如：判斷 8 是否在 2-4 的範圍之內。

```
if(8 in 2..4)
    ⋮
```

字元的例子：判斷變數 v 不在字元 'c' 至字元 'f' 的範圍內。

```
if (v !in 'c'..'f')
    ⋮
```

浮點數的例子:判斷變數 v 是否在 0.3 至 1.2 的範圍內。

```
var v=0.45f
if(v in 0.3f..1.2f)
    ⋮
```

字串的例子:判斷變數 v 是否在字串 "AC" 至字串 "EF" 的範圍內。

```
var v="BB"
if(v in "AC".."EF")
    ⋮
```

contains() 方法

contains() 方法的語法,如下所示;v 為要判斷的值,r 為範圍變數。

```
if(r.contains(v))
    ⋮
```

例如:判斷 8 是否在 2-4 的範圍之內。

```
val r = 2..4
if (r.contains(8))
    ⋮
```

字串的例子:判斷變數 v 是否在字串 "AC" 至字串 "EF" 的範圍內。

```
val r = "AC".."EF"
if (r.contains("BB"))
    ⋮
```

範圍運算子 ".." 與 contains() 方法都可以作為範圍判斷之用,至於要使用哪種方式來作為判斷運算式,通常視變數宣告的方式、程式撰寫邏輯而定,因此並無固定的方法。

範例 4-3：檢查獎學金申請資格

平均成績達 80 分才能申請獎學金，並且數學成績達 90 分可以申請數學優異獎學金，若英文成績達 90 分，則可申請英文優異獎學金；否則只能申請學優獎學金。輸入數學與英文的成績（皆為整數），判斷是否符合獎學金申請資格，以及可以申請何種獎學金。

一、解說

此範例的判斷方式可以分為 2 個階段：①先判斷是否符合申請獎學金資格；②若符合資格申請，再進入判斷符合申請哪種獎學金（學優獎學金、數學優異獎學金與英文優異獎學金），因此這是一個巢狀的判斷式；以下為一種判斷方式。

如下圖所示，第一層 if…else 用來判斷是否符合獎學金申請資格，第二層 if…else 用於判斷申請何種獎學金，第三層 if…lese 則用於判斷符合數學或是英文優異獎學金。

```
1    if(平均>=80分)
2    {
3        if(Math>=90 || Eng>=90)
4        {
5            if(Math>=90)
6                可以申請數學優異獎學金
7            if(Eng>=90)
8                可以申請英文優異獎學金
9        }
10       else
11           可以申請學優獎學金
12   }
13   else
14       不符合申請資格
```

程式碼第 3 行 if 判斷式使用了 "||" 條件邏輯運算子，將 2 個判斷式 Math>=90 與 Eng>=90 連接在一起，所以此 if 判斷式解釋為：當數學成績大於等於 90 分或英文成績大於等於 90 分，此 if 判斷式就會成立，並執行第 4-9 行程式碼。

判斷的方式會因個人的邏輯思考不同而有所不一樣，因此不一定依照上述所呈現的判斷方式來撰寫程式碼。

二、執行結果

輸入數學與英文成績分別為 90 與 95 分後，顯示可以同時申請數學與英文優異獎學金。

```
輸入數學成績：90
輸入英文成績：95
== 符合申請獎學金資格 ==
可以申請數學優異獎學金
可以申請英文優異獎學金
```

三、撰寫程式碼

1. 建立專案 Application，並新增 Kotlin 程式碼檔案 MyApp.kt。

2. 建立 main() 函式。

3. 於 main() 函式中撰寫如下程式碼。程式碼第 3 行宣告變數 Math、Eng 與 Avg，分別表示數學、英文與平均成績。第 3-6 行顯示輸入成績的提示訊息，以及將輸入的資料轉換為整數後，再分別儲存於變數 Math 與 Eng。第 8 行計算平均成績並儲存於變數 Avg。

```
1   var Math:Int; var Eng:Int; var Avg:Float
2
3   print(" 輸入數學成績：")
4   Math= readln().toInt()   // 讀取數學成績
5   print(" 輸入英文成績：")
6   Eng= readln().toInt()    // 讀取英文成績
7
```

4-11

```
8      Avg=(Math+Eng)/2.0f       // 計算平均
9
10  if(Avg>=80f){                 // 符合申請資格
11      println("== 符合申請獎學金資格 ==")
12      if(Math>=90 || Eng>=90){
13          if(Math>=90)
14              println(" 可以申請數學優異獎學金 ")
15          if(Eng>=90)
16              println(" 可以申請英文優異獎學金 ")
17      }
18      else
19          println(" 可以申請學優獎學金 ")
20  }
21  else                          // 不符合申請資格
22      println(" 不符合申請資格 ")
```

程式碼第 10-22 行是 1 個 3 層的 if…else 判斷結構，最外層用於判斷是否符合申請獎學金的資格。第 2 層 if…else 判斷結構為第 12-19 行程式碼，用於判斷符合哪種獎學金。第 3 層 if…else 判斷結構為第 13-16 行程式碼，用於判斷申請數學或是英文優異獎學金。

4.2 when 選擇敘述

When 敘述等同於 C/C++、Java 的 switch…case 敘述，提供具有選擇性的判斷條件，但又提供比 witch…case 敘述更多的功能。When 敘述可以解釋為：當所比對的值符合 when 敘述結構裡的標籤後，便會執行該標籤所屬的程式區塊。

4.2.1　when 敘述的各種形式

when 敘述有多種形式，一個基本的 when 敘述包含：①比對運算式、②標籤。比對運算式與標籤可以是值、變數、方法、函式或運算式。

🛸 when 基本形式

when 的基本型式只包含比對運算式與標籤，如下所示。若程式區塊裡只有 1 行程式碼，則可以省略左右大括弧，如程式敘述 B。when 的執行邏輯為：比對運算式的值會逐一比對所有的標籤值。當比對運算式的值符合某標籤值時，便會執行其程式區塊；執行完畢後，便跳離 when 敘述結構。

```
when ( 比對運算式 )
{
    標籤 1 -> {
        程式區塊 A
    }
    標籤 2 -> 程式敘述 B
        ⋮
}
```

例如：以下例子。程式碼第 1-3 行宣告 3 個變數，變數 v 與 five 為整數變數，變數 str 為字串變數，初始值等於字串 "8"。第 5 行讀取使用者輸入的資料並轉成整數，再儲存於變數 v。第 6-13 行是 when 敘述結構，第 7-12 行一共有 6 個標籤，根據變數 v 的值顯示不同的訊息。

```
1   val v:Int
2   val five=5
3   val str="11"
4
5   v=readln().toInt()
6   when(v){
7       1 -> println("a")
```

```
8        2 -> println("b")
9        3,4 -> println("c 或 d")        // 多標籤值
10       five -> println("e")            // 標籤為變數
11       in 6..10 -> println("f-j")      // 標籤為一範圍
12       str.toInt() -> println("k")     // 標籤可以使用方法或函式
13   }
```

第 7 行的標籤為數值 1，表示若變數 v 的值等於 1，則顯示 "a"。第 8 行的標籤為數值 2，表示若變數 v 的值等於 2，則顯示 "b"。第 9 行的標籤有 2 個值：3 與 4，所以當變數 v 的值等於 3 或 4 時，就會符合此標籤，因此會顯示 "c 或 d"。第 10 行使用變數 five 作為標籤，所以當變數 v 的值等於 5，就會符合此標籤，顯示 "e"。

第 11 行使用範圍值 6-10 作為標籤；當變數 v 的值介於 6-10 之間，就會符合此標籤。除了 in 之外，也可使用 !in，表示不在範圍值之內。第 12 行呼叫 toInt() 方法，將變數 str 轉為字串，這樣的形式也能作為標籤；當變數 v 的值等於 11 時，便符合此標籤。

else 敘述

when 敘述結構可以加上 else 標籤，如下語法所示。當所有標籤都無法匹配比對運算式時，便會執行 else 標籤的程式區塊，因此 else 標籤可以作為所有標籤都無法匹配時的例外處理。

```
when ( 比對運算式 )
{
    標籤 1 -> 程式區塊 A
    標籤 2 -> 程式區塊 B
        ⋮
    else ->{
        程式區塊 C
    }
}
```

例如以下例子：輸入分數，判斷分數是否及格。程式碼第 4 行讀取使用者輸入的資料並轉成整數，再儲存於變數 score。第 5-9 行是 when 敘述結構，其中有 2 個範圍標籤：0-59 與 60-100，各自表示分數不及格與及格的範圍；若變數 score 沒有符合這 2 個範圍標籤，便會執行第 8 行 else 標籤，顯示 " 輸入錯誤 "。

```
1   var score:Int=0
2
3   print(" 輸入分數 : ")
4   score=readln().toInt()
5   when(score){
6       in 0..59 -> println(" 不及格 ")
7       in 60..100 -> println(" 及格 ")
8       else-> println(" 輸入錯誤 ")
9   }
```

when 敘述回傳值

When 敘述結構可以回傳資料，如下語法所示。When 敘述結構所回傳的資料由變數接收，因此每個標籤所對應的程式區塊都必須能產生或回傳資料，這樣變數才能接收 when 敘述所回傳的資料。變數的資料型別也需與程式區塊的回傳資料型別相同。

```
變數 = when( 比對運算式 )
{
    標籤 1 -> 程式區塊 A
    標籤 2 -> 程式區塊 B
        ⋮
    else -> 程式區塊 C
}
```

例如以下範例：輸入 1-3，分別代表美式咖啡、卡布奇諾咖啡與摩卡咖啡；否則顯示 " 輸入錯誤，請重新輸入 "。程式碼第 1-2 行宣告 2 個變數 select 與 coffee，分別表示輸入的選擇以及咖啡名稱。第 5 行讀取輸入的值並轉為整數，再儲存於變數 select。

```
1   var select:Int?=0              // 輸入選擇
2   var coffee:String              // 咖啡種類
3
4   print("(1) 美式咖啡  (2) 卡布奇諾咖啡  (3) 摩卡咖啡,輸入數字選擇:")
5   select=readln().toIntOrNull()  // 讀取輸入的值並轉為整數
6
7   coffee=when(select){
8       1 -> " 美式咖啡 "
9       2 -> " 卡布奇諾咖啡 "
10      3 -> " 摩卡咖啡 "
11      else -> " 輸入錯誤,請重新輸入 "
12  }
13  println(" 您點選了:"+coffee)
```

程式碼第 7-12 行是有 4 個標籤的 when 敘述結構。前 3 個標籤分別為數值 1-3,表示輸入的咖啡編號,回傳的字串分別為相對應的咖啡名稱;此回傳的字串會被變數 coffee 接收。若是輸入 1-3 之外的資料,會匹配到 else 標籤,因此回傳字串 " 輸入錯誤,請重新輸入 "。

is 運算子

when 敘述搭配 is 關鍵字,可以用於判斷所輸入的資料的類型,如下例子。程式碼第 1 行宣告變數 v 為 Any 型別(Any 型別是所有資料型別的父型別,或稱為「根型別」。當變數宣告為 Any 型別之後,還需要經過明確的資料轉型,才能正確使用),初始值等於 12.3。

```
1   var v:Any=12.3
2
3   when(v){
4       is Int->print(" 數字 ")
5       is String->print(" 字串 ")
6       is Double, Float ->print(" 浮點數 ")
7   }
```

第 3-7 行是搭配 is 關鍵字的 when 敘述結構。此 when 敘述有 3 個資料型別標籤，分別是 Int、String 與 Double，Float。變數 v 的值等於 12.3，因此符合第 6 行的資料型別標籤，所以顯示 " 浮點數 "。若將變數 v 的值改為 "kotlin"，則會符合第 5 行的資料型別標籤，因此會顯示 " 字串 "。

沒有比對運算式

When 敘述結構可以沒有比對運算式，此時標籤只能為 Boolean 型別的 true 值，如下範例。程式碼第 1 行宣告字元變數 ch，第 3 行讀取輸入的資料，並使用 first() 方法取出輸入資料的第 1 個字元，再儲存於變數 ch。

```
1   var ch:Char
2
3   ch=readln().first()
4   when{
5       ch.isDigit() -> print(" 數字 ")
6       ch.isLetter() ->print(" 字母 ")
7       else -> println(" 不是數字也不是字母 ")
8   }
```

程式碼第 4-8 行是 when 敘述結構，isDigit() 與 isLetter() 方法分別用於判斷字元是否為數字與字母，回傳值為 Boolean 型別：true 或 false。當變數 ch 等於字元 '0'-'9' 時，isDigit() 方法回傳 true，符合第 1 條標籤，因此顯示 " 數字 "。

若變數 ch 等於字母 'A'-'Z' 或 'a'-'z' 時，isLetter() 方法回傳 true，符合第 2 條標籤，因此顯示 " 字母 "。若變數 ch 不等於數字或字母，例如：'@'，雖不符合第 1、2 條標籤，但符合 else 標籤，因此顯示 " 不是數字也不是字母 "。

範例 4-4：成績轉換為 A-D 等級

輸入成績，並轉換為 A-D 等級。90-100 分為 A，80-89 分為 B，70-79 分為 C，其餘為 D；輸入錯誤的成績，則顯示錯誤訊息。

一、解說

思考該如何撰寫此題程式碼,可以先將整支程式的邏輯拆成2個部分:①輸入錯誤的成績該如何處理、②成績如何轉為A-D等級。輸入成績時,有可能輸入的錯誤內容為:①直接按Enter、②輸入非數字資料、③輸入非0-100的成績。假設成績變數為score,若使用if…else的判斷方式,則如下所示。

```
var score:Int?

score=readln().toIntOrNull()
if(score==null || score<0 || score>100)
    ⋮
```

考慮到沒有輸入任何資料就直接按Enter,以及輸入非數字資料此2種情形,所以使用toIntOrNull()方法將輸入的資料轉為整數;若無法正常轉為整數,便會回傳null。接下來,才使用if來作為錯誤輸入的判斷式;判斷的情形有3種:①score==null、②score<0、③score>100。

但Kotlin可以使用when敘述結構來處理相同的事情,作為取代if…else的另一種選擇,如下所示。When敘述的標籤為!in 1..100,表示當變數score若不在整數0-100的範圍內,即顯示"輸入錯誤";使用when來處理相同的事情,變得簡潔多了。

```
var score:Int?

score=readln().toIntOrNull()
when(score){
    !in 0..100 -> println("輸入錯誤")
        ⋮
}
```

二、執行結果

在執行視窗中輸入成績為80分後,顯示英文成績"B",如下所示。

```
輸入成績:80
B
```

若輸入的成績低於 60 分,顯示英文成績 "D",如下所示。

```
輸入成績:50
D
```

若輸入成績時直接按 Enter,或輸入小於 0 或大於 100 的成績,則顯示 " 輸入錯誤 ",如下所示。

```
輸入成績:200
輸入錯誤
```

三、撰寫程式碼

1. 建立專案 Application,並新增 Kotlin 程式碼檔案 MyApp.kt。
2. 建立 main() 函式。
3. 於 main() 函式中撰寫程式碼。程式碼第 1 行宣告變數 score,用於儲存輸入的成績。第 4 行讀取輸入的值並轉為整數,若無法成功轉換為整數,則將變數 score 設為 null,因此才將變數 score 的型別設定為 Int?。

   程式碼第 6-16 行是 when 敘述結構,包含 2 個標籤:!in 0..100 與 else。而 else 標籤的程式區塊裡面又包含了 1 個 when 敘述結構,此 when 敘述結構用來處理將分數轉換為 A-D 等級。

```
1    var score:Int?
2
3    print(" 輸入成績:")
4    score=readln().toIntOrNull()
5
6    when(score){
7        !in 0..100 -> println(" 輸入錯誤 ")
8        else -> {
```

```
9          when(score){
10             in 90..100 -> println("A")
11             in 80..89 -> println("B")
12             in 70..79 -> println("C")
13             else -> println("D")
14         }
15     }
16 }
```

程式碼第 7 行是 when 敘述結構的標籤 !in 0..100，因此只要變數 score 不符合介於 1-100 之間的值，便會顯示 " 輸入錯誤 "。第 9-14 行是 when 敘述結構，用於將分數轉換為 A-D 等級。第 10-13 行包含了 4 個標籤，分別是成績：90-100、80-89、70-79 以及 else 標籤，也分別對應顯示英文等級訊息："A"-"D"。

4.3 例外處理與輸入範圍檢查

程式執行時，會發生 2 種錯誤：①程式發生執行預期之外的例外錯誤、②資料輸入錯誤的範圍。前者透過例外處理來防止錯誤發生；後者則可以檢查使用者輸入資料的範圍來預防。

例外錯誤的情形，例如：①資料轉型發生錯誤、②資料計算過程中發生了資料溢位、③除零錯誤、④計算出了非預期範圍的值等。最常見的情形是要求輸入數值資料，但使用者可能沒有輸入任何資料就直接按下 Enter，或是輸入了非數字的資料（例如："12@" 等），當把資料轉型為數值時，便發生了資料轉型的例外錯誤。

資料輸入錯誤發生於使用者在輸入資料時，輸入了非指定範圍的資料，例如：要求輸入 1-100 的數值，但使用者卻輸入 -1、200 等不在指定範圍內的數值。

4.3.1 例外處理

例外處理的語法，如下所示，一共分為 3 種區段：try、catch 與 finally；finally 區段為非必要的部分。可以根據不同的例外事件建立多個 catch 區段，也就是說，一個基本的例外處理包含了 try 與 1 個 catch 區段。

例外處理可以解釋為：當 try 區段裡的程式碼區塊 A 發生錯誤時，會根據例外事件的類型去執行該 catch 區段內的程式碼。若有提供 finally 區段，則無論是否有發生錯誤或是執行 catch 區段，最後都會執行 finally 區段。

下圖為有 2 個 catch 區塊的例外事件處理結構。程式碼第 1-3 行是 try 區段，第 4-6 行是例外事件類型 1 的 catch 區段，第 7-9 行是例外事件類型 2 的 catch 區段，第 10-12 行是 finally 區段。

```
1   try{
2       程式碼區塊 A
3   }
4   catch(例外事件類型 1){
5       程式碼區塊 B
6   }
7   catch(例外事件類型 2){
8       程式碼區塊 C
9   }
10  finally{
11      程式碼區塊 D
12  }
```

- 第 1-3 行：try 區段
- 第 4-6 行：第 1 個 catch 區段
- 第 7-9 行：第 2 個 catch 區段
- 第 10-12 行：finally 區段

🛸 try...catch 語法

以下是輸入數字的例子。程式碼第 1 行宣告整數型別的變數 number。程式碼第 2-8 行是例外處理結構；其中第 2-5 行是 try 區段，第 6-8 行是 catch 區段。

```
1    var number:Int
2    try {
3        number = readln().toInt()
4        println("您輸入了：$number")
5    }
6    catch(e:Exception){
7        println("輸入錯誤，請輸入整數")
8    }
```

程式碼第 3 行讀取輸入的資料並轉為整數，再儲存到變數 number。若輸入的資料轉換為整數失敗，會發生錯誤而造成程式中止，因此將此行程式碼置於 try 區段中，以避免此種情形發生。

若轉換發生錯誤，則會立即跳至 catch 區段中執行，因此會顯示 " 輸入錯誤，請輸入整數 "，如此一來，程式就不會因發生錯誤而中止，能順利執行下去。在 catch 區段中的例外事件類型為 Exception，泛指任何的例外事件，因此當並不需要特別指定例外事件類型時，便可以使用 Exception 例外事件類型。

🛸 try...catch...finally 指令

當例外處理結構有 finally 區段時，則無論 try 區段中的程式碼是否發生錯誤，都會執行 finally 區段。例如：與上一小節相同的輸入數字的例子，差別在於多了第 9-11 行的 finally 區段。

```
1    var number:Int
2    try{
3        number = readln().toInt()
4        println("您輸入了：$number")
5    }
6    catch(e:Exception){
7        println("請輸入整數")
8    }
9    finally{
```

```
10      println("程式結束")
11  }
```

若輸入資料等於 12，會執行第 4 行顯示訊息 " 您輸入了：12"，然後跳至第 9-11 行 finally 區段執行，顯示訊息 " 程式結束 "。若輸入的資料為 "Hello"，則會因為第 3 行欲將輸入的資料轉換為整數而發生錯誤，因此跳至 catch 區段執行第 7 行，顯示訊息 " 請輸入整數 "，接著一樣會再跳至第 9-11 行 finally 區段執行，顯示訊息 " 程式結束 "。

多 catch 區段

當為了要針對不同的例外事件做處理時，便需要多個 catch 區塊，例如：下面除法的例子。程式碼第 1 行宣告 2 個變數 d 與 q，分別表示除數與商。第 3-13 行是例外處理結構，包含了 try 區段與 2 個 catch 區段。程式碼第 3-7 行是 try 區段，第 4 行讀取輸入的資料並轉為整數，再儲存於變數 d。第 5 行計算 5 除以 d，商儲存於變數 q。

程式碼第 4、5 行可能會出現 2 種錯誤：①第 4 行輸入的資料無法轉為整數、②第 5 行除法運算中的除數等於 0。由於這 2 種錯誤屬於不相同的例外事件類型，因此若要針對這 2 種錯誤分別處理，就需要 2 個 catch 區段。

```
1   var d:Int; var q:Int              // 除數與商
2
3   try{
4       d=readln().toInt()
5       q=5/d
6       println("商 =$q")
7   }
8   catch(e:NumberFormatException){   // 數字型別錯誤
9       println("請輸入整數")
10  }
11  catch(e:ArithmeticException){     // 數值運算錯誤
12      println("除零錯誤")
13  }
```

第 1 個 catch 區段為程式碼第 8-10 行，用於處理資料型別錯誤的例外事件，可以使用 NumberFormatException 例外事件類型。第 2 個 catch 區段為程式碼第 11-13 行，用於處理除零錯誤的例外事件，使用 ArithmeticException 例外事件類型。

當輸入的資料無法轉型為整數時，便會觸發 NumberFormatException 例外事件類型，因此會顯示 " 請輸入整數 "。若是輸入 0，便會觸發 ArithmeticException 例外事件類型，因此會顯示 " 除零錯誤 "。

多 catch 區段設定技巧

既然 catch 可以針對特定的例外事件作處理，所以可以設定多個 catch 區段，來處理多種需要特別處理的例外錯誤。那麼沒有被列舉到的例外錯誤事件，不就無法找到匹配的 catch 區段，而造成錯誤了。為了防止這種情形發生，假設有 2 種例外事件需要特別處理，則可以將多個 catch 區段如以下的方式設定。

```
1   try{
2       :
3   }
4   catch( 例外事件類型 1){
5       :
6   }
7   catch( 例外事件類型 2){
8       :
9   }
10  catch(e: Exception){
11      :
12  }
```

當發生例外事件時，會從第 1 個 catch 開始往下尋找符合哪個例外事件類型，並執行該 catch 區段的程式碼。若所有特定的例外事件類型都無法匹配，便會執行程式碼第 10-12 行，最後一個不分類型的例外錯誤事件區段。如此一來，便不會因找不到特定的例外事情類型，造成程式發生錯誤而中止。

throw 語法

除了因程式發生錯誤而自動觸發例外事件，我們也能使用 throw 指令主動觸發例外事件；throw 的語法如下所示。

```
throw Exception(字串訊息)
```

例如以下例子：輸入姓名，並顯示所輸入的姓名。若沒有輸入姓名，則顯示 " 請輸入姓名 "；若輸入非英文字母，則顯示 " 輸入正確的姓名 "。程式碼第 1 行宣告字串變數 name，用於儲存所輸入的姓名。第 4 行讀取輸入的姓名，並儲存於變數 name。第 5-17 行是例外處理結構。

```
1   var name:String                 // 用於儲存姓名
2
3   print(" 輸入姓名： ")
4   name=readln()                   // 讀取輸入的姓名，並儲存於變數 name
5   try{
6       if(name.isNullOrEmpty())    // 直接按 Enter，沒有輸入資料
7           throw Exception(" 請輸入姓名 ")
8
9       name.forEach {
10          if(!it.isLetter())      // 輸入非英文字母
11              throw Exception(" 輸入正確的姓名 ")
12      }
13      println(name)
14  }
15  catch(e:Exception){
16      println(e.message)
17  }
```

其中，程式碼第 5-14 行是 try 區段，第 15-17 行是 catch 區段；catch 區段只是將例外事件訊息 e.message 顯示出來。第 6 行判斷變數 mane 若為空字串或是 null，則拋出例外事件訊息：" 請輸入姓名 "。第 9-12 行檢查變數 name 中的每一個字元是否為英文字母；若不是的話，就拋出例外事件訊息：" 輸入正確的姓名 "。

自訂例外事件類型

除了 Kotlin 所預設的例外事件類型，我們也可以自行訂定例外事件類型。自訂例外事件類型的語法，如下所示。

```
class 例外事件類別名稱 ( 變數名稱 : String): Exception( 變數名稱 )
```

例如以下例子：輸入 1-5 的選項，並顯示所輸入的選項。程式碼第 1 行定義例外事件類型 RequireNumber。第 5 行宣告整數變數 number。第 8-21 行是例外處理結構；第 8-15 行是 try 區段，第 16-21 行是 2 個 catch 區段，其例外事件類型分別為：NumberFormatException 與自訂的例外事件類型 RequireNumber。

```
1    class RequireNumber(msg: String): Exception(msg)
2
3    fun main()
4    {
5        var number:Int?
6
7        print(" 輸入選擇 (1-5): ")
8        try{
9            number=readln().toInt()
10           when(number){
11               !in 1..5 ->
12                   throw RequireNumber(" 請輸入介於 1-5 的整數 ")
13               else -> println(" 您的選擇為：$number")
14           }
15       }
16       catch(e:NumberFormatException){
17           print(" 請輸入整數 ")
18       }
19       catch(e:RequireNumber){
20           println(e.message)
21       }
22   }
```

程式碼第 9 行讀取輸入的資料並轉為整數後，再儲存於變數 number。若輸入的資料無法轉為整數，便會發生錯誤並執行第 16-18 行的 catch 區段，顯示訊息："請輸入整數"。若輸入的資料順利轉為整數，並儲存於變數 number，則第 10-14 行使用 when 選擇敘述，依據變數 number 進行標籤匹配。

第 1 個標籤為 !in 1..5，當輸入的數字沒有落在整數 1-5 的範圍，則透過 throw 指令拋出例外事件 RequireNumber，顯示訊息："請輸入介於 1-5 的整數"。第 2 個標籤為 else，表示所輸入的數值落於符合 1-5 的範圍，因此顯示訊息："您的選擇為：$number"；其中 $number 會被置換為變數 number 的值。

範例 4-5：提款程式

假設存款有 5000 元，寫一簡易的提款程式（整數金額）。先設定可以提款的上限，提款最低不能少於 100 元。使用自訂的例外事件類型，用於顯示提款金額與存款餘額。使用多 catch 區段與 throw 指令，顯示以下各種提款的訊息：

例外事件	顯示訊息
設定提款上限錯誤	上限不能超過 5000 元
輸入錯誤	請輸入整數
提款超過上限	超過提款上限

一、解說

此題目的重點在於如何設計多個 catch 區段以及自訂例外事件類型，用來處理所有的顯示訊息。因此，要先把所有的顯示訊息分類，如此才能知道如何設計例外事件類型。

首先，此題目處理的是整數金額，因此輸入的資料要轉型為整數，才能儲存於變數。輸入錯誤時，所對應的例外事件為 NumberFormatException。設定提款上限的錯誤與提款超過上限的錯誤，可以用 if…else 判斷敘述來處理；因此，可以直接使用 throw 來拋出訊息，只需要 Exception 例外事件類型。

題目要求使用自訂的例外事件類型,來顯示提款金額與存款餘額。可以使用 throw 拋出提款金額(作為例外事件的訊息),然後在 catch 區段內來計算存款餘額,並顯示提款金額與存款餘額。

二、執行結果

在執行視窗中分別輸入提款上限 2000、提款金額 1400 後,顯示提款金額與存款餘額,如下所示。

```
輸入提款上限:2000
輸入提款金額:1400
提款金額:1400
存款餘額:3600
```

三、撰寫程式碼

1. 建立專案 Application,並新增 Kotlin 程式碼檔案 MyApp.kt。

2. 建立自訂的例外事件類型。程式碼第 1 行定義自訂的例外事件類型 withdrawalException。

```
1    class withdrawalException(msg:String):Exception(msg)
```

3. 建立 main() 函式,於 main() 函式中撰寫程式碼。程式碼第 5-7 行宣告變數 deposit、withdrawal 與 upperLimit,分別代表存款、提款金額與提款上限;提款上限不能超過存款。

```
5    var deposit=5000         // 存款
6    var withdrawal:Int       // 提款
7    var upperLimit:Int       // 提款上限;不能超過存款
```

程式碼第 10-35 行是例外處理結構;其中,第 10-21 行是 try 區段,第 22-24 行是 NumberFormatException 例外事件類型的 catch 區段,第 25-32 行是自訂的例外事件類型 withdrawalException 的 catch 區段,第 33-35 行是 Exception 例外事件類型的 catch 區段,用於捕捉前 2 個例外事件類型之外的其餘例外事件。

程式碼第 11 行讀取輸入的資料並轉為整數，再儲存於變數 upperLimit；此時若發生資料輸入錯誤，會拋出 NumberFormatException 例外事件。第 12-13 行判斷若提款上限 upperLimit 大於存款 deposit，則拋出例外事件，訊息為 " 上限不能超過 5000 元 "；此例外事件會由第 3 個 catch 區段接收。

程式碼第 16 行讀取輸入的資料並轉為整數，再儲存於變數 withdrawal。第 17-20 行是 if…else 判斷敘述，若提款金額 withdrawal 大於存款上限 upperLimit，則拋出例外事件，訊息為 " 超過提款上限 "，此例外事件會由第 3 個 catch 區段接收；否則拋出例外事件 withdrawalException，訊息為轉型為字串的變數 withdrawl，此例外事件會由第 2 個 catch 區段接收。

```
9   print(" 輸入提款上限：")
10  try {
11      upperLimit = readln().toInt()
12      if(upperLimit>deposit)
13          throw Exception(" 上限不能超過 5000 元 ")
14
15      print(" 輸入提款金額：")
16      withdrawal=readln().toInt()
17      if(withdrawal>upperLimit)
18          throw Exception(" 超過提款上限 ")
19      else
20          throw withdrawalException(withdrawal.toString())
21  }
```

程式碼第 22-24 行是第 1 個 catch 區段，例外事件類型是 NumberFormatException；當輸入資料並轉為整數時發生錯誤，會觸發此例外事件。第 25-32 行是自訂的例外事件類型 withdrawalException。第 26 行宣告變數 amount，第 28 行將參數 e.message 轉型為整數，並儲存於變數 amount。e.message 為第 20 行所傳遞進來的提款金額，其資料型別為字串型別，所以要轉型為整數型別，才能設定給變數 amount。第 29 行計算存款餘額，第 30-31 行分別顯示提款金額與存款餘額。

```
22  catch(e:NumberFormatException){
23      println("請輸入整數")
24  }
25  catch(e:withdrawalException){
26      var amount:Int
27
28      amount= e.message!!.toInt()
29      deposit-=amount
30      println("提款金額:"+amount.toShort())
31      println("存款餘額:"+deposit.toShort())
32  }
33  catch(e:Exception){
34      println(e.message)
35  }
```

程式碼第 33-35 行是第 3 個 catch 區段,用於接收 NumberFormatException 例外事件類型與自訂事件類型 withdrawalException 之外的所有例外事件。

4.3.2 輸入範圍檢查

讀取資料後,通常會接著處理 2 件事情:①進行例外處理、②輸入錯誤範圍的檢查。一般處理輸入錯誤範圍檢查,多半使用 if…else 判斷敘述來處理。例如:輸入介於 1-100 的分數,假設輸入的分數儲存於變數 score,則使用 if…else 敘述來判斷輸入錯誤範圍。程式碼會根據不同的思考邏輯而有不同的寫法,以下是幾種常被使用的方式。

第 1 種方式是先使用 if 判斷式將錯誤的資料範圍排除。

```
if(score<0 || score>100){
    輸入錯誤的資料範圍要處理的事情
        ⋮
    return    // 返回
}
```

輸入正確資料,後續要處理的事情
　　　　　　︰

第2種方式是先使用 if…else 判斷敘述處理輸入錯誤與正確資料各自要做的事情。

```
if(score<0 || score>100){
    輸入錯誤的資料範圍要處理的事情
           ︰
}
else{
    輸入正確資料,後續要處理的事情
           ︰
}
```

第3種方法是 if 判斷式使用 && 運算子,將 score>=0 與 score<=100 這2個範圍連結起來。此種方法剛好和第1、2種的 if 判斷條件恰好相反。

```
if(score>=0 && score<=100){
    輸入正確資料,後續要處理的事情
           ︰
}
else{
    輸入錯誤的資料範圍要處理的事情
           ︰
}
```

🛸 使用範圍判斷式

Kotlin 支援範圍表示法,因此傳統的輸入範圍檢查可以改用 Kotlin 的範圍表示法來處理,使得 if 判斷敘述更簡潔明瞭。例如:上述第2種的 if…else 判斷敘述改為範圍判斷方式,如下所示。

```
if(score !in 0..100){
    輸入錯誤的資料範圍要處理的事情
         ⋮
}
else{
    輸入正確資料,後續要處理的事情
         ⋮
}
```

上述第3種的 if…else 判斷敘述改為範圍判斷方式,如下所示。

```
if(score in 0..100){
    輸入錯誤的資料範圍要處理的事情
         ⋮
}
else{
    輸入正確資料,後續要處理的事情
         ⋮
}
```

依據程式開發者的習慣、程式功能需求等,會有各種不同的程式碼寫法,因此並沒有一定的判斷敘述撰寫方式。若要有可遵循的原則或經驗,那就是:不設計過於複雜的複合判斷敘述;或將複雜的複合判斷敘述,轉換為多個簡單的判斷敘述,這樣不僅讓程式碼容易閱讀,也有助於釐清程式邏輯而不至於產生錯誤的判斷敘述。

5
CHAPTER

重複敘述

5.1　for 重複敘述

5.2　while 重複敘述

5.3　break 與 continue

5.1 for 重複敘述

程式中需要反覆執行的步驟、程式碼，會使用重複敘述來處理；Kotlin 所提供的重複敘述指令為 for 與 while。Kotlin 的 for 重複敘述與其他程式語言的 for 重複敘述大致相同，但提供更方便與更有彈性的使用方式。

5.1.1　for 重複敘述

for 重複敘述（又稱為「for 迴圈」）用於執行反覆的步驟或是程式碼。換句話說，在撰寫程式時，若考慮到有些程式碼需要反覆執行多次的時候，就可以使用 for 重複敘述來處理。for 重複敘述有多種的使用形式，其基本的語法如下所示。

```
for( 迴圈變數 in 執行範圍 [step 迭代值 ])
{
    程式碼
}
```

執行範圍可以是範圍值、範圍變數或集合資料型別的變數（例如：陣列、串列等）；for 重複敘述要執行的程式碼若只有一行，則其左右大括弧也能省略。以下為基本的 for 的範例：

```
1   for(i in 1..5){
2       print(i)
3   }
```

上述 for 重複敘述中變數 i 是迴圈變數，範圍值為 1-5。每次從範圍值中依次將值取出後，設定給迴圈變數 i，並執行左右大括弧裡的程式碼，因此迴圈變數 i 的值與變化為：1→2→3→4→5，所以 for 重複敘述會執行 5 次，也就是 print(i) 這行敘述會被執行 5 次，分別顯示 1、2、3、4、5。

在 for 重複敘述裡的範圍值也可以搭配 until 與 downTo 關鍵字；例如：

```
for(i in 2 until 10)
    ⋮
```

迴圈變數 i 的變化為 2 → 9。或是：

```
for(i in 10 downTo 2)
    ⋮
```

迴圈變數 i 的變化為 10 → 2。

🛸 迭代變化 step

for 重複敘述可以加上迭代值的變化。下列是將 1-10 的奇數加總的範例；程式碼第 1 行宣告範圍變數 v，其值的範圍等於 1-10。第 2 行宣告要儲存奇數加總的變數 sum。

```
1   val v=1..10
2   var sum=0
3
4   for(i in v step 2)
5       sum+=i
6   println("奇數總和=$sum")
```

程式碼第 4-5 為 for 重複敘述，在 for 的敘述中使用了範圍變數 v 代替範圍值，並且使用「step 2」作為迭代值，因此迴圈變數 i 的變化為：1 → 3 → 5 → 7 → 9。屬於 for 重複敘述的程式碼只有第 5 行，此行程式碼將變數 i 累加到變數 sum，所以 sum 的值等於 1+3+5+7+9。

🛸 字元作為範圍值

除了數值可以作為範圍值之外，也能使用字元作為範圍值，例如：以下例子。

```
for(i in 'B'..'F')
    println(i)
```

輸出結果為：'B'、'C'、'D'、'E'、'F'。

🛸 indices 屬性

對於集合類型的變數，可以使用 indices 屬性取得其元素的位置索引的範圍。例如：某集合變數裡有 3 個元素，則其 indices 就等於 0..2，因此 indices 屬性可以用於 for 重複敘述。例如：以下例子中，程式碼第 1 行輸入多個以空白作為分隔的資料。

```
1   val data=readln().split(' ')
2
3   println(" 資料型別：${data.indices::class.java.simpleName}")
4   println(" 內容：${data.indices}")
5   for(i in data.indices) {
6       ⋮
7   }
```

假設輸入的資料為："Mary John book"，則 data.indices 等於 0..2。程式碼第 3 行顯示 data.indices 的資料型別為 IntRange。第 4 行顯示 data.indices 的內容為 0..2。第 5 行把 data.indices 置於 for 敘述中，視同：

```
for(i in 0..2)
```

🛸 withIndex() 方法

對於集合類型的變數，可以使用 withIndex() 方法同時取得變數內的元素值與其索引編號。例如：某集合變數 data 裡有 3 個元素 ["Mary","John","book"]，在 for 重複敘述中使用 data.withIndex() 方法，可以取出：(0,"Mary")、(1,"John") 與 (2,"book")。例如：以下例子中，程式碼第 1 行輸入多個以空白作為分隔的資料。

```
1   val data=readln().split(' ')
2
3   for((index, item) in data.withIndex())
4       println("$index, $item")
```

假設輸入的資料為："Mary John book"，程式碼第3行的for重複敘述會從data中取出其元素的索引編號與值，儲存於迴圈變數index與item，因此第4行會顯示：0, Mary、1, John與2, book。

範例 5-1：顯示九九乘法表

使用for重複敘述來顯示九九乘法表，其顯示的樣式如下所示。

1*1= 1	1*2= 2	1*3= 3	1*4= 4	1*5= 5	1*6= 6	1*7= 7	1*8= 8	1*9= 9
2*1= 2	2*2= 4	2*3= 6	2*4= 8	2*5=10	2*6=12	2*7=14	2*8=16	2*9=18
3*1= 3	3*2= 6	3*3= 9	3*4=12	3*5=15	3*6=18	3*7=21	3*8=24	3*9=27
4*1= 4	4*2= 8	4*3=12	4*4=16	4*5=20	4*6=24	4*7=28	4*8=32	4*9=36
5*1= 5	5*2=10	5*3=15	5*4=20	5*5=25	5*6=30	5*7=35	5*8=40	5*9=45
6*1= 6	6*2=12	6*3=18	6*4=24	6*5=30	6*6=36	6*7=42	6*8=48	6*9=54
7*1= 7	7*2=14	7*3=21	7*4=28	7*5=35	7*6=42	7*7=49	7*8=56	7*9=63
8*1= 8	8*2=16	8*3=24	8*4=32	8*5=40	8*6=48	8*7=56	8*8=64	8*9=72
9*1= 9	9*2=18	9*3=27	9*4=36	9*5=45	9*6=54	9*7=63	9*8=72	9*9=81

一、解說

九九乘法表裡的被乘數與乘數，其值都是1→9的遞增變化，就是範圍值1..9的遞增變化，所以可以使用for(i in 1..9)的重複敘述來處理。

每個被乘數的乘法有9個，例如：被乘數1的乘法：1×1=1、1×2=2...1×9=9，接著換被乘數2的乘法：2×1=2、2×2=4...2×9=18；如此反覆的過程一直到被乘數9的乘法：9×1=9、9×2=18...9×9=81。

因此，可以得到如下所示的九九乘法的程式碼。變數 product 為乘積，外層的 for 重複敘述控制被乘數的變化，迴圈變數 i 即為被乘數。內層的 for 重複敘述控制乘數的變化，迴圈變數 j 即為乘數。乘積 product 的值等於 i*j。在一個 for 重複敘述之中，還包含了其他的 for 重複敘述，此種方式普遍稱為「巢狀迴圈」。

以此九九乘法表的雙層 for 巢狀迴圈為例，外層的 for 執行一次，內層的 for 要執行 9 次，因此這個雙層的 for 巢狀迴圈會執行 81 次。

```
var product:Int
for(i in 1..9){
    for( j in 1..9){
        product=i*j
            ⋮
    }
}
```

能夠使用巢狀迴圈計算出九九乘法表之後，剩下的只是想辦法把每個被乘數、乘數與乘積串在一起顯示。因此，可以使用 String.format() 方法、字串樣板等方式，將需要在一起顯示的資料串接在一起顯示。

二、執行結果

在執行視窗中顯示九九乘法表，如下所示。

```
1*1= 1   1*2= 2   1*3= 3   1*4= 4   1*5= 5   1*6= 6   1*7= 7   1*8= 8   1*9= 9
2*1= 2   2*2= 4   2*3= 6   2*4= 8   2*5=10   2*6=12   2*7=14   2*8=16   2*9=18
3*1= 3   3*2= 6   3*3= 9   3*4=12   3*5=15   3*6=18   3*7=21   3*8=24   3*9=27
4*1= 4   4*2= 8   4*3=12   4*4=16   4*5=20   4*6=24   4*7=28   4*8=32   4*9=36
5*1= 5   5*2=10   5*3=15   5*4=20   5*5=25   5*6=30   5*7=35   5*8=40   5*9=45
6*1= 6   6*2=12   6*3=18   6*4=24   6*5=30   6*6=36   6*7=42   6*8=48   6*9=54
7*1= 7   7*2=14   7*3=21   7*4=28   7*5=35   7*6=42   7*7=49   7*8=56   7*9=63
8*1= 8   8*2=16   8*3=24   8*4=32   8*5=40   8*6=48   8*7=56   8*8=64   8*9=72
9*1= 9   9*2=18   9*3=27   9*4=36   9*5=45   9*6=54   9*7=63   9*8=72   9*9=81
```

三、撰寫程式碼

1. 建立專案 Application，並新增 Kotlin 程式碼檔案 MyApp.kt。

2. 建立 main() 函式。

3. 於 main() 函式中撰寫如下程式碼。程式碼第 1-2 行宣告變數：str 與 product，分別代表要串接在一起顯示的資料與乘積。

```
1    var str:String=""        // 拼接一列被乘數的乘法
2    var product:Int          // 乘積
3
4    for(i in 1..9){          // 被乘數
5        for( j in 1..9){     // 乘數
6            product=i*j
7            str+=String.format("%d*%d=%2d  ",i,j,product)
8        }
9        println(str)         // 顯示一列被乘數的乘法
10       str=""               // 清空舊的資料
11   }
```

程式碼第 4-11 行是一個 2 層 for 重複敘述的巢狀迴圈；外層 for 重複敘述控制被乘數 i 的遞增變化，內層 for 重複敘述控制乘數 j 的遞增變化。第 6 行計算乘積並儲存於變數 product。第 7 行將被乘數 i、乘數 j 與乘積 product 組合在一起，並串接到變數 str。因此，當內層的 for 重複敘述執行完畢後，變數 str 的內容等於一個被乘數的乘法。第 9 行程式碼顯示變數 str 的內容，第 10 行將 str 的內容清空，如此才能重新串接新的被乘數的乘法內容。

5.2 while 重複敘述

While 與 for 都是 Kotlin 的重複敘述指令。當一件事情不確定要執行多少次、事情必須符合執行條件才執行的時候，使用 while 會比 for 來得更加適合。While 重複敘述有 2 種形式：①前測式 while、②後測式 do…while，差別在於前測式 while 不一定會執行，而後測式 do…while 至少會執行一次。

5.2.1 前測式 while

前測式 while 的語法如下所示。While 指令後面是 while 重複敘述的執行條件；當執行條件成立時，才會執行 while 裡的程式碼。因此，若一開始時執行條件不成立，就不會執行整個 while 重複敘述。

```
while(執行條件)
{
    程式敘述
        ⋮
    控制條件
}
```

控制條件在整個 while 重複敘述裡顯得特別重要，必須透過控制條件讓執行條件不成立，才能結束 while 重複敘述；否則 while 就會無窮盡地執行，造成程式沒有反應。

例如：以下 1 累加到 10 的例子。程式碼第 1、2 行宣告變數 v 與 sum，分別代表要被累加的數字以及累加總和。第 4-8 行是 while 重複敘述，執行條件為 v<=10。

```
1    var v:Int=1
2    var sum=0
3
4    while(v<=10){
5        sum+=v
6        println(sum)
7        v++
8    }
```

程式碼第 5 行將變數 v 累加至變數 sum，第 6 行顯示累加結果。第 7 行將變數 v 加 1 後，又重新回到第 4 行的 while 敘述執行，因此 v 的變化為：1 → 2…9 → 10 → 11…。當 v 等於 11 時，便不符合執行條件，因此結束 while 重複敘述。

所以在這個例子中，v++ 便是控制條件，若沒有此行程式碼，則 while 重複敘述永遠滿足執行條件，無窮無盡地執行下去，造成程式沒有反應。

範例 5-2：猜數字遊戲

由電腦產生 1 個介於 1-10 之間的數字，輸入 1 個數字來猜測電腦所產生的數字。若輸入的數字比電腦所產生的數字大，則顯示 " 太大了 "；反之顯示 " 太小了 "。猜中電腦的數字，則結束程式。

一、解說

隨機產生、無法預測的數字稱為「亂數」，Kotlin 有多種產生亂數的方式，以下是其中一種方式。變數 number 為 1-10 的範圍變數，使用 random() 方法便可以產生 1-10 之間的任何數值。

```
var numbers=1..10
var v:Int
v=numbers.random()
```

由於無法確定要猜測幾次才能猜中電腦所產生的亂數，因此要使用 while 重複敘述；整支程式的架構大致如下所示。

```
產生電腦的亂數
while(是否猜中了亂數)
{
    輸入猜測的數字
    判斷與比較輸入的數字和電腦產生的亂數：太大、太小或相同。
}
```

二、執行結果

在執行視窗中顯示猜射數字的過程，如下所示。

第 1 次，輸入猜測的數字 (1-10)：6
太小了
第 2 次，輸入猜測的數字 (1-10)：9
太大了
第 3 次，輸入猜測的數字 (1-10)：7
猜中了

三、撰寫程式碼

1. 建立專案 Application，並新增 Kotlin 程式碼檔案 MyApp.kt。

2. 建立 main() 函式。

3. 於 main() 函式中撰寫如下程式碼。程式碼第 1-4 行宣告以下變數：①變數 number 用來設定產生亂數 1-10 的範圍、②變數 v 用於儲存使用 random() 方法產生的亂數、③變數 no 用來記錄猜測了多少次、④變數 guess 為輸入的數字。

第 6 行使用 random() 方法產生介於 1-10 的亂數，並儲存於變數 v。第 8-21 行是 while 重複敘述，執行條件為 guess!=v，因此當猜測的數字不等於電腦所產生的亂數時，會一直執行 while 重複敘述。

```
1    var numbers=1..10
2    var v:Int
3    var no:Int=1
4    var guess:Int=-1
5
6    v=numbers.random()
7
8    while(guess!=v)
9    {
10       print(" 第 ${no++} 次，輸入猜測的數字 (1-10)：")
11       guess=readln().toIntOrNull() ?: 1
```

```
12
13      if(guess>v)
14          println(" 太大了 ")
15      else{
16          if(guess<v)
17              println(" 太小了 ")
18          else
19              println(" 猜中了 ")
20      }
21  }
```

程式碼第 10 行顯示輸入數字的訊息，以及這是第幾次輸入數字。第 11 行讀取輸入的數字。第 13-20 行是一個巢狀的 if…else 判斷敘述結構，第 13 行判斷若猜測的數字 guess 大於電腦產生的亂數 v，則顯示 " 太大了 "；否則第 16 行判斷若猜測的數字 guess 小於電腦產生的亂數 v，則顯示 " 太小了 "；否則表示猜測的數字 guess 等於電腦所產生的亂數 v，因此顯示 " 猜中了 "。

5.2.2　後測式 do…while

後測式 do…while 的語法如下所示，將執行條件放到最後。因此，會先執行一次程式碼之後，再判斷是否要繼續執行；後測式 do…while 至少會執行一次。

```
do
{
    程式敘述
        ⋮
    控制條件
} while( 執行條件 )
```

例如：將整數 1 累加至 10 的例子，如下所示。

```
1   var v:Int=1
2   var sum=0
```

```
3
4     do{
5         sum+=v
6         println(sum)
7         v++
8     } while(v<=10)
```

雖然執行結果與前測式 while 相同，但與前測式 while 的差別在於，先執行程式碼第 5 行累加數值之後，第 8 行才判斷是否要繼續執行 do…while 重複敘述。

範例 5-3：存錢買電腦

一部電腦的價錢為 25000 元。寫一程式持續輸入每次存錢的金額，並顯示已經存了多少錢。當存的金額足夠買電腦時，顯示 "已經可以買電腦了"，並結束程式。

一、解說

第一次存錢的金額若等於或超過 25000 元，則一次就存夠了買電腦的錢。也可能存錢的金額每次都不同，所以需要存款許多次。由於不知道要存款多少次才能達到 25000 元，所以使用後測試 do…while 會比前測試 while 來得更適合。

二、執行結果

在執行視窗中顯示存錢的結果，如下所示。

```
輸入存款金額：10000
已經存了 10000 元
輸入存款金額：6000
已經存了 16000 元
輸入存款金額：10000
已經存了 26000 元
已經可以買電腦了
```

三、撰寫程式碼

1. 建立專案 Application，並新增 Kotlin 程式碼檔案 MyApp.kt。

2. 建立 main() 函式。

3. 於 main() 函式中撰寫如下程式碼。程式碼第 1-3 行宣告以下變數：①變數 computer 為電腦的價錢、②變數 sum 為已經儲存的金額、③變數 money 用來儲存每次輸入的金額。第 5-10 行是後測試 do…while 重複敘述。

```
1   val computer=25000
2   var sum=0
3   var money:Int
4
5   do{
6       print(" 輸入存款金額：")
7       money=readln().toIntOrNull() ?: 0
8       sum+=money
9       println(" 已經存了 ${sum} 元 ")
10  }while(sum<computer)
11
12  println(" 已經可以買電腦了 ")
```

程式碼第 7 行讀取輸入的金額，並儲存到變數 money。第 8 行將輸入的金額 money 累加到存款 sum，第 9 行顯示目前已經存了多少錢。第 10 行判斷目前所存的錢是否還不足以購買電腦的金額 computer。

5.3 break 與 continue

重複敘述 for、while 在執行過程中，有時會需要臨時中止的時候；或是需要在某些特定條件之下，略過部分的程式碼執行。使用 break 指令可以跳離重複敘述，中止執行重複敘述；而 continue 指令可以略過其後的程式碼，再從下一回合的重複敘述繼續執行。

5.3.1　break 指令

在重複敘述執行過程中,遇到 break 指令會直接離開重複敘述。通常 break 指令用於重複敘述還在執行,但遇到某些預定的情形或例外情況時需要離開重複敘述,因此這些預定的條件需要使用 if 判斷敘述事先定義於重複敘述之中。

以 for 重複敘述為例,break 指令的語法如下所示。

```
for(...)
{
    程式碼 1
    if( 條件運算式 )
    {
        ⋮
        break
    }
    程式碼 2
}
```

直接離開 for 重複敘述

for 重複敘述中有程式碼 1、2 與一個 if 判斷式。當執行了程式碼 1 之後,若 if 判斷敘述內的條件運算式成立,則立即退出 for 重複敘述,因此程式碼 2 並不會被執行。

範例 5-4:自訂 break

寫一計算累加 1 到 10 的程式,並可自行設定 break 指令的值。

一、解說

欲計算 1 至 10 的累加,可以使用 for 重複敘述,並可輸入一個介於 1-10 之間的整數,當作是執行 break 指令的判斷值。

二、執行結果

如下所示,設定 break 點等於 4,因此只累加 1-3 的數值。之後遇到 break 點,便直接離開 for 重複敘述。

輸入 break 點 (1-10)：4
加 1：總和 =1，加 2：總和 =3，加 3：總和 =6,
遇到 break 離開重複敘述

三、撰寫程式碼

1. 建立專案 Application，並新增 Kotlin 程式碼檔案 MyApp.kt。
2. 建立 main() 函式。
3. 於 main() 函式中撰寫如下程式碼。程式碼第 1-2 行宣告 2 個變數：bk 與 sum，分別用於儲存輸入的 break 點以及 1-10 累加的值。第 4-5 行顯示輸入的提示以及讀取輸入的值，並儲存於變數 bk 中當作 break 指令的判斷值。程式碼第 6-9 行判斷輸入的值 bk 若不在 1-10 之間的範圍，則顯示錯誤訊息並離開程式。

```
1   var bk:Int
2   var sum=0
3
4   print(" 輸入 break 點 (1-10)：")
5   bk=readln().toIntOrNull() ?: 0
6   if(bk !in 1..10) {
7       println(" 設定超過範圍 ")
8       return
9   }
```

程式碼第 11-20 行使用 for 重複敘述計算 1 累加至 10。第 12-19 行是 if…else 判斷敘述：若迴圈變數 i 等於變數 bk，則執行第 14 行 break 指令，離開 for 重複敘述；否則執行第 17-18 行程式碼，計算累加並顯示累加的結果。

```
11  for(i in 1..10){
12      if(i==bk) {
13          println("\n 遇到 break 離開重複敘述 ")
14          break
15      }
16      else{
```

```
17              sum+=i
18              print("加$i：總和=$sum, ")
19          }
20      }
```

5.3.2　continue 指令

當遇到 continue 指令時，會直接略過其後的程式碼，再從重複敘述的下一回合開始執行。通常 continue 指令用於重複敘述還在執行，但遇到某些預定的情形之下，必須略過部分的程式敘述，因此這些預定的條件需要使用 if 判斷敘述事先定義於重複敘述之中。以 for 重複敘述為例，continue 指令的語法如下所示。

```
for(...)
{
    程式碼 1
    if(條件運算式)
    {
        ⋮
        continue
    }
    程式碼 2
}
```

for 重複敘述中有程式碼 1、2 以及一個 if 判斷式。當執行了程式碼 1 之後，若 if 判斷敘述內的條件運算式成立，因而執行了 continue 指令，因此略過程式碼 2，再從 for 的下一回合開始執行。

範例 5-5：自訂 continue

寫一計算累加 1 到 10 的程式，並可自行設定 continue 指令的值。

一、解說

欲計算 1 至 10 的累加,可以使用 for 重複敘述,並可輸入一個介於 1-10 之間的整數,當作是執行 continue 指令的判斷值。

二、執行結果

如下所示,設定 continue 點等於 5,因此當累加至 4 後,會略過 5 的累加,然後再從 6 開始累加。

輸入 continue 點 (1-10):5
加 1:總和 =1,加 2:總和 =3,加 3:總和 =6,加 4:總和 =10,
遇到 continue,略過此次累加
加 6:總和 =16,加 7:總和 =23,加 8:總和 =31,加 9:總和 =40,加 10:總和 =50,

三、撰寫程式碼

1. 建立專案 Application,並新增 Kotlin 程式碼檔案 MyApp.kt。
2. 建立 main() 函式。
3. 於 main() 函式中撰寫如下程式碼。程式碼第 1-2 行宣告 2 個變數:co 與 sum,分別用於儲存輸入的 continue 的判斷值以及 1-10 累加的值。

   第 4-5 行顯示輸入的提示以及讀取輸入的值,並儲存於變數 co 中當作 continue 指令的判斷值。程式碼第 6-9 行判斷輸入的值 co 若不在 1-10 之間的範圍,則顯示錯誤訊息並離開程式。

```
1   var co:Int
2   var sum=0
3
4   print("輸入 continue 點 (1-10):")
5   co=readln().toIntOrNull() ?: 0
6   if(co !in 1..10) {
7       println("設定超過範圍")
8       return
9   }
```

程式碼第 11-19 行使用 for 重複敘述計算 1 累加至 10。第 12-15 行是 if 判斷敘述：若迴圈變數 i 等於變數 co，則執行第 14 行 continue 指令，因此第 17-18 行程式碼會被略過，也就是此次的迴圈變數 i 的值不會被累加到變數 sum 裡，也不會顯示這次累加的結果。接著又回到第 11 行執行 for 重複敘述的變數迭代，繼續下一回合的 for 重複敘述。

```
11  for(i in 1..10){
12      if(i==co) {
13          println("\n 遇到 continue，略過此次累加 ")
14          continue
15      }
16
17      sum+=i
18      print(" 加 $i：總和 =$sum, ")
19  }
```

6
CHAPTER

陣列

6.1 一維陣列

6.2 常使用的陣列方法

6.3 多維陣列

6.1 一維陣列

陣列適合用於儲存大量的資料，或是資料需要使用重複敘述來操作時，就會使用陣列變數來處理。Kotlin 的陣列是一個類別，因此提供了很多操作陣列時會使用到的方法，例如：陣列轉換為其他集合資料型別、資料篩選、排序等功能。此外，Kotlin 的陣列還具有混合資料型別的功能，可以在陣列中儲存不同資料型別的資料。

在陣列內的內容稱為「元素」。例如：一個整數陣列變數 arr 裡有 4 個元素（又可稱為陣列長度、陣列大小等於 4）：11、22、33 與 44，如下圖所示。

```
arr =
intArrayOf(11,22,33,44)
```

arr[0]	arr[1]	arr[2]	arr[3]
11	22	33	44

元素在陣列裡的位置稱為「索引位置」，索引位置從 0 開始，因此第 1 個元素的索引位置為 0，第 1 個元素以 arr[0] 表示，第 2 個元素以 arr[1] 表示，以此類推。

6.1.1 宣告陣列

Kotlin 提供 2 種方式來宣告陣列變數：①使用基本資料型別的陣列類別、②使用泛型陣列類別來宣告陣列變數。陣列一旦宣告之後，陣列的長度便無法更改。

🛸 基本資料型別的陣列宣告

Kotlin 提供了各種基本資料型別的陣列類別，可以用來直接宣告特定資料型別的陣列。這些基本資料型別的陣列類別，包括：

基本資料型別的陣列類別	無符號基本資料型別的類別
• BooleanArray • ByteArray • CharArray • DoubleArray • FloatArray • IntArray • LongArray • ShortArray	• UByteArray • UIntArray • ULongArray • UShortArray

使用基本資料型別的陣列類別來宣告陣列變數，可以再區分為 2 種形式：①無初始值陣列、②有初始值陣列。

宣告無初始值陣列

以整數陣列為例，宣告無初始值的整數陣列如下所示。程式碼第 1 行宣告陣列變數 arr1，其資料型別為 IntArray。第 2 行宣告整數陣列變數 arr2，並配置 5 個元素的空間；這預留的 5 個空間會被設定為整數的預設值。使用明確的資料型別的陣列類別來宣告陣列變數時，變數並不需要再明確指定資料型別，如程式碼第 2 行所示。

```
1    var arr1:IntArray
2    var arr2=IntArray(5)
3    var arr3= emptyArray<Int>()
4    println(arr3.size)
```

程式碼第 3 行宣告整數型別的空陣列，<Int> 表示這個陣列的資料型別；若要宣告字串型別的空陣列，則使用 <String>；宣告其餘資料型別的空陣列，則以此類推。第 4 行使用 size 屬性取得陣列 arr3 的長度，因為 arr3 為空陣列，所以 arr3.size 等於 0。

陣列變數 arr1 只有宣告但尚未初始化，所以要先初始化後才能使用。例如：

```
arr1 = IntArray(5)
```

空陣列 arr3 可以使用 '+' 運算子增加元素，例如：增加 12 與 10 此 2 個元素。

```
arr3+=12
arr3=arr3+10
```

陣列 arr3 的內容為 12 與 10；此時使用 arr3.size 檢查陣列 arr3 的長度，會得到陣列 arr3 的長度等於 2。

宣告有初始值的陣列

要宣告有初始值的陣列以及要使用特定的陣列方法，如下表所示。

宣告有初始值陣列的方法	宣告無符號基本資料型別的陣列的方法
• byteArrayOf() • booleanArrayOf() • charArrayOf() • doubleArrayOf() • floatArrayOf() • intArrayOf() • longArrayOf() • shortArrayOf()	• ubyteArrayOf() • uintArrayOf() • ulongArrayOf() • ushortArrayOf()

以整數陣列為例，宣告有初始值的整數陣列如下所示。程式碼第 1 行宣告陣列變數 arr1，其資料型別為 IntArray，設定 4 個初始值：34、12、5 與 67。第 2 行宣告陣列變數 arr2，並設定 4 個初始值。

```
1    var arr1:IntArray = intArrayOf(34,12,5,67)
2    var arr2 = intArrayOf(34,12,5,67)
3    var arr3 = IntArray(5){ it }
4    var arr4 = IntArray(5){ 10 }
5    var arr5 = arr1
6    var arr6 = arr1 + arr2
```

第 3 行宣告有 5 個元素長度的陣列變數 arr3，其陣列的內容為其元素的索引位置：0、1、2、3、4。第 4 行宣告有 5 個元素長度的陣列變數 arr4，其陣列的每個元素的初始值設定為 10，因此陣列 arr4 的內容等於：10、10、10、10、10。第 5 行宣告陣列變數 arr5，並將陣列 arr1 作為初始值（注意："=" 運算子是以參考的方式將陣列設定給另一個陣列，因此當 arr1 或 arr5 任一個陣列的內容改變，另一個陣列的內容也會跟著改變）。第 6 行宣告陣列變數 arr6，其初始值等於陣列 arr1 串接陣列 arr2 的內容。

使用泛型陣列類別宣告陣列

泛型陣列類別 Array 可以宣告各種資料型別的陣列，因此使用 Array 類別來宣告陣列時會很有彈性；可以依照特定的需求來宣告陣列，例如：以下各種的陣列宣告方式。

程式碼第 1 行宣告整數陣列 arr1，但尚未初始化，因此陣列 arr1 需要先初始化後才能使用。第 2 行宣告 arr2 陣列，並使用 arrayOf() 方法設定其初始值；因為這些初始值都是整數，所以陣列 arr2 自動被推論為整數陣列。

```
1   var arr1:Array<Int>      // 宣告陣列變數，但未初始化
2   var arr2=arrayOf(4, 2, 1, 5, 3) // 設定初始值
```

字串不是基本資料型別，所以要使用 Array 類別來宣告；下列程式碼第 3-5 行都是宣告字串陣列。使用 arrayOf() 方法設定陣列初始值，並不需要使用 "<>" 指定資料型別，因為藉由 arrayOf() 所帶的參數，就可以推論出陣列的資料型別，例如：程式碼第 5 行。

```
3   var arr3:Array<String>=arrayOf("Mary","John","Nacy")
4   var arr4=arrayOf<String>("Mary","John","Nacy")
5   var arr5=arrayOf("Mary","John","Nacy")
```

使用 Array 陣列類別設定陣列的初始值，其語法如下所示。其中，<T> 為資料型別，例如：<Int>、<Double> 等，以此類推。

```
var/val 變數 = Array<T>(元素數量,{ 初始值設定敘述 })
```

例如，下述程式碼第 6 行所示：宣告長度等於 5 的浮點數陣列 arr6，並且初始值為 {v->v*1.2}，其中自訂變數 v 為元素的索引位置（0-4）。這個 lambda 敘述式表示陣列裡的每個元素，其值等於索引位置 v 乘以 1.2，因此其元素等於：0.0、1.2、2.4、3.6 與 4.8。

```
6    var arr6=Array<Double>(5,{v->v*1.2})
7    var arr7=Array<Int>(5){ it }
8    var arr8=arrayOf<Int>()
```

初始值設定敘述若不想使用自訂的變數，可以使用 lambda 敘述式預設的變數 it，則第 6 行的初始值設定敘述可以簡化為：

```
var arr6=Array<Double>(5,{it*1.2})
```

若不想特別設定初始值，可以如程式碼第 7 行，其陣列的預設元素等於索引位置 it（0-4），或者宣告陣列之後，將陣列的元素都設定為某個特定的初始值，例如：將初始值都設定為 -1.0。

```
var arr7=Array<Double>(5,{-1.0})
```

第 8 行宣告了空的整數陣列 arr8；若要增加其元素，可以使用 '+' 運算子增加元素。例如：增加 22 與 62 此 2 個元素。

```
arr8+=22
arr8+=62
```

陣列 arr8 的內容為 22 與 62，此時使用 arr8.size 檢查陣列 arr8 的長度，會得到陣列 arr8 的長度等於 2。

🛸 Null 陣列

宣告陣列後，若要將其所有元素設定為 null，可以使用 arrayOfNull() 方法。以整數陣列為例，宣告初始值等於 null 的陣列。

```
var arr= arrayOfNulls<Int>(5)
```

陣列 arr 長度等於 5，其每個元素的的資料型別為 Int?。

🛸 混合資料型別的陣列

使用 arrayOf() 方法宣告的陣列，可以混合不同資料型別的元素作為初始值。例如，要儲存學生的 3 種資料：姓名、年齡與體重，如下程式碼所示。

程式碼第 1 行宣告陣列 stu，初始值等於 "王小明"、18 與 55.12；分別代表姓名、年齡與體重。第 2 行顯示陣列 stu 的型別，第 3 行顯示陣列的大小，第 4-6 行顯示每個元素的值與其資料型別。

```
1   var stu=arrayOf("王小明",18,55.12)
2   println("陣列型別："+stu::class.java.simpleName)
3   println("陣列長度："+stu.size)
4   stu.forEach {
5       println("$it, "+it::class.java.simpleName)
6   }
```

輸出結果如下所示。陣列的型別為 Object 陣列，並且每個元素的資料型別都與初始值的資料型別相同。

```
陣列型別：Object[]
陣列長度：3
王小明, String
18, Integer
55.12, Double
```

🛸 混合資料型別陣列的數值運算

此處需要特別留意：混合資料型別的陣列，其數值型別的元素無法直接做數值運算。例如：上述的陣列 stu，將年齡加上數值 12。

```
var a:Int=stu[1]+12
```

此程式碼會出現錯誤，有 2 種方法可以解決此種錯誤，如下所示。

```
var a:Int=stu[1].toString().toInt()+12
var b:Int=stu[1] as Int+12
```

第 1 行程式碼先將年齡 stu[1] 轉型為字串後，再轉型為整數，就可以做數值運算。第 2 行使用 as 關鍵字將年齡 stu[1] 轉型為整數後，就可以直接做數值運算。

存取陣列元素

有 2 種方式可以存取陣列的內容：使用 [ ] 或是陣列方法 get()、set()。陣列裡的資料稱為「元素」，元素在陣列裡的位置稱為「索引位置」。索引位置從 0 開始，因此第 1 個元素的索引位置為 0，第 2 個元素的索引位置為 1，以此類推。例如：有一個整數陣列 arr，其內容為：34、12、5 與 67，因此要讀取第 3 個元素（其值為 5）並設定給變數 v，如下所示。

```
1   var arr:IntArray = intArrayOf(34,12,5,67)
2   var v=arr[2]
```

要將變數 v 設定給第陣列 arr 的第 4 個元素：

```
3   arr[3]=v
```

上述使用 [ ] 存取陣列元素的方式，若改使用 get()、set() 方法，如下所示。程式碼第 2 行使用陣列類別的 get() 方法取出索引位置等於 2 的元素，並儲存到變數 v。第 3 行使用陣列類別的 set() 方法，將變數 v 設定給陣列 arr 的第 3 個索引位置的元素。

```
1   var arr:IntArray = intArrayOf(34,12,5,67)
2   var v=arr.get(2)
3   arr.set(3,v)
```

例外處理

使用索引位置存取陣列元素時，若索引位置不正確或超過正確的範圍，會引起 ArrayIndexOutOfBoundsException 例外事件，因此可以使用 try…catch 例外處理來針對此事件作處理。

例如以下例子：陣列 arr 只有 4 個元素，索引位置的範圍為 0-3，但程式碼第 4 行卻要取出 arr[5]，因此會引發陣列索引位置超過範圍的例外錯誤。

```
1   var arr= intArrayOf(34,12,5,67)
2   try{
3       val a=arr[5]
4   }
5   catch(e:ArrayIndexOutOfBoundsException){
6       println("error")
7   }
```

6.1.2 走訪陣列

由於陣列裡的每一個元素，都是依照索引位置依序存放於陣列之中，因此可以使用 for 或是 while 重複敘述，或是陣列類別的 forEach 敘述來存取陣列裡的部分或全部元素；此種方式又稱為「走訪陣列」。

使用重複敘述走訪陣列

例如：使用 for 重複敘述來加總陣列裡的每個元素。程式碼第 4 行 arr.indices 取得陣列 arr 的元素索引範圍 0-3，因此迴圈變數 i 的值等於範圍值 0-3。第 5 行依序將陣列元素 arr[0]-arr[3] 累加至變數 sum。

```
1   var arr = intArrayOf(34,12,5,67)
2   var sum = 0
3
```

```
4    for(i in arr.indices)
5        sum += arr[i]
6    println("總和=$sum")
```

for 搭配 until 關鍵字時,並不包含範圍數值的最後 1 個數,因此程式碼第 4 行也可以改用陣列的 size 屬性。

```
4    for(i in 0 until arr.size)
```

另一種方式可以直接取出陣列裡的元素進行加總;修改上述第 4-5 行程式碼,如下所示。

```
4    for(v in arr)
5        sum += v
```

程式碼第 4 行從陣列 arr 中依次取出元素,並儲存於迴圈變數 v。第 5 行累加此元素 v 到變數 sum。

🛸 使用 forEach 敘述走訪陣列

除了使用重複敘述走訪陣列之外,也可以使用 forEach 敘述;修改第 4-5 行程式碼,如下所示。

```
4    arr.forEach {
5        sum+=it
6    }
```

程式碼第 4-6 行使用 forEach 敘述以及 lambda 敘述式,將預設的變數 it(表示陣列裡的元素。因為配合 forEach 敘述,所以陣列裡的元素會被逐個取出,並儲存到變數 it)累加到變數 sum。

withIndex() 方法

陣列的 withIndex() 方法可以同時取出索引位置與元素,如下所示。程式碼第 2 行使用 winthIndex() 方法,將元素的索引位置與元素的值儲存於變數 v。元素的索引位置儲存於 index 屬性,而值則儲存於 value 屬性;第 5 行便使用 it.index 與 it.value 取得該元素的索引位置與值。

```
1    var arr = intArrayOf(34,12,5,67)
2    var v:Iterable<IndexedValue<Int>>?=arr.withIndex()
3
4    v?.forEach{
5        println("${it.index}, ${it.value}")
6    }
```

搭配重複敘述時,其形式可以更簡潔,如下所示。for 重複敘述裡有 2 個迴圈變數 index 與 value,分別為元素的索引位置與元素的值。

```
for((index,value) in arr.withIndex()){
       ⋮
}
```

forEach、onEach、forEachIndexed 與 onEachIndexed 敘述

此 4 種敘述都能使用於集合類型或是可以迭代的資料,因此陣列也可以套用此 4 種敘述。這些敘述都能從陣列裡逐一取出元素,並執行所要的處理。onEach 敘述為 Kotlin 1.1 版開始才釋出的新功能,與 forEach 敘述的差別在於 onEach 敘述會回傳處理後的資料,因此 onEach 敘述可以串接函式或是方法。

forEach 與 onEach 敘述最基本的使用方式,如下所示。若不需要將處理後的資料繼續作為下一個函式或方法的輸入時,forEach 與 onEach 敘述在使用上並無差異。

```
1   var arr= intArrayOf(36,12,5,67,9,10,7)
2
3   arr.forEach { println(it*2) }
4   arr.onEach { println(it*2) }
```

若將程式碼第 3、4 行改為如下程式碼,並顯示變數 a 與 b 的資料型別。第 5 行會顯示變數 a 的型別為 Unit,第 6 行則顯示變數 b 的型別為整數陣列 int[],是可被迭代的資料;這也是使用 onEach 敘述回傳的資料,可以再作為下一個方法的輸入的原因了。

```
3   var a=arr.forEach { println(it*2) }
4   var b=arr.onEach { println(it*2) }
5   println(a::class.java.simpleName)
6   println(b::class.java.simpleName)
```

例如以下例子:找出陣列裡的偶數,顯示這些偶數後,並將之除以 2 後再顯示。程式碼第 3 行使用 filter 先篩選出偶數,第 4 行再使用 onEach 敘述顯示這些偶數。因為 onEach 敘述會回傳這些顯示結果,所以這些結果可以作為第 5 行 map 敘述的輸入。第 5 行將從 onEach 敘述回傳的資料,逐一除以 2 後,再由第 6 行 forEach 敘述逐一顯示。

```
1   var arr= intArrayOf(36,12,5,67,9,10,7)
2
3   arr.filter { it % 2 == 0 }
4       .onEach(::println)   // 顯示:36, 12, 10
5       .map { it / 2 }
6       .forEach(::println)  // 顯示:18, 6, 5
```

程式碼第 4 行會顯示:36、12 與 10;第 6 行會顯示:18、6 與 5。若第 4 行改為 forEach 敘述,則無法再串接 map 敘述了。

forEachIndexed 與 onEachIndexed 敘述除了取得元素的值之外，也能同時取得元素的索引位置，如以下範例所示。索引位置的變數名稱 index 與元素的變數名稱 v，此 2 個變數名稱可以自行命名。

```
var arr= intArrayOf(34,12,5,67,17,12,7,34)
arr.forEachIndexed { index, v ->
    println("index=$index, value=$v")
}
```

onEachIndexed 敘述與 onEach 敘述一樣可以回傳可迭代的資料，傳遞給被串接的函式或方法。

範例 6-1：計算購買咖啡的價錢

有 3 種咖啡：美式咖啡、卡布奇諾咖啡與拿鐵咖啡，價錢分別為 40、50 與 55 元，咖啡名稱與購買數量使用陣列表示。輸入各自購買的數量，並計算購買總金額。

一、解說

咖啡名稱、購買數量與咖啡價錢都使用陣列宣告，如下所示。此 3 行程式碼分別代表咖啡名稱、咖啡價錢與購買數量。購買數量需由使用者輸入，因此使用 IntArray(3) 來宣告，並將其元素的初始值預設為 0。陣列 coffNum[0]-coffNum[2] 則分別表示購買美式咖啡、卡布奇諾咖啡與拿鐵咖啡的數量。

```
var coffName=arrayOf("美式咖啡","卡布其諾咖啡","拿鐵咖啡")
var coffPrice=arrayOf(40,50,55)      // 咖啡單價
var coffNum=IntArray(3)              // 咖啡購買數量
```

要連續輸入 3 種咖啡的購買數量，可以使用重複敘述 for/while，或是 forEach、onEach、forEachIndexed 或 onEachIndexed 等敘述，逐一顯示咖啡名稱，並將輸入的購買數量儲存於 coffNum 陣列中。

二、執行結果

如下所示，連續輸入購買 3 種咖啡的數量之後，顯示各種咖啡的購買數量，最後再顯示購買總金額。

```
輸入美式咖啡的購買數量：2
輸入卡布其諾咖啡的購買數量：2
輸入拿鐵咖啡的購買數量：4
美式咖啡數量：2
卡布其諾咖啡數量：2
拿鐵咖啡數量：4
總價：400
```

三、撰寫程式碼

1. 建立專案 Application，並新增 Kotlin 程式碼檔案 MyApp.kt。

2. 建立 main() 函式。

3. 於 main() 函式中撰寫如下程式碼。程式碼第 1-3 行宣告陣列變數：coffName、coffPrice 與 coffNum，分別代表咖啡名稱、咖啡單價與咖啡購買數量。第 4 行宣告整數變數 totalPrice，作為購買咖啡的總金額。

```
1    var coffName=arrayOf(" 美式咖啡 "," 卡布其諾咖啡 "," 拿鐵咖啡 ")
2    var coffPrice=arrayOf(40,50,55)        // 咖啡單價
3    var coffNum=IntArray(3)                // 咖啡購買數量
4    var totalPrice=0                       // 總價
```

程式碼第 6-9 行是一個 for 重複敘述，用於輸入並讀取咖啡的購買數量。coffName.size 屬性等於 3，因此迴圈變數 i 的變化為：0 → 2。第 7 行顯示購買第 i 種咖啡 coffName[i] 的提示訊息；第 8 行輸入購買數量，並儲存於陣列變數 coffNum[i]，表示第 i 種咖啡的購買數量。

```
6    for(i in 0 until coffName.size) {
7        print(" 輸入 ${coffName[i]} 的購買數量：")
```

```
8        coffNum[i] =readLine()?.toIntOrNull() ?: 0
9    }
```

程式碼第 11-14 行使用 forEachIndexed 敘述,同時取得咖啡名稱 name 與其索引位置 index。第 12 行使用字串樣板 ${name} 與 ${coffNym[index]},分別顯示咖啡名稱與購買數量。第 13 行加總每種咖啡的購買金額。第 16 行顯示所有咖啡的購買總金額。

```
11   coffName.forEachIndexed { index, name ->
12       println("${name} 數量:${coffNum[index]}")
13       totalPrice+=coffPrice[index]*coffNum[index]
14   }
15
16   println(" 總價:$totalPrice")
```

6.2 常使用的陣列方法

Kotlin 的陣列類別提供了許多操作陣列時會使用到的方法,這些方法大致上可以分為幾類:資料索取、陣列狀態、資料複製與分割、陣列元素測試、陣列查詢、陣列排序、陣列轉換等。

這些對陣列的各種處理方法,有的處理之後會回傳資料,回傳的資料有可能是陣列、串列或是集合。此外,這些陣列處理方法大多也提供 lambda 敘述式的使用方式。

6.2.1 陣列資料索取

Kotlin 陣列提供了各種取得陣列元素的方法,下表列出常被使用的部分方法,大致上可以分為:①取得特定範圍的元素、②條件篩選取得元素。有的方法有多種使用方式;部分方法的回傳資料為串列或是 ArrayList 資料型別,有些方法提供以函式的方式或是 lambda 敘述式的使用方式。

方法 / 敘述	說明
first()	回傳陣列的第 1 個元素。
filter{}	搜尋符合條件的元素；回傳值為 ArrayList 型別。
filterNot{}	搜尋不符合條件的元素；回傳值為 ArrayList 型別。
filterTo()	篩選符合條件的元素，並儲存到指定的串列。
filterNotTo()	篩選不符合條件的元素，並儲存到指定的串列。
getOrElse()	取出指定索引位置的元素，若索引位置不正確，則執行指定的程式敘述或函式。
getOrNull()	取出指定索引位置的元素，若索引位置不正確，則回傳 null。
last()	回傳陣列的最後 1 個元素。
lastIndexOf()	回傳指定元素的索引位置。若有多個相同元素，則回傳最後 1 個元素的索引位置。
lastOrNull()	回傳最後 1 元素，若陣列無元素，則回傳 null。
maxOrNull()	回傳陣列裡最大的元素，若陣列裡無元素，則回傳 null。
max()	回傳陣列裡最大的元素。
minOrNull()	回傳陣列裡最小的元素，若陣列裡無資料，則回傳 null。
min()	回傳陣列裡最小的元素。
random()	從陣列裡隨機挑選一個元素。
randomOrNull()	從陣列裡隨機挑選一個元素，若陣列裡無資料，則回傳 null。
slice()	取出指定部分的元素，回傳串列型別的資料。
sliceArray()	取出指定部分的元素，回傳陣列型別的資料。
take()	從陣列前端擷取指定數量的元素。
takeLast()	從陣列尾端擷取指定數量的元素。
takeWhile{}	從陣列前端取出滿足條件的元素；遇到不滿足條件的元素即停止。
takeLastWhile{}	從陣列尾端取出滿足條件的元素；遇到不滿足條件的元素即停止。

以下使用數個較為常用的方法作為示範，請參考專案 ext1。程式碼第 1 行宣告整數陣列 arr，有 9 個元素，其中有 2 個相同的元素：12。程式碼第 3-5 行分別取得陣列的第 1、最後 1 個元素、元素 34 的索引位置；變數 v1-v3 其值分別為 30、34 與 8。

```
1   var arr=intArrayOf(30,12,5,67,17,12,22,7,34)
2
3   var v1=arr.first()
4   var v2=arr.last()
5   var v3=arr.lastIndexOf(34)
```

程式碼第 7 行使用 filter{} 敘述，篩選大於 30 的元素，因此串列 lst 的內容等於 67、34。第 8 行使用 getOrElse() 方法取出索引位置 10 的元素，若無法取出此元素則回傳 -1。第 9 行使用 random() 方法，從陣列裡隨機挑選一個元素。第 10 行使用 sliceArray() 方法，從陣列中挑選索引位置介於 2 至 5 之間的元素；其結果等於 5、67、17 與 12。

```
7   var lst=arr.filter {it>30 }
8   println(arr.getOrElse(10,{v->-1}))
9   println(arr.random())
10  var arr1=arr.sliceArray(2..5)
```

程式碼第 12 行使用 take() 方法挑選陣列前端 5 個元素。第 13 行從陣列的尾端挑選 4 個元素。第 14 行從陣列的前端取出滿足大於 11 的元素，但一旦遇到不滿足條件的元素時便停止，因此變數 lst6 的內容等於 30、12。第 15 行用從陣列的尾端取出滿足小於 60 的元素，但一旦遇到不滿足條件的元素時便停止，因此變數 lst7 的內容等於 17、12、22、7 與 34。

```
12  var lst4=arr.take(5)
13  var lst5=arr.takeLast(4)
14  var lst6=arr.takeWhile { it>11 }
15  var lst7=arr.takeLastWhile { it<60 }
```

6.2.2 陣列狀態

如下表所列，這些方法或屬性用於取得陣列的各種狀態，包含：陣列是否為空陣列、是否尚未初始化、是否有元素、陣列的大小、2 個陣列是否相同等。

方法 / 屬性	說明
contentEquals()	判斷 2 個陣列的內容是否相同；回傳值為 Boolean 型別。
lastIndex	回傳陣列最後一個元素的索引位置。
count()	回傳陣列大小，等同 size 屬性。
isEmpty()	檢查陣列是否沒有任何元素；回傳值為 Boolean 型別。
isNotEmpty()	檢查陣列裡是否有元素；回傳值為 Boolean 型別。
isNullOrEmpty()	檢查是否為空陣列或是 null。
none()	檢查陣列裡是否有元素。若沒有元素回傳 true，有元素則回傳 false。
size	回傳陣列大小，等同 count() 方法。

以下使用數個較為常用的方法作為示範，請參考專案 ext2。程式碼第 1-6 行宣告各種內容之陣列變數，其中陣列 arr1 為 null，陣列 arr2 為空陣列，陣列 arr5 的初始值為陣列 arr3。

```
1   var arr= intArrayOf(30,12,5,67,17,12,22,7,34)
2   var arr1:IntArray?=null
3   var arr2= emptyArray<Int>()
4   var arr3= intArrayOf(2,3,4,5)
5   var arr4= intArrayOf(2,3,4,5)
6   var arr5=arr3
```

程式碼第 8 行使用 isEmpty() 方法判斷陣列 arr 是否為空陣列，回傳結果為 false。第 9 行使用 size 屬性取得陣列 arr 的大小，其回傳結果等於 9。第 10 行使用 count() 方法篩選大於 30 的元素，回傳結果等於 2。

```
 8  println(arr.isEmpty())      // false
 9  println(arr.size)           // 9
10  println(arr.count{it>30})   // 帶有條件：2
```

陣列 arr1 並沒初始化，無法直接使用 isNullOrEmpty() 方法，因此程式碼第 12 行先使用 toList() 方法將陣列 arr1 轉為串列，然後再使用 isNullOrEmpty() 方法來判斷是否為 null，其結果等於 true。第 13 行使用 isNullOrEmpty() 方法判斷陣列 arr2 是否為空陣列，其結果等於 true。

```
12  println(arr1?.toList().isNullOrEmpty())    //true
13  println(arr2.isNullOrEmpty())              //true
```

程式碼第 15 行判斷陣列 arr3 是否等於陣列 arr4。雖然此 2 個陣列的內容相等，但卻被配置在電腦記憶體的不同位址。因此，"==" 運算子所判斷的是陣列在記憶體的位址是否相同，其運算結果等於 false。

宣告陣列變數時，其初始值若是另外一個陣列變數，如程式碼第 6 行：宣告陣列 arr5，其初始值為陣列 arr3，則陣列 arr5 的記憶體位址會與陣列 arr3 相同。換句話說，陣列 arr5 等同陣列 arr3；就如同一個人的綽號或別名一樣，指的也是同一個人。因此，無論是陣列 arr3 或是 arr5 的內容改變，另一個陣列的內容也會跟著改變。

```
15  println(arr3==arr4)   // 陣列位址是否相等：false
16  println(arr3==arr5)   // 陣列位址是否相等：true
17  println(arr3.contentEquals(arr4))   // 內容是否相等：true
```

程式碼第 16 行判斷陣列 arr3 與陣列 arr5 是否相同，其結果等於 true。因此，若是要判斷的是陣列的內容是否相同，應改使用 contentEquals() 方法；如第 17 行所示，使用 contentEquals() 方法判斷陣列 arr3 與 arr4 的內容是否相同，其結果等於 true。

6.2.3 陣列複製、分割

下表所列之方法或敘述，用於複製或分割陣列中的元素。複製元素通常有 2 種複製形式：①複製指定數量的元素、②使用索引位置作為複製元素的範圍。方法 partition{} 可依照指定的條件，將陣列切割為 2 個串列。

除了使用下表所列的方法複製陣列之外，也可以使用 "=" 指定運算子來複製陣列，但此方式為淺複製（Shallow copy），也就是複製後的陣列與原來的陣列在記憶體中指向相同的記憶體位置。因此，無論是新陣列或是原陣列裡的內容改變，都也都會改變另一個陣列的內容。

方法 / 敘述	說明
clone()	複製整個陣列。
copyOf([n])	複製整個陣列，或只複製前 n 個元素。超過的範圍會被設定為元素資料型別的預設值。
copyInto(a,b,c,d)	將索引位置 c 至 d-1 的元素拷貝到陣列 a 的索引位置 b。超過範圍的元素會被截掉或是省略。
copyInto(a,c,d)	將索引位置 c 至 d-1 的元素拷貝到陣列 a。超過範圍的元素會被截掉或是省略。
copyInto(a,b,c)	將索引位置 c 開始的元素拷貝到陣列 a 的索引位置 b。超過範圍的元素會被截掉或是省略。
copyOfRange(a,b)	拷貝陣列索引位置 a 至 b-1 的元素；回傳值為陣列型別。
partition{}	將陣列依照條件分割為 2 個串列；回傳值為串列型別。

以下使用數個較為常用的方法作為示範，請參考專案 ext3。程式碼第 2 行宣告陣列 arrCpy，並將其初始值設定為陣列 arr。此種設定方式為淺複製，因此第 4 行將陣列 arrCpy 的第 3 個元素設定為 99，則陣列 arr 的第 3 個元素也會跟著改為 99。因此，第 5 行的顯示結果為：[34, 12, 99, 67, 17, 44]。

```
1   var arr= intArrayOf(34,12,5,67,17,44)
2   val arrCpy=arr    // 淺複製
3
4   arrCpy[2]=99
5   println(arr.contentToString())
```

程式碼第 8-10 行分別宣告陣列 arrCpy1-arrCpy3，分別使用 clone() 與 copyOf() 方法複製陣列 arr 的內容。第 9 行只複製陣列 arr 的前 3 個元素，因此第 13 行的顯示結果為：[34, 12, 99]。第 10 行複製陣列 arr 的 10 個元素，但因為陣列 arr 的長度只有 6，超過的範圍會以 0 取代，所以第 14 行的顯示結果為：[34, 12, 99, 67, 17, 44, 0, 0, 0, 0]。

```
8   var arrCpy1=arr.clone()
9   var arrCpy2=arr.copyOf(3)    // 只 copy 前 3 個元素
10  var arrCpy3=arr.copyOf(10)   // 超過的會被設定為預設值
11
12  println(arrCpy1.contentToString())
13  println(arrCpy2.contentToString())
14  println(arrCpy3.contentToString())
```

程式碼第 16 行宣告長度等於 5 的空陣列 arrCpy4，第 17 行使用 copyInto() 方法，將 arr 的索引位置 1 至 2 的元素，複製到 arrCpy4 的索引位置 2，因此第 18 行的顯示結果為：[0, 0, 12, 99, 0]。

```
16  var arrCpy4=IntArray(5)
17  arr.copyInto(arrCpy4,2,1,3)
18  println(arrCpy4.contentToString())
```

程式碼第 20 行宣告長度等於 3 的空陣列 arrCpy5，第 21 行使用 copyOfRange() 方法，將 arr 的索引位置 1 至 4 的元素，複製到 arrCpy5。原本陣列 arrCpy5 的長度等於 3，但從陣列 arr 複製的元素有 4 個，因此陣列 arrCpy5 的大小會被修改為 4。第 22 行的顯示結果為：[12, 99, 67, 17]。

```
20    var arrCpy5=IntArray(3)
21    arrCpy5=arr.copyOfRange(1,5)
22    println(arrCpy5.contentToString())
```

程式碼第 24 行使用 partition{} 敘述，將陣列 arr 依照元素是否大於 30 為分割條件，將陣列 arr 分割為 2 個串列 lst1 與 lst2，因此第 25-26 行分別顯示結果為：[34, 99, 67, 44] 與 [12, 17]。

```
24    var (lst1,lst2)=arr.partition{it>30}
25    println(lst1.toIntArray().contentToString())   //>30
26    println(lst2.toIntArray().contentToString())   //<=30
```

程式碼第 24 行 partition{} 敘述的分割條件中，it 指的是 arr 中的元素。

6.2.4 陣列元素測試

用於測試陣列元素的方法，如下表所示。這些方法用於檢查陣列中的元素，是否符合測試的條件。

方法	說明
all()	測試陣列裡每個元素是否符合指定的條件；回傳值為 Boolean 型別。
any()	測試陣列裡是否至少有 1 個元素符合條件；回傳值為 Boolean 型別。
elementAtOrNull()	陣列裡指定的索引位置是否有元素；回傳值為 Boolean 型別。

以下使用數個較為常用的方法作為示範 (請參考專案 ext4)。程式碼第 1 行宣告整數陣列 arr，有 8 個元素。第 3 行檢查陣列裡的所有元素是否大於 20，回傳值為 false。第 4 行與第 3 行相同，只是省略了 all() 方法的小括弧。

```
1    var arr= intArrayOf(34,12,5,67,17,12,7,44)
2
3    println(arr.all({it>20}))
4    println(arr.all{it>20})
```

```
5    println(arr.any{it<=5})
6    println(arr.elementAtOrNull(10))
```

程式碼第 5 行檢查陣列 arr 裡是否有元素小於等於 5，回傳值為 true。第 6 行檢查陣列 arr 的索引位置 10 是否有元素，回傳值為 null。

6.2.5　陣列查詢

陣列查詢方法可用於查詢陣列裡是否有欲查詢的元素，或是查詢符合某個範圍的元素。這些方法的回傳值通常是元素、元素的索引位置或是串列。

方法 / 敘述	說明
contains()	檢查元素是否在陣列裡；回傳值為 Boolean 型別。
binarySearch()	以二元搜尋法查詢陣列裡的元素；回傳此元素的索引位置。
find()	尋找元素，若找到多個相同的元素，只會回傳第 1 個；找不到則回傳 null。
findLast()	尋找元素，若找到多個相同的元素，只會回傳最後 1 個；找不到則回傳 null。
indexOf()	尋找第 1 個符合條件的元素；回傳此元素的索引位置。
indexOfFirst{}	尋找符合條件元素中的第 1 個元素；回傳此元素的索引位置。
indexOfLast{}	尋找符合條件元素中的最後 1 個元素；回傳此元素的索引位置。
intersect(a)	判斷 a 的內容是否有在陣列內，並回傳有交集的元素；回傳值為串列型別。
single(){}	回傳符合指定條件的元素。若有一個以上相同的元素或是找不到符合條件的元素，會拋出例外事情。
singleOrNull{}	回傳符合指定條件的元素。若有一個以上相同的元素或是找不到符合條件的元素，會回傳 null。

以下使用數個較為常用的方法作為示範，請參考專案 ext5。程式碼第 1-2 行宣告陣列 arr 與 sortedArr。第 4 行使用 contains() 方法查詢陣列 arr 是否有 5 這個元素，

回傳值等於 true。第 5 行先將 arr 排序,然後將排序後的結果儲存於陣列 sortedArr,接著第 6 行再使用 binarySearch() 方法,從排序後的陣列 sortedArr 中尋找元素 34,尋找的範圍為索引位置 0 至 sortedArr.size,回傳結果等於 5。

第 7 行使用 find() 方法尋找大於 12 的元素,因為陣列的第 1 個元素 34 符合搜尋條件,所以回傳結果等於 34。第 8 行使用 findLast() 方法尋找大於 12 的元素,因為陣列的最後 1 個元素 44 符合搜尋條件,所以回傳結果等於 44。

```
1    var arr= intArrayOf(34,12,5,67,17,12,7,44)
2    var sortedArr:IntArray
3
4    println(arr.contains(5))
5    sortedArr=arr.sortedArray()
6    println(sortedArr.binarySearch(34,0,sortedArr.size))
7    println(arr.find{it>12})
8    println(arr.findLast{it>12})
```

程式碼第 10 行使用 indexOf() 尋找元素 12,回傳結果等於 1。第 11-12 行分別使用 indexOfFirst{} 與 indexOfLast{} 尋找滿足大於 30 的元素,回傳結果分別為 0 與 7。

```
10   println(arr.indexOf(12))
11   println(arr.indexOfFirst{it>30})
12   println(arr.indexOfLast{it>30})
```

程式碼第 14 行宣告範圍變數 numbers,範圍為 10-20。第 15 行使用 insersect() 方法擷取符合 numbers 範圍的元素,並將這些元素再使用 toIntArray() 轉為陣列,最後儲存於陣列 v。第 16 行顯示陣列 v 的內容,顯示結果為 [12, 17]。

```
14   val numbers = 10..20
15   var v=arr.intersect(numbers).toIntArray()
16   println(v.contentToString())
```

程式碼第 18-24 行是 try…catch 例外事件處理結構,第 19 行使用 single{} 敘述尋找等於 12 的元素。因為在陣列 arr 中有 2 個元素等於 12,所以會觸發例外事件,並執行第 23 行程式碼,顯示 "Error" 訊息。

```
18  try {
19      val v = arr.single {it == 12}
20      println(v)
21  }
22  catch(e:Exception){
23      println("Error")
24  }
```

Single{} 與 singleOrNull{} 敘述若查詢到一個以上的元素,或是無法找到符合條件的元素時,便會觸發例外事件或是回傳 null,因此可以利用此特性,檢查所要尋找的元素是否只有一個。

6.2.6 陣列排序

陣列排序有 2 種方式:①遞增排序、②遞減排序,也可以只排序陣列裡部分的元素。排序後的回傳值為陣列或是串列型別。

方法	說明
sort([a,b])	將陣列的元素以遞增方式排序,或只將陣列索引位置 a 至 b-1 的元素做遞增排序。
sortDescending([a,b])	將陣列的元素以遞減方式排序,或只將陣列索引位置 a 至 b-1 的元素做遞減排序。
sorted()	回傳遞增排序後的串列。
sortedArray()	回傳遞增排序後的陣列。
sortedArrayDescending()	回傳遞減排序後的陣列。
sortedDescending()	回傳遞減排序後的串列。

以下使用數個較為常用的方法作為示範，請參考專案 ext6。程式碼第 1-3 行宣告陣列 arr、arr1 與 arr2；其中陣列 arr 設定了初始值。

```
1   var arr=intArrayOf(34,12,5,67,7,44)
2   var arr1:IntArray
3   val arr2:IntArray
```

程式碼第 5 行使用 sortedArrayDesending() 方法，將陣列 arr 裡的元素以遞減方式排序，並且將排序後的結果儲存於陣列 arr2，因此並不影響原來的陣列 arr。第 6 行顯示陣列 arr2 的結果為：[67, 44, 34, 12, 7, 5]。第 8 行使用 sort() 方法，以遞增的方式排序陣列 arr 的元素，第 9 行顯示陣列 arr 的內容為：[5, 7, 12, 34, 44, 67]。

```
5   arr2=arr.sortedArrayDescending()
6   println(arr2.contentToString())
7
8   arr.sort()
9   println(arr.contentToString())
10
11  arr1= arr.clone()
12  arr1.sort(1,5)
13  println(arr1.contentToString())
```

程式碼第 11 行先將陣列 arr 複製一份給陣列 arr1，第 12 行再將陣列 arr1 的索引位置 1-4 的元素，以遞增的方式排序，因此第 13 行顯示排序後的結果為：[5, 7, 12, 34, 44, 67]。

6.2.7　其他陣列方法或敘述

陣列類別除了上述所列的方法之外，還有一些好用的方法，如下表所列。這些方法可以幫助在撰寫程式的過程中，節省不少開發時間。

方法	說明
average()	計算陣列裡所有元素的平均值。
contentToString()	將陣列中的所有元素組合為字串；回傳值為字串型別。
fill(a[,b,c])	以 a 填滿陣列，或填滿陣列索引位置 b 至 c-1 的元素。
joinToString()	將陣列中的所有元素組合為字串；回傳值為字串型別。
map{}	將陣列轉為串列；回傳值為串列型別。
reversed()	反轉陣列元素的順序，並回傳串列型別。
reversedArray()	反轉陣列元素的順序，並回傳陣列型別。
shuffle()	將陣列裡的元素順序隨機重排。
subtract()	扣除串列/集合裡的元素所剩下的部分。
sum()	加總陣列裡的所有元素。
toList()	將陣列轉為串列；回傳值為串列型別。
toSet()	將陣列轉為集合；回傳值為集合型別。
toSortedSet()	將排序後的陣列轉為集合；回傳值為集合型別。
union()	與另一個集合組合為新的集合；回傳值為集合型別。

以下使用數個較為常用的方法作為示範，請參考專案 ext7。程式碼第 1 行宣告陣列 arr，共有 5 個元素。第 2 行使用 contentToString() 方法，將陣列裡的所有元素串成字串，並儲存到變數 str；第 3 行顯示變數 str，其內容等於字串 "[34, 12, 5, 67, 44]"。

```
1   var arr= intArrayOf(34,12,5,67,44)
2   var str=arr.contentToString()
3   println(str)
```

另一種組合陣列元素為字串的方法為 joinToString()，程式碼第 5 行的輸出結果為字串 "34, 12, 5, 67, 44"。joinToString() 方法還可以設定字串組合的方式，如第 6 行所示，joinToString() 方法傳入了 5 個參數，分別為：元素分隔字元、字串頭字元、字串尾字元、自第幾個字元之後省略不顯示,以及省略不顯示的符號,因此第 7 行顯示結果為字串 "[34:12:5:67:...]"。

```
5   println(arr.joinToString())
6   val str1=arr.joinToString(":","[","]",4,"...")
7   println(str1)
```

程式碼第 9-10 行宣告長度等於 5 的空陣列 arr1,並使用 fill() 方法將陣列 arr1 以 5 填滿,因此陣列 arr1 的內容等於:5, 5, 5, 5, 5。方法 fill() 可以指定填滿的起始與結束位置,如第 14 行所示,將陣列 arr2 的索引位置 1 至 3 填滿 5,因此陣列 arr2 的內容為:0, 5, 5, 5, 0。

```
9   var arr1=IntArray(5)
10  arr1.fill(5)
11  println(arr1.joinToString())
12
13  var arr2=IntArray(5)
14  arr2.fill(5,1,4)
15  println(arr2.joinToString())
```

程式碼第 17 行使用 reversedArray() 方法,將陣列 arr 的元素順序反轉,並將結果儲存於陣列 revs,因此第 18 行的輸出結果為:44, 67, 5, 12, 34。第 20 行使用 shuffle() 方法,隨機將陣列 arr 裡的元素重新排列,因此第 21 行的輸出結果為:44, 12, 5, 67, 34。

```
17  var revs=arr.reversedArray()
18  println(revs.joinToString())
19
20  arr.shuffle()
21  println(arr.joinToString())
22
23  val tarr=arrayOf(5,12,7)
```

```
24    val sub=arr.subtract(tarr.toList())
25    println(sub.joinToString())
```

程式碼第 23 行宣告陣列 tarr，其內容等於 5、12 與 7。方法 subtract() 只能接受集合或是串列作為參數，因此先使用 toList() 方法，將陣列 tarr 轉為串列，才能傳入 subtract() 方法。第 24 行從陣列 arr 中減去陣列 tarr 中的元素，並將結果儲存於陣列 sub，因此第 25 行的輸出結果為：44, 67, 34。

6.3 多維陣列

一維陣列只能儲存一個維度的資料，例如：A 班 10 個學生的姓名。若要儲存 A、B 這 2 個班的學生姓名，便要宣告 2 個一維陣列分別儲存 A、B 班的學生姓名。當班級數變多時，如此的方式便顯得麻煩也複雜，因此使用二維陣列便能解決這個問題：一個維度儲存班級，另一個維度儲存學生姓名。

儲存一個一維以上維度資料的陣列，便稱為「多維陣列」。二維陣列、三維陣列都是在組織資料時，時常被使用的陣列形式。三維陣列有時在操作上略顯麻煩，因此也可以將三維陣列拆成多個二維陣列來操作。

6.3.1 二維陣列

二維陣列是以列、行來表示，例如：一個 2 列 3 行的陣列可以簡寫為 2×3 陣列，通常以如下這樣的形式來表達。左上角的元素其索引是第 0 列第 0 行，所以標記為 [0][0]；第 1 列的 2 行的索引值則為 [1][2]，即右下角的位置。

	第 0 行	第 1 行	第 2 行
第 0 列	[0][0]	[0][1]	[0][2]
第 1 列	[1][0]	[1][1]	[1][2]

若班上有 2 位學生：小華與小明。其國英數的成績分別為 87、92、75 以及 93、88、84；則可以用一個 2×3 的整數型別的陣列表示，如下所示。陣列位置 [0][1] 為小華的英文成績 92，陣列位置 [1][2] 則為小明的數學成績 84。

	國文	英文	數學
小華	87	92	75
小明	93	88	84

宣告二維陣列

有多種的方式可以宣告二維陣列，以下示範數種常被使用方法。以下程式碼宣告了 3 個 3×4（3 列 4 行）的二維陣列 arr1-arr3，請參考專案 ext8。程式碼第 1 行先使用 Array(3){} 宣告了陣列 arr1 有 3 列，然後在 lambda 裡再宣告每一列有 4 行，其初始值都等於 0：Array(4){0}。

```
1   val arr1=Array(3){ Array(4){0} }
2   val arr2=Array(3){ IntArray(4) }
3   val arr3= arrayOf(
4       arrayOf(1,2,3,4),
5       arrayOf(5,6,7,8),
6       arrayOf(9,10,11,12))
```

程式碼第 2 行與第 1 行大致相同，只是在設定行的 lambda 改為使用 IntArray(4)，直接指定了 arr2 是整數陣列。第 3-7 行使用 arrayOf() 方法宣告 3×4 的二維陣列 arr3，並且直接設定了初始值：第一列初始值為 [1,2,3,4]，第二列初始值為 [5,6,7,8]，第 3 列初始值為 [9,10,11,12]。

取得各個維度的長度

使用陣列的 size 屬性或 count() 方法，可以取得二維陣列的列數，例如：arr3.size 與 arr3.count() 等於 3。使用相同的方法，可以取得二維陣列的某一列的長度，例如：要取得第 2 列的長度：arr3[1].size 或 arr3[1].count()。

走訪二維陣列

走訪二維陣列，可以使用 for 重複敘述或是使用 forEach 敘述，或者二者彼此搭配使用；使用 for 重複敘述的範例，如下所示。

可以使用 1 個 for 重複敘述或 2 個 for 重複敘述走訪陣列。以上一小節所宣告的二維陣列 arr3 為例，以下是使用 2 個 for 重複敘述來走訪陣列；外層的 for 重複敘述用於處理二維陣列的列，內層的 for 重複敘述用於處理二維陣列的行。

```
8   for(row in arr3.indices)            // 列的索引位置
9   {
10      for (col in arr3[row].indices)  // 行的索引位置
11      {
12          println(arr3[row][col])
13      }
14  }
```

以下程式碼第 16-23 行是另一種使用方式。第 16 行使用 withIndex() 方法取得陣列 arr3 的所有列資料 rowData，第 18-23 行是 2 層的 for 重複敘述；外層 for 重複敘述用於處理陣列的列，內層的 for 重複敘述用於處理陣列的行。第 18 行依次從 rowData 中取出一列的資料 row，而此列裡面的所有元素儲存於 value 屬性，因此第 21 行再用 for 重複敘述取出 row.value 裡面的每一個元素 v。

```
16  val rowData=arr3.withIndex();       //getting rows of an array
17
18  for( row in rowData)                //row 的型別：indexedValue
19  {
20      println(" 第 ${row.index} 列：")  // 列的索引
21      for(v in row.value)             //row.valur 的型別：Array
22          println(v)                  // 元素
23  }
```

使用 forEach 敘述走訪二維陣列的範例，如下所示。程式碼第 26 行的 it 指的是二維陣列 arr3 裡的每一列資料，第 27 行的 it 指的是一列資料裡的每一個元素。

```
25  arr3.forEach {
26      it.forEach {       // 此處的 it 是陣列的每一列
27          println(it)  // 此處的 it 是一列裡的每一個元素
28      }
29  }
```

走訪二維陣列也可以採用 for 重複敘述與 forEach 敘述混搭的方式，例如：以下例子。程式碼第 32 行的 it 是指二維陣列 arr3 裡的每一列資料，v 是指一列資料裡的每一個元素。

```
31  arr3.forEach {
32      for(v in it)
33          println(v)
34  }
```

除了上述所示範的各種走訪陣列的方法之外，可以視程式功能的需求，以及撰寫程式的習慣與方便性來加以變化。基本上，要採用哪種方式來走訪陣列，大致上的判斷原則為：①是否要修改到陣列裡的元素、②是否需要取得元素的索引位置等，以此 2 個原則來做初步的判斷。

範例 6-2：統計咖啡銷售數量

早餐店販售 2 種咖啡：美式咖啡與拿鐵咖啡。分別輸入 2 種咖啡 1-4 月的銷售量（杯）後，統計 2 種咖啡的各自總銷售量。

一、解說

題目要使用者輸入 2 種咖啡各自 1-4 月的銷售量，因此可以將咖啡的銷售量宣告為二維陣列 coffee，如下所示。coffee[0] 為美式咖啡，coffee[1] 為拿鐵咖啡，coffee[0][0]-coffee[0][3] 為美式咖啡 1-4 月的銷售量，coffee[1][0]-coffee[1][3] 為拿鐵咖啡 1-4 月的銷售量。

```
var coffee=arrayOf(
    IntArray(4),   // 美式咖啡 1-4 月銷售量
    IntArray(4))   // 拿鐵咖啡 1-4 月銷售量
```

為了要搭配使用 for 重複敘述來操作 coffee 陣列，因此也將其他相關的變數，例如：咖啡名稱、咖啡總銷售量也宣告為二維陣列 total，如下所示。total[0][0] 與 total[1][0] 分別為 2 種咖啡的名稱，total[0][1] 與 total[1][1] 則分別為 2 種咖啡的總銷售量。

```
var total=arrayOf(
    arrayOf("美式咖啡",0),    // 美式咖啡名稱、總銷售量
    arrayOf("拿鐵咖啡",0))    // 拿鐵咖啡名稱、總銷售量
```

total 是一個混合資料型別的二維陣列，包含：咖啡名稱（字串型別）與總銷售量（整數型別）；須注意這裡的總銷售量的型別是 Integer 而不是 Int。並且，混合資料型別的陣列，其數值型別的元素無法直接做數值運算，需要有特定的方法才能進行數值運算，請參考 6.1.1 節中的「混合資料型別陣列的數值運算」說明。

二、執行結果

在執行視窗中，輸入 2 種咖啡各自 1-4 月的銷售量，如下所示。

```
輸入美式咖啡的 1-4 月銷售量 ( 以空白隔開 )：30 35 25 40
輸入拿鐵咖啡的 1-4 月銷售量 ( 以空白隔開 )：45 40 60 50
美式咖啡 1-4 月總銷售量：130 杯
拿鐵咖啡 1-4 月總銷售量：195 杯
```

三、撰寫程式碼

1. 建立專案 Application，並新增 Kotlin 程式碼檔案 MyApp.kt。
2. 程式碼第 1 行匯入 java.util.Scanner 套件。

```
1    import java.util.Scanner
```

3. 建立 main() 函式,並於 main() 函式中撰寫如下程式碼。程式碼第 5-11 行宣告二維陣列 total 與 coffee;陣列 total 是混合資料型別陣列,用於表示咖啡名稱與總銷售量;陣列 coffee 則表示 2 種咖啡 1-4 月的銷售量。

```
5   var total=arrayOf(
6       arrayOf(" 美式咖啡 ",0),
7       arrayOf(" 拿鐵咖啡 ",0))
8
9   var coffee=arrayOf(
10      IntArray(4),    // 美式咖啡 1-4 月銷售量
11      IntArray(4))    // 拿鐵咖啡 1-4 月銷售量
```

程式碼第 14-22 行是 for 重複敘述,用於輸入與讀取 2 種咖啡 1-4 月銷售量。for 重複敘述的迴圈變數 i 表示咖啡的種類。第 19 行讀取輸入的咖啡銷售量,並儲存到相對應的咖啡的月份銷售量 coffee[i][j]。第 20 行也把此銷售量累加到第 i 種咖啡的總銷售量 total[i][1]。

```
13  val read=Scanner(System.`in`)
14  for( i in coffee.indices)
15  {
16      print(" 輸入 ${total[i][0]} 的 1-4 月銷售量 ( 以空白隔開 ) : ")
17      for (j in coffee[i].indices)
18      {
19          coffee[i][j] = read.nextInt()
20          total[i][1]=total[i][1] as Int + coffee[i][j]
21      }
22  }
23
24  for(i in total.indices)
25      println("${total[i][0]}1-4 月總銷售量:${total[i][1]} 杯 ")
```

程式碼第 24-25 行使用 for 重複敘述顯示咖啡名稱與咖啡總銷售量。陣列 total[i][0] 為第 i 種咖啡名稱,total[i][1] 則為第 i 種咖啡的總銷售量。

6.3.2 三維陣列

三維陣列也是會經常用到的多維陣列,通常會以層、列、行來表示。一個 2 層 3 列 4 行的三維陣列可以簡寫為 2×3×4 陣列。例如:某系的一年級有 A、B 此 2 個班(第 1 個維度:層),每班有 3 位學生(第 2 個維度:列),每位學生有國文、英文、數學與社會 4 科成績(第 3 個維度:行),則可以使用一個大小為 2×3×4 的三維陣列來表示,如下所示。

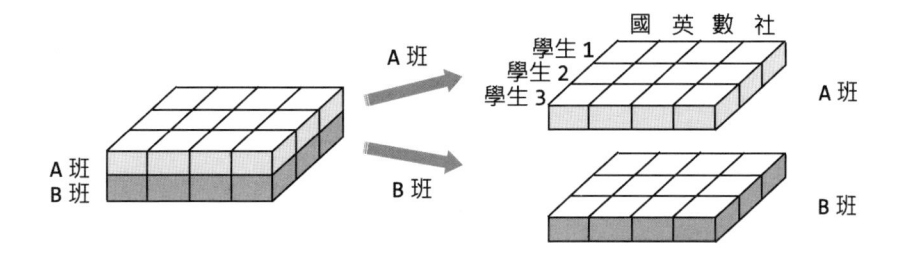

🛸 宣告三維陣列

有不同的方式可以宣告三維陣列,以下以宣告整數型別的三維陣列為例,請參考專案 ext9。程式碼第 1、2 行宣告 2 個大小為 3×4×5 的三維陣列 arr1 與 arr2;陣列 arr2 每個元素的初始值為 0。程式碼第 3-7 行宣告大小為 2×3×4 的三維陣列 arr3,並且指定了每個元素的初始值。

```
1   val arr1=Array(3){Array(4){IntArray(5)}}
2   val arr2=Array(3){Array(4){Array(5){0}}}
3   val arr3= arrayOf(   //2x3x4
4   arrayOf(arrayOf(1,2,3,4),arrayOf(5,6,7,8),arrayOf(9,10,11,12)),
5   arrayOf(arrayOf(13,14,15,16),arrayOf(17,18,19,20),arrayOf(21,22,23,
6   24)),
7   )
```

🛸 取得各個維度的長度

使用陣列的 size 屬性或 count() 方法可以取得三維陣列的層數，例如：arr3.size 與 arr3.count() 等於 2。使用相同的方法可以取得三維陣列的某一列的長度，例如：要取得第一層第 1 列的長度：arr3[0].size 或 arr3[0].count()。要取得某一層某一列有多少個元素，也是使用相似的方法，例如：程式碼第 10 行可以取得三維陣列的第 1 層第 1 列有多少個元素。

```
9   println(arr3.size)          // 有幾層
10  println(arr3[0].size)       // 第一層有幾列
11  println(arr3[0][0].size)    // 第一層第一列有幾個元素
```

🛸 走訪三維陣列

有不同的方法可以用於走訪三維陣列；以下使用 3 層 for 重複敘述走訪三維陣列。最外層的 for 重複敘述用於走訪陣列 arr3 的層，中間的 for 重複敘述用於走訪陣列 arr3 的列，最內層的 for 重複敘述用於走訪陣列 arr3 的行。

```
13  for(layer in arr3.indices){                    // 層
14      for(row in arr3[layer].indices){           // 列
15          for(col in arr3[layer][row].indices){  // 行
16              println(arr3[layer][row][col])
17          }
18      }
19  }
```

以下程式碼使用 forEach 敘述走訪三維陣列 arr3。第 21 行的 forEach 走訪陣列 arr3 的層，所以第 22 行的 it 是陣列 arr3 的層。第 22 行的 forEach 走訪陣列 arr3 的列，因此第 23 行的 it 是陣列 arr3 的列。第 23 行則使用 for 重複敘述走訪 it 裡的所有元素。

```
21  arr3.forEach {
22      it.forEach {        // 層
23          for(v in it)    // 列
24              println(v)
25      }
26  }
```

一至三維形式的陣列是普遍被使用的陣列形式,然而使用過多層的多維陣列,並搭配重複敘述來存取陣列內容,會降低程式執行的效率。因此,若很講求程式的執行效率,可以將三維陣列拆成多個二維陣列來處理。

範例 6-3:計算成績平均

有 A、B 兩班,每班有 3 位學生,每個學生有國文、英文、數學、社會 4 科成績。寫一程式使用三維陣列表示學生的成績,並計算兩班各自的 4 科成績平均。

一、解說

此題目可以先依照不同的科目,各班各自累加每個學生的該科成績,最後將該科成績除以學生人數,便可以得到各科的平均成績。

要表示 2 個班,每班有 3 位學生,每位學生有 4 科成績,可以使用如下的三維陣列表示;假設成績為整數資料,所以使用 IntArray() 來宣告。

```
val score=Array(2){Array(3){IntArray(4)}}
```

為了要表示 2 個班各自的 4 個科目的平均分數,可以使用二維陣列來表示:

```
var avg=Array(2){FloatArray(4)}
```

每位學生的 4 個科目的成績,可以使用亂數來設定;以下為其中一種設定方法。程式碼第 1 行先宣告範圍變數 range,其範圍值為 0-100。第 2 行使用 random() 方法從變數 range 中隨機挑選一個值,並儲存於變數 v。

```
1    val range=IntRange(0,100)
2    var v= range.random()
```

二、執行結果

在執行視窗中顯示每位學生的4科成績,以及4個科目的平均成績,如下所示。

```
------ A班 ---------
第1位學生:91, 49, 82, 55
第2位學生:89, 51, 57, 74
第3位學生:100, 78, 65, 84
------ B班 ---------
第1位學生:74, 95, 48, 77
第2位學生:58, 93, 65, 75
第3位學生:92, 92, 74, 57

A班:93.33, 59.33, 68.00, 71.00,
B班:74.67, 93.33, 62.33, 69.67,
```

三、撰寫程式碼

1. 建立專案Application,並新增Kotlin程式碼檔案MyApp.kt。

2. 建立main()函式,並於main()函式中撰寫如下程式碼。程式碼第3-4行分別宣告三維陣列score與二維陣列avg,分別代表2班學生的成績與兩班的4個科目的平均成績。第5行是0-100的範圍變數range,用於使用亂數產生成績。

```
3    val score=Array(2){Array(3){IntArray(4)}}
4    var avg=Array(2){FloatArray(4)}
5    val range=IntRange(0,100)
```

3. 程式碼第8-17行使用亂數來產生學生的4科成績。最外層的for重複敘述,其迴圈變數layer表示A、B此2班;中間層的for重複敘述,其迴圈變數row表示3位學生;內層的for重複敘述,其迴圈變數col表示4個科目。第12行使用亂數設定每個學生的成績,第14-15行顯示每一位學生的4科成績。

```
8   for( layer in score.indices){
9       println("------ ${'A'+layer} 班 --------")
10      for(row in score[layer].indices){
11          for(col in score[layer][row].indices){
12              score[layer][row][col]=range.random()
13          }
14          println(" 第 ${row+1} 位學生 :"+
15              score[layer][row].joinToString())
16      }
17  }
```

4. 程式碼第 20-29 行計算 2 班各自 4 個科目的平均成績。第 20-26 行先各自將 2 班每個學生的 4 科目成績累加到 avg 陣列裡相對應的科目位置，如第 23-24 行所示。第 27-28 行將陣列 avg 裡 2 班各科目的累加總分，除以學生人數 3 人，得到各科目的平均成績。

```
20  for( layer in score.indices){
21      for(row in score[layer].indices){
22          for(col in score[layer][row].indices){
23              avg[layer][col]+=
24                  score[layer][row][col].toFloat()
25          }
26      }
27      for( i in avg[layer].indices)
28          avg[layer][i]/=3.0f  // 計算平均
29  }
```

5. 程式碼第 32-37 行顯示 2 班各自 4 個科目的平均成績。第 32 行 for 重複敘述其迴圈變數 row 表示 A、B 此 2 班；第 34 行使用陣列的 withIndex() 方法，直接從陣列中依次取出 4 個科目的平均分數，再由第 35 行顯示四捨五入，並取小數點 2 位的平均分數 v.value。

```
32  for(row in avg.indices){
33      print("\n${'A'+row} 班 : ")
```

```
34      for( v in avg[row].withIndex()) {
35          print(String.format("%.2f, ", v.value))
36      }
37  }
```

7
CHAPTER

List、Map 與 Set

7.1　串列（List）

7.2　集合（Set）

7.3　映射（Map）

7.1 串列（List）

串列有 2 種形式：①長度固定並且不可變動內容的 List 串列、②可變動內容與長度的 MutableList 串列。當資料的內容與長度不想被更動時，便可以使用前者；MutableList 則可以對串列內容修改、刪除、新增與插入資料。

陣列也可以對其內容修改，但對於刪除、插入等操作往往會花費更多的時間，因此若考慮到時常要新增、插入資料的情形時，使用 MutableList 串列會更適合。

7.1.1 List 串列

List 串列一經宣告之後，便不可以改變其大小；其資料一經設定之後，也無法再修改，因此 List 串列適合用來存放不可以被更改內容的資料；串列內的資料也可以稱之為「元素」，請參考專案 ext1。

宣告串列

串列並沒有特定的資料型別，需要靠指定型別或是資料的內容來決定此串列的資料型別。listOf() 方法用於宣告 List 串列，並有 2 種宣告形式：① listOf<資料型別>(…)、② listOf(…)，如下語法所示。

```
var/val 變數名稱 = listOf<資料型別>(元素1, 元素2,…)
var/val 變數名稱 = listOf(元素1, 元素2,…)
```

以下是常見的 List 串列宣告形式。程式碼第 1 行宣告空的整數串列 lst1。第 2 行宣告只有 1 個元素的整數串列 lst2，元素的值等於 50。第 3 行宣告了有 5 個元素的整數串列 lst3，其元素值等於 11、12、13、14 與 15。

```
1    var lst1= listOf<Int>()      // empty list
2    var lst2= listOf<Int>(50)    // one element
```

```
3   var lst3= listOf(11,12,13,14,15)    // 5 elements
4   var lst4= listOf("Mary","John","Nacy")
5   var lst5= listOf("Mary",50,162.3) // Mixed elements
```

程式碼第 4 行宣告有 3 個元素的字串串列 lst4。第 5 行宣告了混合資料型別的串列 lst5，此串列有 3 個元素，分別是字串 "Mary"、整數 50 與浮點數 162.3。

🛸 取得串列的長度

使用串列的 size 屬性或是 count() 方法可以取得串列的大小，例如：取得串列 lst3 的大小。

```
7   println(lst3.size)
8   println(lst3.count())
```

以上程式碼都能取得串列 lst3 的大小，其結果等於 5。

🛸 取得串列的元素

串列裡的資料稱為「元素」，元素在串列裡的位置稱為「索引位置」；索引位置從 0 開始。串列可以使用 [] 運算子以及 get() 方法取得串列裡的元素。例如：取得串列 lst3 的第 3 個元素（索引位置等於 2），如下所示。

```
10  println(lst3[2])
11  println(lst3.get(2))
```

以上程式碼都能取得串列 lst3 的第 3 個元素：13。

🛸 走訪串列

走訪串列所使用的方式與陣列相同，如下程式碼所示。程式碼第 13-14 行使用 for 重複敘述走訪串列 lst3；第 16 行則使用 forEach{} 敘述走訪串列 lst3。

```
13  for( i in lst3.indices)
14      println(lst3[i])
15
16  lst3.forEach{println(it)}
```

🛸 常用方法

串列也提供了很多對串列資料的操作方法，這些方法大部分和陣列所提供的功能相同，例如：以下經常被使用的方法。程式碼第 17 行加總串列 lst3 裡所有的元素，第 18 行計算串列 list3 裡的所有元素的平均。第 19 行尋找串列 lst3 裡最大的元素，第 20 行尋找串列 lst3 裡最小的元素。

```
17  println(lst3.sum())            // 加總
18  println(lst3.average())        // 計算平均
19  println(lst3.maxOrNull())      // 找最大值
20  println(lst3.minOrNull())      // 檢查某值是否在 List 裡面
21  println(lst3.contains(14))
22  println(lst3.containsAll(listOf(11,15,13)))
23  println(lst3.indexOf(13))      // 回傳元素在串列裡的索引位置
```

程式碼第 21 行尋找串列 lst3 裡是否有值 14，第 22 行檢查串列 lst3 裡是否包含所有的串列資料 11、15 與 13。第 23 行取得元素 13 在串列裡的索引位置。

🛸 串列轉換為陣列與集合

串列也可以轉換為陣列與集合。程式碼第 25 行使用 toIntArray() 方法，將串列 lst3 轉換為整數陣列 arr1，所以第 28 行顯示陣列 arr1 的資料型別為 int[]。第 26 行使用 toTypeArray() 方法，將陣列 lst4 依照其元素的資料型別轉換為陣列 arr2。因為串列 lst4 的資料為字串，因此第 29 行顯示陣列 arr2 為字串型別 String[]。程式碼第 27 行使用 toSet() 方法，將串列 lst3 轉換為集合 set1。

```
25   var arr1=lst3.toIntArray()
26   var arr2=lst4.toTypedArray()
27   var set1=lst3.toSet()
28   println(arr1::class.java.simpleName)    //int[]
29   println(arr2::class.java.simpleName)    //String[]
```

7.1.2　MutableList 串列

MutableList 串列宣告之後,可以新增、刪除、修改串列中的元素,因此對串列的操作更具實用性。當考量到串列的內容經常會變動時,便可以使用 MutableList 串列。請參考專案 ext2。

🛸 宣告串列

MutableList 串列與 List 串列的宣告方式相同,差別在於改為使用 mutableListOf() 方法來宣告串列,如下語法所示。

```
var/val 變數名稱 = mutableListOf< 資料型別 >( 元素 1, 元素 2,…)
var/val 變數名稱 = mutableListOf ( 元素 1, 元素 2,…)
```

以下是宣告 mutableList 串列的一些範例。程式碼第 1 行宣告空的整數串列 mlst1。第 2 行宣告只有 1 個元素的浮點數串列 mlst2,元素的值等於 50.2。第 3 行宣告了有 5 個元素的整數串列 mlst3,其元素值等於 11、12、13、14 與 15。

```
1   var mlst1= mutableListOf<Int>()
2   var mlst2= mutableListOf<Double>(50.2)
3   var mlst3= mutableListOf(11,12,13,14,15)
4   var mlst4= mutableListOf("Mary","John","Nacy")
5   var mlst5= mutableListOf("Mary",50,162.3)
```

程式碼第 4 行宣告有 3 個元素的字串串列 mlst4。第 5 行宣告了混合資料型別的串列 mlst5,此串列有 3 個元素,分別是字串 "Mary"、整數 50 與浮點數 162.3。

修改、新增與刪除元素

MutableList 串列修改、新增與刪除元素的範例，如下所示。程式碼第 7-8 行是修改元素，第 11-13 行是新增元素，第 16-18 行是刪除元素。第 7 行將串列 mlst3 的第 4 個元素設定為 40，第 8 行則是使用 set() 方法將第 4 個元素再次設定為 100，因此第 9 行顯示串列 mlst3 的內容為：11、12、13、100、15。

程式碼第 11 行新增數值 20，第 12 行將數值 30 插入到串列 mlst3 的索引位置 1，第 13 行將串列 1、2、3 插入到索引位置 3，因此串列 mlst3 的內容等於：11、30、12、1、2、3、13、100、15、20。

```
7   mlst3[3]=40
8   mlst3.set(3,100)
9   println(mlst3.joinToString())
10
11  mlst3.add(20);
12  mlst3.add(1,30)
13  mlst3.addAll(3, listOf(1,2,3))
14  println(mlst3.joinToString())
15
16  mlst3.removeAt(0)
17  mlst3.remove(12)
18  mlst3.removeAll(listOf(1,3))
19  println(mlst3.joinToString())
```

程式碼第 16 行移除索引位置 0 的元素，第 17 行移除元素 12，第 18 行移除串列 1、3 此 2 個元素，因此串列 mlst3 的內容最後等於：30、2、13、100、15、20。

範例 7-1：串列操作練習

寫一程式新增整數串列資料。輸入 -1，則結束新增資料；接著輸入欲刪除的資料，將此資料從串列中刪除；最後再輸入欲插入資料的位置，將一筆新的資料插入至串列。

一、解說

此範例用於練習對串列進行新增、刪除與插入資料的操作，這些操作都會改變串列的長度，所以此範例需要使用 multableList。對於串列插入資料，可以使用 add() 方法；刪除串列資料，可以使用 remove() 方法。

對串列插入資料需要 2 個步驟：①輸入欲插入資料的串列索引位置、②輸入欲插入串列的值，然後再使用 add() 方法，將資料插入到指定的串列索引位置。

二、執行結果

如下所示，連續輸入 4 個串列資料後，輸入 -1 結束輸入資料。輸入欲刪除的元素 22，將此元素從串列中刪除，因此串列內容為：11、33、44；接著輸入 55 為欲插入至串列的資料，並且資料插入位置為 3；最後串列內容為：11、33、44、55。

```
輸入第 1 個元素 ( 輸入 -1 結束 ) : 11
輸入第 2 個元素 ( 輸入 -1 結束 ) : 22
輸入第 3 個元素 ( 輸入 -1 結束 ) : 33
輸入第 4 個元素 ( 輸入 -1 結束 ) : 44
輸入第 5 個元素 ( 輸入 -1 結束 ) : -1
輸入欲刪除的元素 ( 輸入 -1 結束 ) : 22
11, 33, 44
輸入欲插入的元素 ( 輸入 -1 結束 ) : 55
輸入欲插入元素的位置 1-3( 輸入 -1 結束 ) : 3
11, 33, 44, 55
```

三、撰寫程式碼

1. 建立專案 Application，並新增 Kotlin 程式碼檔案 MyApp.kt。
2. 建立 main() 函式，並於函式中撰寫如下程式碼。程式碼第 1 行宣告整數型別的 mutableList 串列 mlst。第 2 行宣告變數 v，用於儲存輸入的值。變數 index 用於作為串列 mlst 的位置索引值。變數 lastIndex 為串列 mlst 裡最後一個元素的位置索引值。

```
1    var mlst= mutableListOf<Int>()
2    var v=0; var index=0; var lastIndex =0
```

3. 程式碼第 4-12 行是 while 重複敘述,其執行條件為 true,因此這是一個反覆執行的重複敘述。第 6-7 行顯示輸入提示訊息以及取得輸入的值,並儲存於變數 v。第 8-9 行判斷若輸入的值等於 -1,則離開 while 重複敘述。第 10 行使用串列的 add() 方法,將輸入的值 v 加入串列 mlst。第 11 行將串列的位置索引值 index 加 1,表示增加了 1 個串列元素。

```
4    while(true)
5    {
6        print(" 輸入第 ${index+1} 個元素 ( 輸入 -1 結束 ):")
7        v=readLine()?.toIntOrNull()?: 0
8        if(v==-1)
9            break;
10       mlst.add(v)
11       index++;
12   }
```

4. 程式碼第 14-20 行處理刪除串列裡的元素。第 14-15 行顯示刪除提示訊息,並將輸入的值儲存於變數 v。第 16 行判斷若輸入的值不等於 -1,便執行第 18 行使用串列的 remove() 方法,從串列 mlst 移除元素 v。第 19 行顯示移除元素後的串列 mlst。

```
14   print(" 輸入欲刪除的元素 ( 輸入 -1 結束 ):")
15   v=readLine()?.toIntOrNull()?: 0
16   if(v!=-1)
17   {
18       mlst.remove(v)
19       println(mlst.joinToString())
20   }
```

5. 程式碼第 22-36 行處理串列插入元素。第 22-23 行顯示插入元素的提示訊息，並將輸入的值儲存於變數 v。第 24 行判斷若輸入的值不等於 -1，便執行第 25-36 行處理插入元素。第 26-27 行取得並顯示即將插入元素的位置 lastIndex，第 28 行取得輸入的值，並儲存於變數 index。

```
22  print("輸入欲插入的元素(輸入-1結束)：")
23  v=readLine()?.toIntOrNull()?: 0
24  if(v!=-1)
25  {
26      lastIndex=mlst.lastIndexOf(mlst.last())
27      print("插入元素的位置1-${lastIndex+1}(輸入-1結束)：")
28      index=readLine()?.toIntOrNull()?: 0
29      if(index!=-1 && (index>0 && index-1<=lastIndex  ))
30      {
31          mlst.add(index,v)
32          println(mlst.joinToString())
33      }
34      else
35          println("資料插入位置錯誤")
36  }
```

第 29 行判斷若輸入正確的元素插入位置，則執行第 30-33 行，使用 add() 方法將 v 插入串列的 index 位置；若輸入的插入元素的位置不正確，則執行第 35 行顯示錯誤訊息。

7.2 集合（Set）

集合（set）就如同串列一樣，也適用於儲存大量的資料。集合與串列的最大差別，就在於集合只儲存不重複的資料。除此之外，集合的操作方式、所提供的方法，都和串列幾乎相同。

相同地，集合也分為 2 種形式：Set 與 MutableSet，前者一經宣告之後，無法再改變其長度，也無法修改集合內的元素；後者可以修改、增加與刪除集合內的元素，因此集合的長度也可以被更改。

7.2.1　Set 集合

Set 集合一經宣告之後，便不可以改變其大小。其資料一經設定之後，也無法再修改，因此 Set 集合適合用來存放不可以被更改內容的資料。集合內的資料也可以稱之為「元素」，請參考專案 ext3。

🛸 宣告集合

集合也如同串列一樣，並沒有特定的資料型別，需要靠指定型別或是資料的內容，來決定此集合的資料型別。setOf() 方法用於宣告 Set 集合，並有 2 種宣告形式：① setOf< 資料型別 >(…)、② setOf(…)，如下語法所示。

```
var/val 變數名稱 = setOf< 資料型別 >( 元素 1, 元素 2,…)
var/val 變數名稱 = setOf( 元素 1, 元素 2,…)
```

以下是常見的集合宣告形式。程式碼第 1 行宣告整數型別的集合 st1，並且預設了 5 個元素：11、22、33、44 與 44。但需要特別注意，因為集合儲存不重複的資料，44 這個值只會被保留 1 個，所以最後集合 st1 只會有 4 個元素：11、22、33 與 44。

```
1   var st1= setOf<Int>(11,22,33,44,44)
2   var st2= setOf(1,2,3,4,5)
3   var st3= setOf<Double>()
4   var st4 = setOf("Mary",20,52.3)
```

第 2 行宣告集合 st2，並且有 5 個元素：1、2、3、4 與 5。這些元素都是整數，因此集合 st2 會自動被視為整數型別的集合。第 3 行宣告空的 Double 型別的集合 st3。第 4 行宣告了混合資料型別的集合 st4，此集合有 3 個元素，分別是字串 "Mary"、整數 20 與浮點數 52.3。

🛸 取得集合的長度

使用集合的 size 屬性或是 count() 方法可以取得集合的大小,例如:取得集合 st1 的大小。

```
6   println(st1.size)
7   println(st1.count())
```

以上程式碼都能取得串列 st1 的大小,其結果等於 4。

🛸 取得集合的元素

集合裡的資料稱為「元素」,元素在集合裡的位置稱為「索引位置」;索引位置從 0 開始。集合可以使用 elementAt()、elementAtOrNull() 與 elementAtOrElse() 等方法取得集合裡的元素,如下範例所示。程式碼第 10 行取出集合 st1 裡第 2 個索引位置的個元素,所以是 33。第 11 行則取出集合 st1 裡索引位置 10 的元素,因為索引位置已經超過了集合 st1 的長度了,所以會顯示 null。第 12 行的作用與第 11 行相同,但改為使用 "?:" 運算子,因此會顯示 "Not found"。

```
10  println(st1.elementAt(2))
11  println(st1.elementAtOrNull(10))
12  println(st1.elementAtOrNull(10)?: "Not found")
13  println(st1.elementAtOrElse(10){-1})
14  println(st1.elementAtOrElse(10){"Not found"})
```

程式碼第 13-14 行則是使用 elementAtOrElse() 方法,並搭配 lambda 敘述。第 13、14 行都欲取出集合 st1 索引位置 10 的元素;差別在於第 13 行若無法取得該元素,則使用 lambda 敘述回傳 -1,第 14 行則使用 lambda 敘述回傳 "Not found"。

🛸 條件篩選

集合與串列一樣可以使用其內建的方法並搭配 lambda 敘述,取得符合篩選條件的元素,例如:以下範例。程式碼第 16 行使用 find 敘述並搭配 lambda 敘述,尋找第 1

個找到的大於 30 的元素。第 17 行改使用 findLast 敘述，尋找最後 1 個大於 30 的元素。第 18 行使用 filter 敘述，尋找大於 20 並且小於 40 之間的元素。此 3 行程式敘述分別顯示：22、33 與 [22,33]。

```
16  println(st1.find{it>30})
17  println(st1.findLast { it>30 })
18  println(st1.filter { it>20 && it<40 })
19  var st5=setOf(st1.filter{it>30})
20  println(st5.joinToString())
```

第 19 行程式碼使用 filter 敘述，篩選集合 st1 中大於 30 的元素，再將這些元素以集合的方式儲存於集合 st5，因此第 20 行顯示 [33,44]。

走訪集合

走訪集合所使用的方式與串列相同。如下程式碼所示，程式碼第 22-23 行使用 for 重複敘述走訪集合 st4。第 25 行則使用 forEach{} 敘述走訪集合 st1。

```
22  for( v in st4)
23      println(v)
24
25  st1.forEach{println(it)}
```

7.2.2　MutableSet 集合

MutableSet 集合如同 MutableList 串列一樣，宣告後可新增、刪除、修改集合中的元素，因此對集合的操作更具實用性。當考量到集合的內容經常會變動時，便可以使用 MutableSet 集合，請參考專案 ext4。

🛸 宣告集合

MutableSet 集合與 Set 集合的宣告方式相同,差別在於改為使用 mutableSetOf() 方法來宣告串列,如下語法所示。

```
var/val 變數名稱 = mutableSetOf<資料型別>(元素1, 元素2,…)
var/val 變數名稱 = mutableSetOf (元素1, 元素2,…)
```

以下是宣告 mutableSet 集合的範例。程式碼第 1 行宣告整數集合 mst1,並且有 4 個元素。第 2 行宣告有 4 個元素的集合 mst2,因為這 4 個元素都是整數,所以集合 mst2 自動被視為整數型別。

```
1   var mst1= mutableSetOf<Int>(1,2,3,4)
2   var mst2= mutableSetOf(11,22,33,44)
```

🛸 修改、新增與刪除元素

MutableSet 集合新增與刪除元素的範例,如下所示。程式碼第 4 行新增 1 個元素 55 到集合 mst2。第 5 行新增一個集合 (55,66) 到集合 mst2;因為 55 這個值在第 4 行已經被新增到 mst2 集合中了,所以不會再被新增到 mst2 集合。第 6 行從集合 mst2 中刪除元素 11。第 7 行則是從 mst2 集合中刪除另一個集合 (33,55),因此第 8 行顯示集合 mst2 的內容為:22、44、66。

```
4   mst2.add(55)
5   mst2.addAll(setOf(55,66))
6   mst2.remove(11)
7   mst2.removeAll(setOf(33,55))
8   println("mst2="+mst2.joinToString())
```

集合類別所提供的方法 plus() 與 minus() 一樣用於新增與刪除集合中的元素,但其執行結果會產生另一個新的集合,也就是此 2 個方法的執行結果並不會影響原來的集合。程式碼第 10 行使用 plus() 方法,將集合 mst1 加入 5,並將執行結果儲存到新的集合mst3。第11行使用minus()方法從集合mst3中刪除2後，再覆蓋原來的集合mst3，因此第12行顯示集合mlst3的內容等於：1、3、4、5。

```
10  var mst3=mst1.plus(5)
11  mst3=mst3.minus(2)
12  println("mst3="+mst3.joinToString())
```

集合方法plus()與minus()也可以使用 '+'、'-' 運算子來代替。程式碼第14行將集合mst1再加上值6後的結果，儲存在新的集合mst4。第15行再從集合mst4中刪除元素2，其執行結果再重新設定給集合mst4，因此第16行顯示集合mst4的內容為：1、3、4、6。

```
14  var mst4=mst1+6
15  mst4-=2
16  println("mst4="+mst4.joinToString())
```

轉換為陣列與串列

集合也可以轉換為陣列與串列。程式碼第18行使用toIntArray()，將集合mst1轉換為整數陣列，並儲存於變數arr。第19行使用toMutableList()方法，將集合mst1轉換為MutableList串列，並儲存於變數lst。

```
18  var arr=mst1.toIntArray()
19  var lst=mst1.toMutableList()
```

聯集、交集與差集

集合也可以如同數學上的集合一般，進行聯集、交集與差集的處理。程式碼第21-22行宣告了2個字串集合mst5與mst6。第24行使用union()方法，將這2個集合以聯集處理，並將結果轉為mutableSet後，儲存在集合mst7。

```
21  var mst5= setOf("Mary","John","Nacy","Brown")
22  var mst6= setOf("Leo","Mary","Brown","Joanna","Black")
23
24  var mst7=mst5.union(mst6).toMutableSet()
25  println("mst7="+mst7.joinToString())
26
27  var mst8=mst5.intersect(mst6)
28  println("mst8="+mst8.joinToString())
29
30  var mst9=mst5.subtract(mst6)
31  println("mst9="+mst9.joinToString())
```

程式碼第 27 行使用 intersect() 方法,將 mst5 與 mst6 這 2 個集合以交集處理,再將結果儲存在集合 mst8。第 30 行使用 subtract() 方法,將 mst5 與 mst6 這 2 個集合以差集處理,再將結果儲存在集合 mst9。

7.3 映射(Map)

映射(Map)所儲存的資料是以一組<鍵,值>這樣的資料形式;查詢鍵(Key)便可以得到值(Value)。在同一個映射中的所有資料的鍵不會相同,並且所有鍵都是相同的資料型別,所有的值也是相同的資料型別。例如:儲存姓名與身高的映射,其資料可以為:<王小明,168.2>、<真美麗,162.6>等。姓名是鍵,為字串資料型別;身高是值,為浮點數資料型別。

映射一樣有 2 種形式:Map 與 MutableMap,前者一經宣告之後,無法再改變映射裡的資料,適合用來宣告不可被更改內容的資料;後者可以修改、增加與刪除映射內的資料。

7.3.1　Map 映射

Map 映射一經宣告之後，便不可以改變其資料內容，因此 Map 映射適合用來存放不可以被更改內容的資料，請參考專案 ext5。

🛸 宣告映射

映射也如同串列和集合一樣，並沒有特定的資料型別，因此需要在宣告映射時設定這個映射的資料型別，或由其初始設定的資料來自動判定這個映射的資料型別。

```
var/val 變數名稱 = mapOf<鍵的資料型別,值的資料型別>(資料1,資料2,…)
var/val 變數名稱 = mapOf(資料1,資料2,…)
```

以下是常見的映射宣告形式。程式碼第 1 行宣告＜字串，整數＞型別的空映射；宣告空的映射也可以使用 emptyMap() 方法，例如：emptyMap<String,Int>()。第 2 行宣告 <String,Double> 型別的映射，並且使用 Pair() 方法設定了 3 筆資料，例如：第 1 筆資料是 <Mary,62.4>；其中 "Mary" 是鍵，62.4 是值。除了使用 Pair() 方法設定映射的資料之外，也可以使用 "to" 來設定資料。

```
1    var map1= mapOf<String,Int>()
2    var map2= mapOf<String,Double>(Pair("Mary",62.4),
3                    Pair("John",58.6), Pair("Nacy",50.2))
4    var map3= mapOf(3 to "Leo",10 to "Joanna", 1 to "Brown")
5    var map4= mapOf("Apple" to 20,"Tomato" to 15, "Mango" to 40)
```

程式碼第 4 行宣告了映射 map3，並使用 "to" 設定了 3 筆資料：<3,Leo>、<10,Joanna> 與 <1,Brown>。程式碼第 5 行宣告了映射 map4，並使用 "to" 設定了 3 筆資料：<Apple,20>、<Tomato,15> 與 <Mango,40>。

🛸 取得映射的長度

使用映射的 size 屬性或是 count() 方法，可以取得映射的大小，例如：取得映射 map4 的大小。

```
 8  println(map4.size)
 9  println(map4.count())
```

以上程式碼都能取得映射 map4 的大小,其結果等於 3。

🛸 取得映射的資料

欲查詢映射裡的資料,是以資料的鍵來查詢資料的值。例如:查詢映射 map2 的鍵 "Mary",可以得到值 62.4;查詢映射 map3 的鍵 10,可以得到值 "Joanna"。

程式碼第 11 行使用 "[]" 查詢映射 map2 的鍵 "Mary",得到值 62.4,也可以如同第 12 行使用 getValue() 方法來查詢,此兩者的作用相同。第 13 行查詢映射 map3 的鍵 10,因此得到相對應的值 "Joanna"。

```
11  println(map2["Mary"])
12  println(map2.getValue("Mary"))
13  println(map3[10])
```

程式碼第 15-16 行各自讀取映射 map4 的鍵與值,並儲存到變數 keys 和 values。keys 的內容等於:"Apple"、"Tomato" 與 "Mango";values 的內容等於:20、15 與 40。因此,Keys 與 values 的內容可以進一步使用重複敘述或是 foreach 讀取每個資料。

```
15  val keys=map4.keys
16  val values=map4.values
```

🛸 走訪映射

映射裡的每一筆資料包含了鍵與值,因此在走訪映射時的寫法稍有不同。程式碼第 18-19 行使用重複敘述 for 走訪映射;變數 v 包含了鍵與值,使用 v.key 與 v.value 分別取出鍵與值。

```
18  for(v in map4)
19      print("${v.key}:${v.value}, ")
20
21  map3.forEach { key, value ->
22      print(key.toString()+":"+value+", ")
23  }
```

程式碼第 21-23 行使用 forEach 敘述搭配 lamda 敘述來取得映射裡的資料，因此會自動帶入鍵與值這 2 個參數。參數名稱可自行命名，第 21 行將鍵與值此 2 個參數命名為 key 與 value。

檢查資料是否存在

欲檢查映射裡是否有某筆資料，可以使用 containsKey() 或是 containsValue() 方法；前者使用鍵來檢查，後者使用值來檢查；檢查結果會回傳 true 或 false。程式碼第 25 行使用 containsKey() 方法，來檢查映射 map4 裡是否有 "Lemon" 這個鍵的這筆資料。第 26 行使用 containsValue() 方法，來檢查映射 map4 裡是否有 20 這個值的這筆資料。

```
25  println(map4.containsKey("Lemon"))
26  println(map4.containsValue(20))
```

篩選資料

映射資料包含了鍵與值，因此篩選資料便有 3 種方式：①使用鍵來篩選、②使用值來篩選、③使用鍵與值來篩選。程式碼第 28-30 行使用 filterKeys 敘述來篩選鍵大於 "L" 的資料，因此篩選的結果為：<Mary,62.4> 與 <Nacy,50.2>。第 32-34 行使用 filterValues 敘述來篩選值大於 55 的資料，因此篩選的結果為：<Mary,62.4> 與 <John,58.6>。第 36-39 行使用 filter 敘述來篩選鍵大於 2，並且值大於 "K" 的資料，因此篩選的結果為：<3,Leo>。

```
28  val data1=map2.filterKeys {
29      it>"L"
30  }
31
32  val data2=map2.filterValues {
33      it>55
34  }
35
36  val data3=map3.filter {
37      it.key>2
38      it.value>"K"
39  }
```

🛸 合併與轉換

Map 映射也可以使用 '+' 與 '-' 來新增刪除資料或合併映射，但因為 Map 映射並無法真正修改映射內的資料，所以處理後的結果會產生新的映射。

程式碼第 41 行將映射 map4 先加入一筆資料 <M,20>，然後再加入使用 mapOf() 方法所產生的映射 <A,100>，最後再減去鍵等於 "Apple" 這筆資料，最後的結果儲存於映射變數 data4；其內容等於：<Tomato,15>、<Mango,40>、<M,20> 與 <A,100>。

```
41  var data4=map4+Pair("M",20)+ mapOf("A" to 100)-("Apple")
42  var lst=map4.toList()
```

第 42 行使用 toList() 方法，將映射 map4 轉為串列。使用 toMutableMap()，可以將 Map 映射轉換為 MutableMap 映射。toSortedMap() 方法則可以依照鍵排序映射。以上這些方法都需要宣告映射變數來儲存產生的結果。

7-19

7.3.2 MutableMap 映射

MultableMMap 映射宣告之後，可以新增、刪除、修改映射中的資料，因此對映射的操作更具實用性。當考量到映射的內容經常會變動時，便可以使用 MutableMap 映射，請參考專案 ext6。

宣告映射

MutableMap 映射與 Map 映射的宣告方式相同，差別在於改為使用 mutableMapOf() 方法來宣告映射，如下語法所示。

```
var/val 變數名稱 = mutableMapOf<鍵的資料型別,值的資料型別>(資料1,資料2,…)
var/val 變數名稱 = mutableMapOf(資料1,資料2,…)
```

以下幾種是宣告 MutableMap 映射的應用形式。程式碼第 1 行宣告了映射 map1，並使用 "to" 設定了 4 筆資料。第 3 行則是使用 filterValues 敘述，從映射 map1 中將值大於 55 的資料轉換為 MutableMap 後，再設定給映射 map2。第 4 行宣告映射 map3，並使用 Pair() 方法將 3 筆資料設定給映射 map3。

```
1   var map1= mutableMapOf("Mary" to 62.4, "John" to 58.6,
2                          "Nacy" to 50.2, "Leo" to 58.0)
3   var map2=map1.filterValues { it>55 }.toMutableMap()
4   var map3= mutableMapOf(Pair(1,"Book"),Pair(2,"Desk"),
5                          Pair(3,"Chair"))
6   map2.clear()
```

要清除映射裡的所有資料，可使用 clear() 方法；如同程式碼第 6 行使用 clear() 方法，將映射 map2 的資料全部清除。

🛸 修改、新增與刪除元素

MutableMap 映射新增與刪除元素的範例,如下所示。程式碼第 8 行使用 put() 方法,新增 1 筆資料 <Jenny,54.8> 到映射 map1。第 9 行使用 putAll() 方法,增加 3 筆資料到映射 map1。除了使用 put() 方法增加資料之外,也可以使用 "+=" 來增加資料;如第 11 行所示,增加資料 <Black,54.8> 到映射 map1,此時映射 map1 內有 9 筆資料。

```
8   map1.put("Jenny",54.8)
9   map1.putAll(setOf("Bert" to 60.0, "Mart" to 52.4,
10                     "Lily" to 4.5))
11  map1+=Pair("Black",54.8)
```

以下介紹各種刪除 MutableMap 映射資料的方法。程式碼第 13 行使用 "-=" 刪除鍵等於 "Leo" 這筆資料;第 14 行使用 remove() 方法刪除鍵等於 "Mark" 這筆資料。

```
13  map1-="Leo"
14  map1.remove("Mark")
```

remove() 方法是以鍵來刪除資料。此外,也可以使用映射的 values、keys 屬性搭配 remove()、removeAll() 方法與 removeIf 敘述來刪除資料;尤其是 removeIf 與 removeAll 敘述搭配 lambda 敘述來刪除映射的資料,會更有彈性。

程式碼第 16-20 行使用映射的 values 屬性搭配 remove()、removeAll() 方法與 removeIf 敘述來刪除映射 map1 裡的資料。第 16 行使用 remove() 方法刪除值 54.8 這筆資料,但在 map1 映射裡有 2 筆值等於 54.8 的資料,只會刪除第 1 筆符合條件的資料。第 17 行使用 removeAll() 方法刪除值等於 50.2 與 60.0 這 2 筆資料。第 18-20 行使用 removeIf 敘述刪除值小於 53 的資料。

```
16  map1.values.remove(54.8)
17  map1.values.removeAll(arrayOf(50.2,60.0))
18  map1.values.removeIf {
19      it<53
20  }
```

程式碼第 22-25 行則使用 keys 屬性搭配 remove() 與 removeIf() 方法來刪除資料。第 22 行使用 remove() 方法刪除鍵等於 "Mary" 的資料。第 23-25 行使用 removeIf 敘述刪除鍵等於 "Black" 這筆資料。

```
22  map1.keys.remove("Mary")
23  map1.keys.removeIf {
24      it=="Black"
25  }
```

使用映射的 entries 屬性，可以使用鍵的屬性 key 或值的屬性 value 來刪除資料。程式碼第 27-29 行使用 removeIf 敘述，刪除鍵等於 "John" 這筆資料。第 30-32 行使用 removeIf 敘述，刪除值等於 58.6 這筆資料。此時，映射 map1 只剩下 1 筆資料：<Lily,54.4>。

```
27  map1.entries.removeIf {
28      it.key=="John"
29  }
30  map1.entries.removeIf {
31      it.value==58.6
32  }
```

若要替換映射裡的資料，可以使用 replace() 方法或是 replaceAll 敘述。程式碼第 34 行使用 replace() 方法，將鍵 "Lily" 的值替換為 53.6。第 35-37 行將映射 map3 裡所有的值改為大寫字母。

```
34  map1.replace("Lily",53.6)
35  map3.replaceAll { _, value ->
36      value.uppercase()
37  }
```

7-22

8
CHAPTER

函式與自訂函式

8.1 具名函式與匿名函式

8.2 自訂函式

8.3 參數傳遞

8.4 函式回傳值

8.5 變數有效範圍

8.1 具名函式與匿名函式

「函式」或稱為「函數」(Function)，是依照函式語法格式所撰寫的程式碼，用於提供特定的功能，例如：計算三角函數的函式、計算 BMI 的函式、計算各國幣值轉換的函式、計算攝氏溫度與華氏溫度轉換的函式等。

許多相關功能的函式組合在一起，便可稱為「函式庫」(Library)。程式語言都會提供數以百計、千計的函式供程式開發者使用，例如：Kotlin 所提供的 print()、println() 就是用於將各種資料顯示到螢幕的函式，又如 roundToInt() 這個函式用於將浮點數四捨五入後轉換為整數。

為了區分由程式語言所提供的函式與自己撰寫的函式，習慣上將程式語言所提供的函式，稱為「標準函式」、「內定函式」等稱呼；而自己所撰寫的函式，則稱為「自訂函式」(Customized function)。

沒有函式名稱的函式稱為「匿名函式」，是一種簡化的函式寫法，因此多使用於程式內容較為簡單的函式。隨著 Lambda 敘述式大量被引用的趨勢，了解匿名函式的使用與寫法，才能熟悉 Lambda 敘述式。

具名函式

例如：有一個自訂函式 add() 用於將 2 個整數相加，並回傳相加後的結果，如下所示。

```
fun add(a:Int, b:Int):Int
{
    return a+b
}
```

在程式中宣告變數 sum，呼叫 add() 函式將 8 與 12 相加，並把結果儲存到變數 sum：

```
var sum=add(8,12)
println("result=$sum")
```

🛸 函式呼叫與回傳呼叫者

如下圖所示，右邊為自訂函式 add()，左邊為呼叫自訂函式 add() 的程式碼，又稱為「呼叫者」。當程式執行到第 2 行時呼叫自訂函式 add()，並傳入 2 個引數 8 與 12，此時便會跳至自訂函式 add() 去執行；當執行完畢之後，又會回到程式碼第 3 行繼續接著執行。

```
1       :                          ┌──→ fun add(a:Int, b:Int):Int
2   var sum=add(8,12)  ─── 執行 ───┘    {
3   println("result=$sum") ←── 回傳 ──┐     return a+b
4       :                              └── }
```

🛸 匿名函式

若使用匿名函式的方式來改寫以上的程式碼，如下所示。宣告變數 sum，並且直接設定 Lambda 敘述式。

```
var sum = { a: Int, b: Int -> a+b }
println("result="+sum(8,12))
```

此段程式碼 { a: Int, b: Int -> a+b } 與上一小節中的具名函式 add() 是一樣的作用，但卻沒有函式名稱，並且簡化了具名函式的寫法。對於簡單的函式，採用匿名函式的方式會顯得更簡潔。

8.2 自訂函式

依照函式的格式所撰寫的程式，就稱為「自訂函式」。寫程式過程中，往往會出現相同或是類似的程式碼片段，此時將這些相同或是類似的程式碼片段，寫成自訂函式來使用，不僅可使得程式碼更有彈性，也更容易維護。

依據函式的需求與寫法，大致上可將自訂函式分為 3 種：①基本自訂函式、②帶參數的自訂函式、③有回傳值的自訂函式，因此在撰寫自訂函式時，通常視功能需求而採用不同的寫法，或是混合以上的形式來撰寫。

8.2.1 基本自訂函式

基本型態的自訂函式沒有參數，也沒有回傳值，其語法如下所示。宣告函式由可見性修飾字開始，接著是 fun 關鍵字，代表這是一個函式。函式名稱之後，是由一組小括弧組成的參數列；若無參數則可以省略。無回傳值的函式可以省略函式回傳值型別，或使用 Unit 這個關鍵字。可見性修飾字可為 public 或 private，若無特別註明為 private，則預設為 public。public 表示此函式可供其他的程式使用，若使用 private 修飾字，則此函式無法讓其他程式使用。

```
[ 可見性修飾字 ] fun 函式名稱 ()[:Unit]
{
    程式碼
    ⋮
}
```

🛸 建立基本自訂函式

基本型態的自訂函式，不需要傳遞參數，函式也不需要回傳值。例如：建立一個兩數相加的自訂函式 add()，如下所示，請參考專案 ext1。

```
1   fun add()
2   {
3       var a:Int=0    // 第 1 個數
4       var b:Int=0    // 第 2 個數
5
6       print(" 輸入第 1 個整數：")
7       a=readLine()?.toIntOrNull()?: 0
8
9       print(" 輸入第 2 個整數：")
10      b=readLine()?.toIntOrNull()?: 0
11
12      println("${a}+${b}=${a+b}")
13  }
14
15  fun main()
16  {
17      add()         ← 呼叫自訂函式 add()
18  }
```

第 1-13 行為自訂函式 add()，第 15-18 行為主函式 main()

程式碼第 1-13 行是自訂函式 add()，第 15-18 行是主函式 main()。自訂函式可以寫在程式的任何地方，例如：這個範例將自訂函式寫在主函式 main() 之前；寫在主函式 main() 之後也可以，端視各自寫程式的習慣。在自訂函式 add() 中，第 3-4 行宣告 2 個整數變數 a 與 b，第 6-10 行分別顯示輸入提示與讀取輸入的 2 個整數，並儲存到變數 a 與 b。第 12 行顯示 2 個數相加的結果。

程式碼第 15-18 行是主函式 main()，第 17 行呼叫自訂函式 add() 來執行，因此執行過程如下所示。

```
輸入第 1 個整數：20
輸入第 2 個整數：25
20+25=45
```

範例 8-1：溫度轉換的自訂函式

使用基本型自訂函式，撰寫溫度轉換之自訂函式：輸入攝氏溫度，轉換為華氏溫度，並於主函式中呼叫此溫度轉換的自訂函式。

一、解說

假設此溫度轉換的自訂函式的函式名稱為 C2F，則此自訂函式 C2F() 的形式為：

```
fun C2F(): Unit
{
    程式碼
       ⋮
}
```

此自訂函式並沒有回傳值，因此可省略函式回傳值型別 Unit，則如下形式：

```
fun C2F()
{
    程式碼
       ⋮
}
```

二、執行結果

如下所示，輸入攝氏溫度 37 度，轉換為華氏溫度 98.6 度。

```
輸入攝氏溫度：37
轉換後的華氏溫度：98.6
```

三、撰寫程式碼

1. 建立專案 Application，並新增 Kotlin 程式碼檔案 MyApp.kt。在此先撰寫自訂函式 C2F() 後，然後再撰寫 main() 主函式。

2. 程式碼第 1-11 行建立溫度轉換的自訂函式 C2F()。第 3-4 行宣告浮點數型別的變數 c 與 f，分別用於儲存攝氏溫度與華氏溫度。第 6-7 行顯示輸入攝氏溫度的提示訊息，以及讀取輸入的攝氏溫度並儲存於變數 c。第 9-10 行計算並顯示華氏溫度。

```
1   fun C2F()
2   {
3       var c:Float
4       var f:Float
5
6       print("輸入攝氏溫度：")
7       c=readLine()?.toFloatOrNull()?: 0f
8
9       f=32f+1.8f*c
10      println("轉換後的華氏溫度：${f}")
11  }
```

3. 程式碼第 13-16 行建立 main() 主函式，第 15 行呼叫自訂函式 C2F()。

```
13  fun main()
14  {
15      C2F()   // 呼叫自訂函式 C2F()
16  }
```

8.3 參數傳遞

呼叫函式時，可以將資料傳遞給函式，以便函式可以用這些資料做其他的處理；傳遞的資料內容可以是常數、變數或是 Lambda 敘述式。

傳遞給函式的資料稱為「引數」(Argument)；對於函式而言，接收的資料稱為「參數」(Parameter)，此兩者指的是相同的資料，因此有時便以「參數」來通稱。

8.3.1 帶參數的自訂函式

宣告帶有參數的自訂函式，其形式如下所示。在函式名稱之後的小括弧內，依次宣告參數。參數的宣告形式與宣告變數相同，多個參數之間以逗點隔開，請參考專案 ext2。

```
[可見性修飾字] fun 函式名稱 (參數1:資料型別, 參數2:資料型別,…)
{                                參數列
    程式碼
      ⋮
}
```

例如：在上一節中所宣告的兩數相加的自訂函式 add()，改為傳入 2 個欲被相加的整數作為參數，改寫後的自訂函式 add() 如下所示。自訂函式的參數列有 2 個整數型別的參數 a 與 b，自訂函式 add() 只負責將此 2 數相加後顯示，不再負責提醒使用者輸入資料以及讀取使用者輸入的資料。

```
1  fun add(a:Int, b:Int)     ◄── 接收 2 個整數參數
2  {
3      println("${a}+${b}=${a+b}")
4  }
```

在主函式 main() 中，程式碼第 8-9 行宣告 2 個要相加的變數 a 與 b。第 11-15 行則顯示提示使用者輸入資料的訊息，以及讀取使用者輸入的資料，並儲存於變數 a 與 b。第 17 行呼叫自訂函式 add()，並將 2 個變數 a 與 b 作為引數傳入自訂函式 add()。

```
6   fun main()
7   {
8       var a:Int=0    // 第 1 個數
9       var b:Int=0    // 第 2 個數
10
11      print("輸入第 1 個整數：")
12      a=readLine()?.toIntOrNull()?: 0
```

```
13
14      print(" 輸入第 2 個整數：")
15      b=readLine()?.toIntOrNull()?: 0
16
17      add(a,b)          ◄────── 傳入 2 個整數引數
18  }
```

自訂函式 add() 所接收的 2 個參數 a 與 b，和主函式 main() 所宣告的 2 個變數 a 與 b，雖然變數名稱相同，但卻是兩組完全獨立不相干的變數，只是變數名稱相同而已。自訂函式 add() 所接收的 2 個欲被相加的參數，可以取任何的變數名稱。

範例 8-2：打招呼

寫一「打招呼」的自訂函式 sayHello()，此自訂函式接收 2 個參數：第 1 個參數為姓名，第 2 個參數是年齡。例如：傳入 " 王小明 " 與 20，則顯示："Hi, 王小明, 今年 20 歲 "。

一、解說

自訂函式 sayHello() 接收 2 個參數，分別為姓名與年齡，因此這 2 個參數的型別分別為字串與整數。自訂函式 sayHell() 的形式，如下所示。

```
fun sayHello(name:String, age:Int)
{
    程式碼
       :
}
```

二、執行結果

如下所示，輸入姓名為 " 王小明 "，年齡為 20 歲，則顯示如下結果。

```
Hi, 王小明, 今年 20 歲
```

三、撰寫程式碼

1. 建立專案 Application，並新增 Kotlin 程式碼檔案 MyApp.kt。在此先撰寫自訂函式 sayHello() 後，然後再撰寫 main() 主函式。

2. 程式碼第 1-4 行建立自訂函式 sayHello()，並接收 2 個參數：name 與 age，分別代表姓名與年齡，其資料型別分別為字串 String 與整數 Int。第 3 行顯示打招呼的訊息：顯示姓名與年齡。

```
1   fun sayHello(name: String,age:Int)
2   {
3       println("Hi, $name, 今年 ${age} 歲 ")
4   }
```

3. 程式碼第 6-9 行建立 main() 主函式，第 8 行呼叫自訂函式 sayHello()，並傳入姓名 " 王小明 " 與年齡 20 作為引數。

```
6   fun main()
7   {
8       sayHello(" 王小明 ",20)
9   }
```

8.3.2 具名參數

在 IntelliJ 整合開發環境中撰寫 Kotlin 程式；在呼叫函式時，會顯示該函式的參數名稱作為參考，請參考專案 ext3。以範例 8-2「打招呼」為例，在 main() 主函式中呼叫自訂函式 sayHello()，會提示自訂函式 sayHello() 的參數名稱及其資料型別，如下所示。

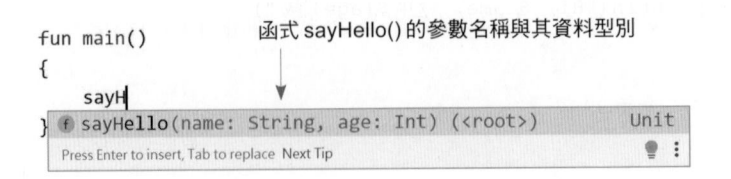

寫好之後，也會出現參數名稱的提示，如下所示。

```
fun main()
{
    sayHello( name: "王小明", age: 20)
}
```
函式的參數名稱提示

所以，在呼叫自訂函式 sayHello() 時，也可以直接寫出參數的名稱與其內容，此稱為「具名參數」，如下所示。

```
sayHello(name="Mary", age=18)
```

具名參數的好處，可以很清楚知道每個參數的意義。此外，也可以任意變動參數的順序，如下所示，將年齡與姓名對調。

```
sayHello(age=18, name="Mary")
```

因為引數指明了參數的名稱，所以互換順序也不會出錯。

8.3.3　預設參數值

在定義自訂函式時，參數可以設定預設值。在呼叫函式時，若沒有傳入相對應的引數，便會以參數的預設值作為此參數的值。例如：自訂函式 sahHello() 的第 2 個年齡參數，預設值等於 0，如下所示。

```
1  fun sayHello(name: String, age:Int=0 )
2  {
3      println("Hi, $name, 今年 ${age} 歲 ")
4  }
```

在呼叫自訂函式 sayHello() 時，當忘了或是沒有傳入年齡這個參數：

```
sayHello(name="John")
```

8-11

則年齡便會以其預設值 0 作為參數 age 的內容，所以此行 sayHello() 呼叫會顯示：

```
Hi, John, 今年 0 歲
```

使用參數預設值時，須注意：具有參數預設值的參數，其下一個參數也必須有預設值。換句話說，具有預設值的參數一定是最後一個參數，或是某個參數設定預設值之後，則之後的每個參數也都要設定預設值。例如：姓名預設值為無名氏，但年齡參數沒有預設值：

```
1  fun sayHello(name: String=" 無名氏 ", age:Int)
2  {
3      println("Hi, $name, 今年 ${age} 歲 ")
4  }
```

在呼叫自訂函式 sayHello() 時，若只傳入年齡 20，便會出現錯誤，如下所示。

```
sayHello(20)
```

要避免上述的錯誤，可以使用具名參數，如下所示。

```
sayHello(age=20)
```

8.4 函式回傳值

函式除了可以接收參數之外，也能將資料回傳給呼叫者。回傳的資料可以是常數值、變數或是 Lambda 敘述式。當自訂函式有需要將處理的結果回傳給呼叫者時，便可以使用函式回傳值的方式來撰寫自訂函式。

8.4.1　return 指令

函式使用 return 指令將資料回傳給呼叫者。以前述執行兩數相加的自訂函式 add() 為例，請參考專案 ext4。將此自訂函式改為傳入 2 個整數作為參數，並將相加後的結果回傳給呼叫者，如下所示。程式碼第 1 行定義自訂函式 add()，接收 2 個整數參數 a 與 b，並且函式回傳值型別為整數型別。

特別注意：函式回傳值型別需與回傳資料的資料型別相同。第 3 行宣告整數變數 sum，用來儲存兩數相加後的結果。程式碼第 5 行將 a 與 b 兩數相加後，第 6 行使用 return 指令將變數 sum 回傳給呼叫者；因為回傳的資料 sum 為整數型別，所以函式回傳值型別也是整數型別。

```
1   fun add(a:Int, b:Int) :Int     ← 函數回傳值型別為整數型別
2   {
3       var sum:Int
4
5       sum=a+b
6       return sum                  ← 使用 return 指令回傳變數 sum
7   }
```

在 main() 主函式中，程式碼第 11 行宣告整數變數 sum，用來儲存兩數相加的結果。第 13 行呼叫自訂函式 add()，傳入 2 個整數引數 3 與 4，並將自訂函式 add() 回傳的結果儲存於變數 sum。第 14 行顯示相加的結果 sum 等於 7。

```
9   fun main()
10  {
11      var sum:Int
12
13      sum=add(3,4)
14      println("相加結果=$sum")
15  }
```

8-13

8.4.2 回傳多個資料

return 指令只能回傳一個資料,然而許多實際的情形之下,函式需要回傳多個資料,例如:回傳姓名與體重、回傳營業部門員工的姓名與員工編號等。Kotlin 有多種方式可以做到讓 return 一次回傳多個資料,例如:回傳集合類型的資料、自訂回傳資料類別、使用 Pair 與 Triple 類別等。

使用集合類型的回傳值

透過使用集合(Collection)型別的資料,例如:陣列、串列、集合與映射,作為回傳資料的型別,藉以回傳多筆資料。以下使用串列來說明:設計一個自訂函式,可以回傳產生 5 個介於 1-10 之間的亂數,請參考專案 ext5。

此範例需要使用亂數來產生介於 1-10 之間的整數,因此程式碼第 1 行引用 kotlin.random.Random 套件,才能使用亂數。第 3-11 行定義自訂函式 getNumbers(),用於使用亂數產生 5 個介於 1-10 之間的亂數,並回傳這些產生的亂數。第 5 行宣告整數串列變數 numbers,用於儲存產生的 5 個亂數。第 7-8 行使用 for 重複敘述產生 5 個亂數。第 8 行使用 Random.nextInt(),隨機產生介於 1-10 間的整數,並使用串列的 add() 方法,將此整數加入串列 numbers。第 10 行使用 return 指令回傳串列 numbers。

```
1   import kotlin.random.Random
2
3   fun getNumbers():List<Int>
4   {
5       var numbers= mutableListOf<Int>()
6
7       for(i in 1..5)
8           numbers.add(Random.nextInt(1,11))
9
10      return numbers
11  }
```

在 main() 主函式裡，程式碼第 15 行宣告整數型別的串列 lst。第 17 行呼叫自訂函式 getNumbers()，並將回傳的資料儲存於串列變數 lst；第 18 行顯示串列 lst 的內容。

```
13  fun main()
14  {
15      val lst:List<Int>
16
17      lst=getNumbers()
18      println(lst)
19  }
```

因為自訂函式 getNumber() 會產生 5 個隨機介於 1-10 之間的整數，並儲存於串列後回傳給呼叫者，所以接收回傳資料的串列變數 lst 也會有 5 個元素，如下所示。

```
[6, 10, 10, 5, 4]
```

使用 Pair 與 Triple 類別

Pair 與 Triple 類別能夠用來定義包含 2 個資料與 3 個資料的物件；透過 Pair 與 Triple 類別來宣告變數，雖然只是宣告一個變數，但此變數可包含 2 個或 3 個資料。因此，在函式中回傳 Pair 或 Triple 型別的資料，便視同回傳 2 個或 3 個資料，請參考專案 ext6。

程式碼第 1-5 行定義自訂函式 pairData()，函式回傳值型別為 Pair<String, Int>，這表示回傳 2 個資料：字串與整數。第 3 行宣告 Pair 類別的變數 p，其值等於 ("John",25)。第 4 行使用 return 回傳變數 p。

```
1   fun pairData():Pair<String,Int>
2   {
3       var p=Pair("John",25)
4       return p
5   }
```

程式碼第 7-11 行定義自訂函式 tripleData()，函式回傳值型別為 Pair<String, Int, Double>，這表示回傳 3 個資料：字串、整數與浮點數。第 9 行宣告 Triple 類別的變數 t，其值等於 ("Nacy", 25, 36.23)。第 10 行使用 return 回傳變數 t。

```
7   fun tripleData():Triple<String,Int,Double>
8   {
9       var t=Triple("Nacy",25,36.23)
10      return t
11  }
```

在主函式 main() 裡，程式碼第 15-16 行宣告 Pair 與 Triple 類別的變數 p 與 t，分別用於接收自訂函式 pairData() 與 tripleData() 回傳的資料。第 18 行呼叫自訂函式 pairData()，並將回傳值儲存於變數 p；第 19 行顯示變數 p 的內容。因為 Pair 類別有 2 個屬性：first 與 second，因此回傳的 2 個資料就是 p.first 與 p.second，分別是 "John" 與 25。

```
13  fun main()
14  {
15      val p:Pair<String,Int>
16      val t:Triple<String,Int,Double>
17
18      p=pairData()
19      println("${p.first},${p.second}")
20
21      t=tripleData()
22      println("${t.first},${t.second},${t.third}")
23  }
```

第 21 行呼叫自訂函式 tripleData()，並將回傳值儲存於變數 t；第 22 行顯示變數 t 的內容。因為 Triple 類別有 3 個屬性：first、second 與 third，因此回傳的 3 個資料就是 t.first、t.second 與 t.third，分別是 "Nacy"、25 與 36.23。

範例 8-3：回傳複合式資料

寫一能輸入基本資料 (包含姓名和年齡) 的自訂函式 addData()。姓名輸入 "exit" 結束輸入資料後，回傳所有輸入的資料。在 main() 主函式中呼叫此函式，並顯示回傳的基本資料。

一、解說

自訂函式 addData() 用於處理輸入姓名和年齡這 2 項基本資料。此範例除了要回傳多筆基本資料之外，每一筆基本資料又包含了 2 個屬性：姓名與年齡。這種複合式的回傳值，通常需要特別的設計。

由於並沒有限制資料輸入筆數，因此使用 MutableList 串列作為儲存基本資料的資料型別。基本資料包含了姓名和年齡，這 2 項的資料型別為字串與整數，因此可以使用 Pair<String,Int>。

綜合上述分析，自訂函式 addData() 大致如下形式。函式回傳值型別為 List<Pair<String,Int>>，變數 data 用於儲存輸入的基本資料。

```
fun addData():List<Pair<String,Int>>
{
    var data= mutableListOf<Pair<String,Int>>()
    輸入資料
        ⋮
    data.add(Pair(姓名,年齡))
        ⋮
    rethrn data
}

Fun main()
{
    var data:List<Pair<String,Int>>
        ⋮
    data=addData()
    顯示 data 的內容
}
```

二、執行結果

如下所示，輸入 2 筆姓名與年齡的資料，則顯示如下結果。

```
輸入姓名與年齡（使用空白隔開）：王小明 15
輸入姓名與年齡（使用空白隔開）：真美麗 18
輸入姓名與年齡（使用空白隔開）：exit 0
姓名：王小明，年齡：15
姓名：真美麗，年齡：18
```

三、撰寫程式碼

1. 建立專案 Application，並新增 Kotlin 程式碼檔案 MyApp.kt。在此先撰寫自訂函式 addData() 後，然後再撰寫 main() 主函式。

2. 此範例要使用 Scanner 作為輸入的方式，因此程式碼第 1 行匯入 java.util.Scanner 套件。

```
1   import java.util.Scanner
```

3. 程式碼第 3-24 行建立自訂函式 addData()，函式回傳值型別為 List<Pair<String, Int>>。第 5 行宣告 Scanner 變數 read，用於讀取輸入的資料。第 6 行宣告 mutableList 型別的變數 data，資料型別為 Pair<String,Int>；此變數用於儲存輸入的基本資料。第 7-8 行宣告變數 name 與 age，表示輸入的姓名與年齡。

```
3   fun addData():List<Pair<String,Int>>
4   {
5       val read= Scanner(System.`in`)
6       var data= mutableListOf<Pair<String,Int>>()
7       var name:String
8       var age:Int
```

第 10-22 行是一個 while 無窮重複敘述，結束此無窮重複敘述的條件在第 18-21 行：當輸入的姓名等於 "exit" 時，便使用 break 指令跳離 while 重複敘述。第 12-16 行顯示提示輸入資料的訊息，連續讀取輸入的姓名與年齡，並儲存於變數 name 與

age。第 18-19 行判斷若輸入的姓名不等於 "exit" 時,便使用 add() 方法增加一筆串列資料到變數 data。結束輸入資料後,執行第 23 行回傳變數 data。

```
10      while(true)
11      {
12          print("輸入姓名與年齡(使用空白隔開):")
13          with(Scanner(System.`in`)){
14              name=next()
15              age = nextInt()
16          }
17
18          if(!name.equals("exit"))
19              data.add(Pair(name, age))
20          else
21              break;
22      }
23      return data
24  }
```

4. 程式碼第 26-34 行建立 main() 主函式,第 28 宣告 List 型別的串列變數 data,資料型別為 Pair<String,Int>。第 30 行呼叫自訂函式 addData(),並使用變數 data 接收其回傳的資料。第 31-33 行使用 forEach 敘述顯示 data 的內容。

```
26  fun main()
27  {
28      var data:List<Pair<String,Int>>
29
30      data=addData()
31      data.forEach {
32          println("姓名:${it.first}, 年齡:${it.second}")
33      }
34  }
```

8.5 變數有效範圍

「變數範圍」(Variable scope)也常被稱為「變數有效範圍」、「變數視野」、「變數活動範圍」、「變數等級」等不同的稱呼,其指的都是相同的事情:在程式中變數宣告的位置不同,則有效的範圍也不同。

8.5.1 有效範圍

在 Kotlin 中變數宣告位置大致上可分為:①專案(Project)、②類別(Class)、③程序/函式(Procedure)、④區塊(Block),在這些位置宣告的變數其有效範圍為:專案變數 > 類別 > 程序/函式變數 > 區塊變數。

所謂的「有效範圍」,指的是有效範圍大的變數可以被有效範圍小的程式碼所使用,反之不可。例如:在自訂函式裡宣告的變數,可以在區塊內的程式碼使用,但在區塊內宣告的變數,其有效性只在區塊內,因為只要離開此區塊,變數會被消除,所以也無法在區塊之外的程式碼使用。

利用不同變數的有效範圍,將變數宣告在最適當的地方,這樣才能讓程式執行順暢,並且執行更有效率,也能節省系統的記憶體資源。

8.5.2 全域變數與區域變數

從上一節了解變數宣告在不同的位置,其有效範圍不同;然而這麼多層級的有效範圍顯然有些繁瑣,所以通常會概括地只使用2種變數的範圍來形容:①全域變數、②區域變數。作用範圍大的變數,稱為「全域變數」,通常是專案、類別等級的變數;而作用範圍小的變數則稱為「區域變數」,例如:函式內的變數、程式區塊內的變數。全域或是區域通常是相對的,而不是絕對的;雖然如此,若把某個函式內的變數稱為「全域變數」,這樣也是明顯不符合直觀判斷。

請參考專案 ext7。假設專案裡有 2 支程式：myApp.kt 與 myApp2.kt。以下是 myApp.kt 的程式碼。程式碼第 1 行變數 a 是專案變數，有效範圍是整個專案：在這 2 支程式碼裡都有效。第 4 行變數 b 的有效範圍為整個 main() 主函式。

第 7 行變數 c 的有效範圍只在 if{} 這個判斷敘述區塊內，若離開了這個 if{} 的區塊就會失效。例如：若在第 12 行加入 c=5 這個敘述，就會被編譯器判斷為錯誤，因為第 12 行的範圍已經離開了 if{} 敘述區塊了。

程式碼第 9 行的 c=1+a+b 的變數 a 與 b 分別來自於程式碼第 1 行與第 4 行。

```
1    var a=4
2
3    fun main(){
4        var b=2
5           ：
6        if(b==10){
7            var c=0
8
9            c=1+a+b
10           println("c=$c")
11       }
12
13       Func1()
14   }
15
16   fun func1()
17   {
18       var a=6
19
20       println("在func1()裡的a: $a)
21   }
```

現在看另一支程式 myApp2.kt，程式碼如下所示。整支程式中並沒有宣告變數 a，但仍然可以使用變數 a，這是因為這個變數 a 是在 myApp.kt 第 1 行所宣告的變數 a，是整個專案都能使用的全域變數。

```
1   fun func2(){
2       var d=a+1
3
4       println(d)
5   }
```

變數遮蔽

上述範例中，程式碼第 18 行自訂函式 func1 裡的變數 a，雖然與第 1 行的變數 a 名稱相同，但對於自訂函式 func1() 而言，所能看到的只有在它內部所宣告的變數 a，而在程式碼第 1 行所宣告的變數 a，在自訂函式 func1() 是被遮蔽的，因此第 20 行的輸出是 6。相同的，如果在 main() 中也宣告了變數 a，如下程式碼第 5 行所示。

```
1   var a=4
2
3   fun main(){
4       var b=2
5       var a=3
6           ⋮
7       if(b==10){
8           var c=0
9
10          c=1+a+b
11          println("c=$c")
12      }
13  }
```

程式碼第 1 行的變數 a 在整個 main() 主函式中的範圍也都是被遮蔽，則程式碼第 10 行的 c=1+a+b 的變數 a 就是來自 main() 中宣告的變數 a，而不是程式碼第 1 行所宣告的變數 a。

範例 8-4：變數有效範圍

分別在以下位置宣告整數變數 a：專案程式 MyApp.kt、自訂函式 func1() 與主函式 main()。專案變數 a 的初始值為 3，在自訂函式 func1() 裡，變數 a 的初始值為 1，並將 a 累加 2。在自訂函式 func2() 裡，將變數 a 累加 5。在主函式 main() 裡，變數 a 的初始值為 3，並將 a 累加 10，分別顯示在自訂函式 func1()、func2() 與主函式 main() 的變數 a 的值。

一、解說

宣告變數時，要注意以下事項：①這個變數要宣告為哪種變數：全域還是區域變數、②這個變數要宣告的位置：專案範圍、main() 主函式範圍、還是在函式裡的範圍。

二、執行結果

如下所示，在自訂函式 func1()、func2() 與主函式 main() 裡分別宣告的變數 a，顯示的值如下所示。

```
func1() 的 a=3
func2() 的 a=8
main() 的 a=13
```

三、撰寫程式碼

1. 建立專案 Application，並新增 Kotlin 程式碼檔案 MyApp.kt。在此先撰寫自訂函式 func1() 與 func2() 後，然後再撰寫 main() 主函式。

2. 程式碼第 1 行宣告全域變數 a，初始值為 3，其有效範圍為整個專案。第 3-8 行建立自訂函式 func1()，並於其中宣告區域變數 a，其有效範圍為整個自訂函式 func1()，並且會遮蔽第 1 行的全域變數 a。

第10-14行建立自訂函式func2()，並於其中直接使用全域變數a，將其值累加5。第16-24行建立main()主函式，並於其中宣告變數a，此變數一樣會遮蔽第1行的全域變數a。第20-21行分別呼叫func1()與func2()。

```
1   var a=3
2
3   fun func1(){
4       var a=1
5
6       a+=2
7       println("func1() 的 a=$a")
8   }
9
10  fun func2(){
11      a+=5
12
13      println("func2() 的 a=$a")
14  }
15
16  fun main(){
17      var a=3
18
19      a+=10
20      func1()
21      func2()
22
23      println("main() 的 a=$a")
24  }
```

9
CHAPTER

Lambda 敘述式

9.1 Lambda 定義、型別與宣告

9.2 Lambda 敘述式設定給變數

9.3 Lambda 敘述式作為函式參數與回傳值

9.1 Lambda 定義、型別與宣告

lambda 敘述式（Lambda expression 或簡稱為 lambda）是一個簡化的匿名函式，其作用如同一般的函式，可以接收參數、運算、回傳資料，只是撰寫方式更為簡化。

lambda 的特色在於可以設定給變數、作為函式的參數與函式的回傳值。許多程式語言都已經支援 lambda，因為使用 lambda 可以讓程式撰寫更富有彈性與簡化。

Kotlin 使用大量 lambda，所以 Kotlin 的函式通常也有 3 種使用方式：①使用一般的數值或是變數作為參數、②使用 lambda 作為參數、③使用 lambda 直接作為函式的呼叫方式。

9.1.1 定義 lambda 敘述式

一個最簡單的 lambda 如下所示，這樣的寫法其實與一般的程式敘述並無差別。

```
{ println("Hello") }
```

此外，lambda 也是一個匿名函式，因此這個 lambda 若沒有被呼叫，也是無法使用。例如：以下例子中程式碼第 3 行是 lambda，此程式執行後並不會有任何的輸出結果，因為第 3 行的 lambda 並沒有被執行。

```
1   fun main()
2   {
3       { println("Hello") }
4   }
```

要執行沒有被呼叫的 lambda，可以使用 run 指令，如下所示。

```
1   fun main()
2   {
```

```
3       run { println("Hello") }
4   }
```

9.1.2　lambda 的語法

一個標準的 lambda 語法，如下所示。整個 lambda 由 "->" 符號分為 2 個部分：①左半邊的參數區、②右半邊的程式碼區。多個參數之間以逗點隔開，每個參數都要標明其資料型別。

{ 參數1:資料型別, 參數2:資料型別,… -> 程式碼 }
　　　　　　參數區　　　　　　　　　程式碼區

例如：定義兩數相加的 lambda，如下所示。此 lambda 有 2 個參數：整數型別的 a 與 b；所要做的事情為 a+b。在 lambda 的程式碼中，最後一個求值的運算式所產生的結果，會被自動回傳給呼叫者，所以此兩數相加的 lambda，會將 a+b 的結果回傳給呼叫者。

{ a:Int, b:Int -> a+b }

再看一個打招呼的 lambda 例子：

{ name:String -> println("Hello, $name") }

這個 lambda 需要傳入一個字串變數 name，並且顯示 "Hello, xxx"。例如：傳入 "王小明"，則顯示："Hello, 王小明"。此 lambda 並沒有求值運算式，因此不會回傳任何資料。

9.1.3　lambda 的型別

🛸 lambda 的型別

lambda 也有型別，由參數的型別與回傳值的型別所組成，如下所示。

(參數1的資料型別, 參數2的資料型別,…) -> 回傳值的資料型別

例如：上述計算兩數相加的 lambda 的型別。

```
(Int, Int) -> Int
```

上述打招呼的 lambda 的型別，如下所示。因為打招呼的 lambda 並沒有回傳值，所以回傳值的資料型別使用 Unit。

```
(String) -> Unit
```

若是沒有參數的 lambda 型別，其形式如下所示。

```
() -> 回傳值的資料型別
```

因此，若是一個沒有參數也沒有回傳值的 lambda 型別，則如下所示。

```
() -> Unit
```

9.2 Lambda 敘述式設定給變數

lambda 敘述可以設定給變數，所以使用 lambda 來宣告與定義的變數，可以如同函式般的使用、接收參數與回傳結果，變得更有彈性也更方便。

撰寫 Kotlin 程式，如果是使用 lambda 的方式來撰寫函式，也能改用變數的方式來撰寫。換言之，對於 lambda 而言，函式和變數的使用是有部分的相同性。

9.2.1　宣告與定義 lambda 變數

lambda 變數的宣告與一般變數宣告相同，只是變數初始值改用 lambda；宣告的語法如下所示。

```
val/var 變數名稱 = lambda
```

例如：宣告一個 lambda 變數 sayHello，用於顯示訊息 "Hello"，如下所示。

```
val sayHello = { println("Hello.") }
```

要執行此變數，須以函式的方式來呼叫，以下 2 種方式都可以執行變數 sayHello；執行之後會顯示訊息 "Hello"。

```
1   sayHello()
2   sayHello.invoke()
```

🛸 改變 lambda 變數的內容

既然 lambda 變數可以使用關鍵字 var 來宣告，因此 lambda 變數也能改變其內容。由於 lambda 變數的內容是程式碼，因此這樣的特性使得 lambda 變數可以改變其 lambda 程式碼的內容，例如：以下的範例 9-1。

範例 9-1：執行加法與減法運算

使用一個 lambda 變數執行加法運算（1+2）與減法運算（1-2）。輸入 0 時執行加法運算，輸入 1 則執行減法運算。

一、解說

lambda 變數的內容為程式碼，因此改變 lambda 變數的內容就是改變其程式碼內容。利用此特性，可以讓 lambda 變數依照使用者輸入的值，設定為做加法的程式碼，或設定為做減法的程式碼。

二、執行結果

如下所示，輸入 1 後執行減法運算，其結果等於 -1。輸入 0 後執行加法運算，其結果等於 3。

```
輸入 '0' 執行加法運算，輸入 '1' 執行減法運算：1
-1
輸入 '0' 執行加法運算，輸入 '1' 執行減法運算：0
3
```

三、撰寫程式碼

1. 建立專案 Application，並新增 Kotlin 程式碼檔案 MyApp.kt。

2. 建立 main() 函式，於 main() 函式中撰寫如下程式碼。程式碼第 1 行宣告 lambda 變數 mathOpt；因為不用傳入參數也不需要回傳值，所以其型別為 ()->Unit。第 2 行宣告變數 sel，作為儲存使用者輸入的值。第 4 行顯示提示輸入的訊息，第 5 行讀取使用者輸入的資料，並儲存於變數 sel。

```
1   var mathOpt:()->Unit
2   var sel:Int?=0
3
4   println("輸入 '0' 執行加法運算，輸入 '1' 執行減法運算：")
5   sel= readLine()?.toInt() ?: 0
6
7   if(sel==0)
8       mathOpt={println(1+2)}
9   else
10      mathOpt={println(1-2)}
11
12  mathOpt()
```

程式碼第 7-10 行是 if…else 判斷敘述。當變數 sel 等於 0，則將 lambda 變數 mathOpt 的內容改為顯示 1+2 的運算結果；否則改為 1-2 的運算結果。第 12 行執行 lambda 變數 mathOpt。

9.2.2　接收參數的 lambda 變數

lambda 變數可如同函式般使用，因此也能接收參數，其語法如下所示。

```
val/var 變數名稱 = { 參數1:資料型別, 參數2:資料型別,… -> 程式碼 }
```

例如：宣告一個 lambda 變數 sayHello，接收一個字串參數 name。

```
val sayHello = {name:String -> println("Hello, $name")}
```

可以用以下任一種方式使用此 lambda 變數，並傳入參數 " 王小明 "。執行之後，顯示訊息："Hello, 王小明 "。

```
sayHello(" 王小明 ")
sayHello.invoke(" 王小明 ")
```

再舉另外一個例子，宣告一個 lambda 變數 wakeUp，並接收 2 個參數：字串與整數，如下所示。

```
val wakeUp = {name:String, time:Int ->
    println("${name} 早上 ${time} 點起床 ")
}
```

使用此 lambda 變數，並傳入參數 " 王小明 " 與 7。執行之後，顯示訊息：" 王小明早上 7 點起床 "。

```
wakeUp(" 王小明 ",7)
```

🛸 指定 lambda 變數的型別

宣告 lambda 變數時，若不需要立即設定初始值，此時便要指定其型別。lambda 變數的型別即 lambda 的型別。以前述 lambda 變數 wakeUp 為例：

```
val wakeUp = {name:String, time:Int ->
    println("${name} 早上 ${time} 點起床 ")
}
```

此 lambda 的型別為:

```
(String, Int) -> Unit
```

wakeUp 的 lambda 中的型別可以獨立寫在前面,所以 wakeUp 可改寫為:

```
val wakeup: (String, Int)->Unit = {name, time ->
    println("${name} 早上 ${time} 點起床 ")
}
```

因此,若要宣告沒有程式碼的 lambda 變數,便可以如下方式來宣告。

```
val wakeup1: (String, Int)->Unit
```

之後要設定 lambda 給變數 wakeUp,如下所示。

```
wakeup1 = {name, time -> println("${name} 早上 ${time} 點起床 ") }
```

定義 lambda 型別的別名

lambda 的型別可以定義別名(Type alias),以方便使用。例如:定義 lambda 型別 (String, Int)->Unit 的別名為 WAKE_UP,如下所示。

```
typealias WAKE_UP = (String, Int)->Unit
```

則上述宣告 lambda 變數 wakeUp1,可以改寫為:

```
val wakeup1: WAKE_UP
```

參數 it

lambda 若只有 1 個參數，並且參數的資料型別明確，或是 Kotlin 的編譯器可以推論出此參數的資料型別時，則此參數可以省略，並使用 it 關鍵字來代替，例如：以下英吋轉公分的例子。

lambda 變數 inch2cm 以英吋 inch 作為參數，並將之轉為公分，如下所示。

```
val inch2cm:(Double)->Double={ inch->inch*2.54 }
```

因為只有 1 個參數 inch，並且也指明了其資料型別就是 Double，因此可以將參數 inch 省略，改為 it，如下所示。

```
val inch2cm:(Double)->Double={ it*2.54 }
```

9.2.3　回傳資料的 lambda 變數

lambda 可以回傳資料，所以 lambda 變數也能回傳 lambda 所回傳資料。以輸入姓名與年齡，顯示出生西元年為例：輸入姓名與年齡，顯示出生西元年。例如：輸入 " 王小明 "，年齡為 20，顯示訊息：" 王小明，出生於西元 2002"。

宣告 lambda 變數 birthYear，如下所示。lambda 變數 birthYear 接收 2 個參數：姓名與年齡，所以型別為 (String, Int)。顯示姓名與西元出生年，所以回傳值型別為字串型別。因此，整個 lambda 變數 birthYear 的型別為：(String,int)->String。

```
1   val birthYear:(String,Int)->String = {name,age->
2       name+"，出生於西元 "+(2022-age).toString()
3   }
```

因為 lambda 程式敘述只有 1 行，因此會回傳程式碼第 2 行組合後的字串。接著，執行 lambda 變數 birthYear。

```
5    val str=birthYesr("王小明",20)
6    println(str)
```

程式碼第 5 行宣告變數 str，並接收執行 lambda 變數 birthYear 的回傳結果。第 6 行顯示變數 str，其顯示結果為："王小明，出生於西元 2002"。

範例 9-2：計算 1 至 n 的累加

使用一個 lambda 變數執行 1 至 n 的累加：輸入參數 n 並計算 1+2+⋯+n 的總和。

一、解說

在 lambda 的程式碼中，最後一個求值的運算式所產生的結果，會被自動回傳給呼叫者。但若 lambda 無法判斷哪個運算結果或是變數要被視為回傳值時，便需要手動指定回傳值。

例如：在 lambda 程式中有多個變數，則 Kotlin 的編譯器有可能無法自動判斷哪個變數要作為回傳值，此時只要在 lambda 最後 1 行再撰寫要被回傳的變數名稱即可，如下所示。

```
val lamFun = {
var sel:Int
    ⋮
sel
}
```

上述 lambda 變數 lamFun 裡宣告了整數變數 sel，在 lambda 程式碼最後 1 行程式碼撰寫變數 sel，則變數 sel 會被作為回傳值。

二、執行結果

如下所示，輸入 10 後執行 1 至 10 的累加，計算結果等於 55。

```
輸入整數 n：10
55
```

三、撰寫程式碼

1. 建立專案 Application，並新增 Kotlin 程式碼檔案 MyApp.kt。

2. 建立 main() 函式，於 main() 函式中撰寫如下程式碼。程式碼第 1 行宣告變數 n，作為 1 至 n 的累加。第 2-8 行宣告 lambda 變數 acc，需要傳入 1 個參數，並回傳累加的結果；其型別為 (Int)->Int。

在 lambda 程式碼中，第 3 行宣告 sum 作為儲存累加的結果。第 5-6 行使用 for 重複敘述計算 1 至 it 的累加結果，並將累加結果儲存於變數 sum。第 7 行指定變數 sum 為 lambda 的回傳值。

```
1   var n:Int
2   val acc:(Int)->Int={
3       var sum=0
4
5       for(i in 1..it)
6           sum+=i
7       sum
8   }
9
10  print(" 輸入整數 n：")
11  n= readLine()?.toInt() ?: 0
12  print(acc(n))
```

程式碼第 10 行顯示輸入提示，第 11 行讀取輸入的資料，轉為整數後並儲存於變數 n。第 12 行顯示執行 lambda 變數 acc 的結果。

9.3 Lambda 敘述式作為函式參數與回傳值

lambda 敘述式也可以作為函式的參數以及函式的回傳值。傳統的函式參數或回傳值為數值或是變數，而 lambda 則是程式敘述，因此 lambda 作為函式的數參數或回傳值時，可使得一個函式能有不同的執行結果與變化。

9.3.1 lambda 作為函式的參數

請參考專案 ext1。以 lambda 作為函式的參數，要在函式的參數列裡定義 lambda 參數的型別，如下語法所示。在函式的參數列中，定義了 lambda 參數的型別：lambda 參數名稱、參數型別與回傳值型別。

```
fun 函式名稱 ( 參數 ,lambda 參數名稱:( 參數型別 )-> 回傳值型別 )  函式回傳值型別
{
                       lambda 參數型別定義
    :
}
```

例如：設計一個計算帳單的函式 bill()。函式 bill() 接收 2 個參數：①購買物品的數量、②計算總價的公式。其中，計算總價的公式等於購買的物品數量乘以物品單價，函式 bill() 如下所示。函式 bill() 的第 1 個參數 number 表示購買物品的數量，第 2 個參數為 lambda 參數 calculate；calculate 接收 1 個整數參數，並回傳整數值。

```
1   fun bill( number:Int=0, calculate:(Int)->Int):Int{
2       var total=0
3       total=calculate(number)
4
5       return total
6   }
```

此處 lambda 參數 calculate 被設計為計算總價的公式，因此所接收的整數參數即為購買物品的數量 number，而計算公式就是呼叫 bill() 函式時，所要傳入的 lambda 敘述式（程式碼第 10 行）。因此，變數 total 也就是經過 calculate 計算後的總價，也是函式 bill() 要回傳的資料。

例如：購買 10 個單價 23 元的商品，如下所示。呼叫函式 bill() 所傳入的第 1 個參數 10 是購買商品的數量，第 2 個參數 {it*23} 便是計算總價的 lambda。

```
8   fun main()
9   {
10      val total=bill(10,{it*23})
11      println(total)
12  }
```

因為在 bill() 函式中，程式碼第 3 行已經指定了 calculate() 的唯一一個參數是 number，因此 Kotlin 的編譯器便會將參數 number 設定給第 10 行中的 it。

當 lambda 參數是函式的最後 1 個參數時，可以將 lambda 參數提出函式的參數列之外，因此程式碼第 10 行可以改寫為：

```
val total=bill(10){it*23}
```

請參考專案 ext2。再看另外一個例子：設計函式 tmpConvert() 進行華氏與攝氏溫度轉換，此函式接收 2 個參數：第 1 個參數為欲被轉換的溫度，第 2 個參數為溫度轉換的公式。函式 tmpConvert() 的設計，如下所示。

```
1   fun tmpConvert(temp:Double, convertor:(Double)->Double):Double
2   {
3       val temp=convertor(temp)
4       return temp
5   }
```

接著，在主函式 main() 中撰寫以下程式碼。第 9-10 行是攝氏轉換為華氏溫度；傳入函式 tmpConvert() 的 lambda 參數為攝氏轉華氏溫度的公式。第 12-13 行是華氏轉換為攝氏溫度；傳入函式 tmpConvert() 的 lambda 參數為華氏轉攝氏溫度的公式。

```
9   val F=tmpConvert(37.0){1.8*it+32}
10  println(String.format("華氏溫度：%2.2f",F))
11
12  val C=tmpConvert(98.6){(it-32)/1.8}
13  println(String.format("攝氏溫度：%2.2f",C))
```

程式碼第 10、13 行分別顯示轉換後的結果。

華氏溫度：98.60
攝氏溫度：37.00

以 lambda 變數代替 lambda 參數

請參考專案 ext3。從上述溫度轉換的例子中，可以了解到以 lambda 作為函式的參數所得到的彈性與變化，這是傳統的函式參數所做不到的事情。

然而，當 lambda 本身的程式碼趨於複雜，或是變得更多程式碼時，此時直接寫在函式的參數列裡，便顯得麻煩也不易閱讀。因此，把 lambda 參數以 lambda 變數來取代，會使 lambda 參數變得簡潔，也更有彈性。

函式只有一個 lambda 參數

請參考專案 ext4。再來看另一個例子：西元年轉換民國年，設計一個函式 convertYear()，用於將目前的西元年轉為民國年。

要取得目前的西元年，可以使用 Calender.getInstance().get(Calender.Year) 函式，此函式會回傳目前的西元年。使用此函式也需要先匯入 java.util.Calender 套件。由於目前的西元年可以由標準函式所取得，因此函式 convertYear() 只需要傳入 lambda 參數，用於計算西元年轉民國年，如下程式碼所示。

```
1    import java.util.Calendar
2
3    fun convertYear(convertor:(Int)->Int):Pair<Int,Int>
4    {
5        val year= Calendar.getInstance().get(Calendar.YEAR)
6        return  Pair(year,convertor(year))
7    }
```

函式 convertYear() 的回傳值型別為 Pair<int,int>，因此可以回傳 2 個資料，如程式碼第 6 行所示。接著在主函式 main() 裡呼叫 convertYear()，如下所示。

```
11  val (year, year1) = convertYear({it-1911})
12  println("西元${year}年為民國${year1}年")
```

程式碼第 12 行輸出結果：

> 西元 2022 年為民國 111 年

因為函式 convertYear() 只有 1 個參數，而且還是 lambda 參數，所以可以將函式的小括弧省略，如下所示。

```
val (year, year1) = convertYear{it-1911}
```

以下對 lambda 參數的簡化方式做一個歸納：①當 lambda 參數是函式的最後 1 個參數時，可以將 lambda 參數提出函式的參數列之外；②函式只有 1 個參數，而且還是 lambda 參數，則可以將函式的小括弧省略。

範例 9-3：判斷可以買酒類飲料的年齡

設計函式 buyWine()，用於判斷是否已到達可以買含酒精飲料的年齡。函式 buyWine() 接收 2 個參數：第 1 個參數輸入年齡，第 2 個參數為 lambda 參數，用於判斷年齡是否已滿 18 歲。

一、解說

要使用 lambda 來判斷年齡是否大於 18 歲，則 lambda 判斷式可如下所示。

```
{it>18}
```

要傳入 buyWine() 函式的 lambda 參數，需要傳入年齡才能做判斷，因此 lambda 參數的型別應如下所示。

```
(Int)->Boolean
```

二、執行結果

如下所示，輸入年齡 22 後，顯示：" 可以買酒類飲料 "。

```
輸入年齡：22
可以買酒類飲料
```

三、撰寫程式碼

1. 建立專案 Application，並新增 Kotlin 程式碼檔案 MyApp.kt。
2. 建立函式 buyWine()，此函式接收 2 個變數：第 1 個變數 age 代表年齡，第 2 個變數為 lambda 變數，用於判斷年齡是否大於 18 歲，因此其型別為 (Int)->Boolean。函式最後回傳是否可以購買酒精類飲料的訊息。

```
1  fun buyWine(age:Int, condition:(Int)->Boolean):String
2  {
3      val result:String
4      if(condition(age))
5          result=" 可以買酒類飲料 "
6      else
7          result=" 不可以購買酒類飲料 "
8      return result
9  }
```

3. 建立 main() 函式，於 main() 函式中撰寫如下程式碼。程式碼第 13-14 行宣告變數 str 與 age，分別表示接收來自函式 buyWine() 的回傳訊息以及年齡。第 17 行取得輸入的年齡，並轉為整數後儲存於變數 age。

```
11  fun main()
12  {
13      var str=""
14      var age=0
15
16      print(" 輸入年齡：")
17      age= readLine()?.toInt() ?: 0
18      str=buyWine(age){it>18}
19      println(str)
20  }
```

程式碼第 18 行呼叫 buyWine() 方法，並傳入年齡 age 以及 lambda 判斷式 {it>18}。第 19 行顯示判斷年齡的結果。

9.3.2　lambda 作為函式的回傳值

請參考專案 ext5。函式除了回傳數值、變數，也能回傳 lambda 敘述式，因此函式的回傳值型別，就等於此 lambda 的型別。例如：以前述的溫度轉換為例，定義一個回傳 lambda 的溫度轉換函式 rtnTmpConvertor()，如下所示。

此函式回傳的 lambda 被設計為計算溫度轉換，所以需要一個溫度值作為參數，並且計算後回傳轉換後的溫度。因此，此 lambda 的型別為：(Double)->Double，這也作為函式本身的回傳值型別，如程式碼第 1 行所示。此函式接收 1 個字串 caption，第 3-10 行 when 選擇敘述根據此字串分別回傳不同的 lambda。變數 caption 等於字串 "C2F" 時，執行攝氏溫度轉華氏溫度；等於字串 "F2C" 時，執行華氏溫度轉攝氏溫度；否則回傳 -1.0，用於表示變數 caption 的內容不正確。

```
1  fun rtnTmpConvert(caption:String): (Double)->Double
2  {
```

9-17

```
3        when(caption){
4            "C2F"->
5                return {it*1.8+32}
6            "F2C"->
7                return {(it-32)/1.8}
8            else ->
9                return {-1.0}
10       }
11   }
```

呼叫此函式時,需要傳入 2 個參數,如下所示。字串 "C2F" 表示要執行攝氏溫度轉華氏溫度,第 2 個參數 37.0 為攝氏溫度,此參數會被 lambda 的 it 所接收。要注意此 2 個參數各自分開來寫,37.0 並沒有寫在 rtnTmpConvert() 函式的參數列裡面。

```
val F=rtnTmpConvert("C2F")(37.0)
```

此外,若是使用上一節的溫度轉換函式 tmpConvert(),並把 rtnTmpConvert() 函式作為 tmpConvert() 函式的 lambda 參數,如下所示。

```
val F1=tmpConvert(40.0,rtnTmpConvert("C2F"))
```

函式 rtnTmpConvert() 需要傳入 1 個溫度參數,但上述的 rtnTmpConvert() 函式並沒有此參數,所以會自動從 tmpConvert() 函式的參數列中,從第 1 個參數開始尋找合適的參數,並自動作為替代 rtnTmpConvert() 函式所缺的參數。因此,40.0 便會被 rtnTmpConvert() 函式拿去代替缺少的溫度參數。

10
CHAPTER

作用域函數

10.1 作用域函數

10.2 apply

10.3 let

10.4 also

10.5 run 與 with

10.6 takeIf 與 takeUnless

10.1 作用域函數

Kotlin 的標準函式庫中有幾個特定的函數，專門執行在物件所構成的範圍內的程式敘述，這種函數稱為「作用域函數」或「範圍函數」（Scope function）。作用域函數有：let、run、with、apply、also、takeIf 與 takeUnless。

當含有 lambda 敘述式的物件，呼叫或使用作用域函數時，便會形成暫時性的作用域（範圍）。在此作用域內，可以更簡化程式碼的撰寫方法，例如：將字串資料 "www.yourweb.com" 先轉換為大寫英文字母之後，再以 "." 切割出 3 個字："WWW"、"YOUWEB" 與 "COM"。使用一般的方式來撰寫程式碼，如下所示。

```
val str=www.yourweb.com
val str1=str.uppercase()
val tokens=str1.split(".")
tokens.forEach{
    println(it)
}
```

若改以函式串接的方式來處理，如下所示，程式碼變得很簡單，但此種方式看似簡潔，當需要處理的函式與程式碼變複雜時，便會使程式碼不易閱讀且難以撰寫。

```
str.uppercase().split(".").forEach {
    println(it)
}
```

若使用作用域函數 run{} 改寫程式碼，如下所示。使用 uppercase() 方法不用再寫 str 變數，而使用 split() 方法切割字串，也不用再宣告變數來儲存處理後的結果。因為使用 run{} 作用域函數，會自動把作用域內的最後一行求值運算結果，傳遞給下一個被呼叫的函式或方法，因此 println() 方法裡面也不需要傳入引數。

```
str.run {
    val str1=uppercase()
    str1.split(".")
}.run(::println)
```

作用域函數 let、run、with、apply 與 also 在使用上有各自的特點與彼此差異之處，如下表整理所列。作用域函數可以串接使用，例如：在本例就是 2 個 run 作用域函數串接在一起。在作用域中，it 關鍵字可以使用自訂的關鍵字取代，而 this 關鍵字則可以省略。

作用域函數	使用方式	物件在作用域內的使用方式	回傳值
let	物件.let{}	it	最後一行求值結果
run	run{}	沒有	最後一行求值結果
	物件.run{}	this	最後一行求值結果
with	with(物件){}	this	最後一行求值結果
apply	物件.apply{}	this	物件本體
also	物件.also{}	it	物件本體

作用域函數可以彼此串接，因此使用方式很靈活。善用這些作用域函數，可以簡化撰寫程式的複雜性，也可以讓程式變得更精簡與簡潔。

10.2 apply

作用域函數 apply 是經常被使用的作用域函數。在作用域裡，使用 this 關鍵字代表本體，並回傳物件本身，請參考專案 ext1。

例如：有一串列 lst 其內容等於：92、75、67、87、90，現在欲將第 3 個元素的值更改為 100，然後再移除 90 這個元素，程式碼如下所示。程式碼第 5 行使用 set() 方法，更改第 3 個元素的值為 1000；第 6 行使用 remove() 刪除元素 90；第 7-9 行使用 forEach{} 敘述顯示串列 lst 的內容。

```
1   fun main()
2   {
3       var lst= mutableListOf<Int>(92,75,67,87,90)
4
5       lst.set(2,100)
6       lst.remove(90)
7       lst.forEach {
8           println(it)
9       }
10  }
```

在上述的例子中，使用串列類別的方法 set()、remove() 以及 forEach{} 敘述時，都必須先冠上物件名稱 lst，然後再寫方法的名稱，例如：lst.set(…)。現在使用 apply 作用域函數重寫程式，如下所示。

```
1   fun main()
2   {
3       var lst= mutableListOf<Int>(92,75,67,87,90)
4
5       lst.apply {
6           set(2,100)
7           remove(90)
8       }.forEach {
9           println(it)
10      }
11  }
```

此 apply{} 左右大括弧內的範圍，即為 apply 的作用域如上述程式碼第5-8行，對變數lst使用了apply{}作用域函數；在此apply的作用域之內，set()、remove()方法都不用冠上串列物件的名稱lst。並且，因為apply會回傳物件本身（就是變數lst），自動傳遞給下一個方法或是函式，因此forEach{}敘述也能直接串接上去，不用再冠上物件名稱lst，例如：lst.forEach{…}。

10.3 let

作用域函數let的使用方式為：物件.let{…}，在作用域內使用關鍵字it表示物件本身。let會回傳在作用域裡最後一行的運算式或是求值式的結果，請參考專案ext2。

例如：有一串列lst其內容等於：92、75、67、87、90，新增一個元素99，並計算串列裡所有元素的平均，程式碼如下所示。程式碼第6行使用add()在串列索引位置5新增元素99；第7行使用average()方法計算串列裡所有元素的平均，並儲存在變數avg。

```
1   fun main()
2   {
3       var lst= mutableListOf<Int>(92,75,67,87,90)
4       var avg=0.0
5
6       lst.add(5,99)
7       avg=lst.average()
8       println(avg)
9   }
```

以下改為使用let作用域函數改寫程式。程式碼第6行變數lst使用let作用域函數；此let作用域為程式碼第6-9行的範圍。在作用域內，變數lst改為使用關鍵字

it，因此第 7 行使用 add() 方法在串列的索引位置 5 新增元素 99，第 8 行使用 average() 方法計算平均。因為 let 作用域函數會回傳作用域內最後一行求值運算式，因此第 8 行執行 average() 的結果會被回傳，並由變數 avg 所接收。

```
1   fun main()
2   {
3       var lst= mutableListOf<Int>(92,75,67,87,90)
4       var avg=0.0
5
6       avg=lst.let{
7           it.add(5,99)
8           it.average()      ◀── 作用域內最後一行求值運算敘述
9       }
10      println("回傳最後一行運算式：$avg")
11  }
```

關鍵字 it 可以使用其他的自訂識別字取代，例如：將 it 改用 item 取代，則程式碼第 6-9 行可以改寫為：

```
1   avg=lst.let{ item->
2       item.add(5,99)
3       item.average()
4   }
```

10.4 also

作用域函數 also 的使用方式為：物件.also{…}，其作用與 apply 相同，差別在於作用域中使用 it 關鍵字表示物件本體。also 作用域函數會回傳物件本身，請參考專案 ext3。

接續上一小節的範例，有一串列 lst 其內容等於：92、75、67、87、90；新增一個元素 99，並計算串列裡所有元素的平均。使用 also 作用域函數來撰寫此範例，如下所示。程式碼第 4-7 行使用 lst.also 作用域函數，also 作用域使用 it 關鍵字代表變數 lst 本身，因此第 5-6 行使用 add() 與 average() 方法時，也都冠上 it 關鍵字。

```
1   fun main()
2   {
3       var lst= mutableListOf<Int>(92,75,67,87,90)
4       var v=lst.also{
5           it.add(5,99)
6           it.average()
7       }
8       println(v)
9   }
```

also 作用域函數回傳的是物件本身，因此回傳的是經過增加元素 99 後的變數 lst，而不是程式碼第 6 行計算平均的結果，所以第 8 行顯示變數 v 的內容應該為：92、75、67、87、90、99。

10.5 run 與 with

作用域函數 run 有 2 種使用方式：run{…} 與物件 .run{…}。後者的 run 作用域內，使用 this 關鍵字代表物件本體，此 2 種使用方式都會回傳作用域內的最後一行求值運算式的結果，請參考專案 ext4。

作用域函數 with 的功用與 run 相同，可以視為是 run 的另一種變形。使用方式為 with(物件){…}，回傳作用域內最後一行求值運算式的結果，請參考專案 ext5。

10.5.1 作用域函數 run

🛸 第1種使用方式：run{…}

此種方式與一般撰寫程式碼的方式無異，只是使用作用域函數 run 把相關的程式敘述撰寫在 run 的作用域內，並且可以回傳最後一行求值運算式的結果，如下範例。程式碼第 3 行宣告串列 lst；第 4 行宣告變數 e，並接收 run 作用域函數回傳的結果。在 run 作用域內，第 5 行使用 min() 方法取得串列 lst 的最小元素，因為第 5 行是 run 作用域內唯一也是最後一行的求值運算式，因此其結果會自動回傳並儲存到變數 e。第 7 行顯示變數 e 等於 67。

```
1   fun main()
2   {
3       var lst= mutableListOf<Int>(92,75,67,87,90)
4       val e=run{
5           lst.min()
6       }
7       println(e)
8   }
```

🛸 第2種使用方式：物件.run{…}

此種使用方式在 run 作用域內使用 this 關鍵字代表物件本體，並且可以回傳最後一行求值運算式的結果，如下範例。程式碼第 3 行宣告串列 lst；第 4 行宣告變數 c，並接收 run 作用域函數回傳的結果。在 run 作用域內，第 5 行使用 contains() 方法判斷 20 是否在串列中，contains() 方法會回傳 true 或 false，因為第 5 行是 run 作用域內唯一也是最後一行的求值運算式，因此其結果會自動回傳並儲存到變數 c。第 7 行顯示變數 e 等於 false。

```
1   fun main()
2   {
3       var lst= mutableListOf<Int>(92,75,67,87,90)
```

```
4       val c=lst.run{
5           contains(20)
6       }
7       println(c)
8   }
```

🛸 自動帶入參數

run 作用域函數可以將回傳值自動當作引數，自動傳遞給下一個串接方法作為參數。例如：在一個串列中，先查詢串列裡的最小值，並判斷此最小值是否大於 20。首先定義自訂函式 isLarger()，如下所示。此函式接收一個整數參數 num，函式回傳值型別為布林型別。程式碼第 3 行判斷若參數 num 大於 20 則回傳 true，否則回傳 false。

```
1   fun isLarger(num:Int):Boolean
2   {
3       return num>20
4   }
```

在 main() 主函式中，程式碼第 8 行宣告整數串列變數 lst。第 9-11 行是 lst.run{} 的作用域。第 10 行使用 min() 方法查詢串列 lst 裡最小的元素，因此會得到 67。因為第 11 行串接了第 2 個 run 作用域函數，在此作用域中呼叫了 isLarger() 自訂函式，所以 67 會自動傳遞給自訂函式 isLarger()，所以其參數就等於 67。

```
6   fun main()
7   {
8       var lst= mutableListOf<Int>(92,75,67,87,90)
9       val d=lst.run{
10          min()                    67
11      }.run(::isLarger)    ◄──── 67 會自動傳遞給下一個 run 作用域中的
12      println(d)                  自訂函式 isLarger()
13  }
```

因為 67 大於 20，自訂函式 isLarger() 回傳 true，所以第 2 個 run 作用域函數將此結果回傳，並儲存於變數 d，因此程式碼第 12 行顯示變數 d 等於 true。

10.5.2　作用域函數 with

作用域函數 with 的功用與 run 相同，可以視為是 run 的另一種變形。with 作用域函數的使用方式為：with(物件){…}，是將物件本體作為 with 的參數。在 with 的作用域內，使用 this 作為物件本體的關鍵字，並且會回傳作用域內最後一行求值運算式的結果，如下範例所示。

程式碼第 3 行宣告整數串列變數 lst；第 5 行使用 with 作用域函數，並且把變數 lst 作為 with 作用域函數的參數。在第 5-7 行 with 的作用域內，使用 this 關鍵字代替物件 lst。因為 this 關鍵字可以省略，第 6 行原本應該寫為 this.max()，因省略了 this 關鍵字，所以只寫 max() 就行了。

```
1    fun main()
2    {
3        var lst= mutableListOf<Int>(92,75,67,87,90)
4
5        with(lst){
6            max()
7        }.run(::println)
8    }
```

Max() 方法取得變數 lst 串列中最大的元素 92，並回傳此結果。但因第 7 行又串接了 run 作用域函數，92 會自動傳遞給 println() 方法，所以此範例執行的結果會顯示 92。

10.6 takeIf 與 takeUnless

takeIf 也是 Kotlin 的作用域函數之一；在 takeIf 作用域內使用 it 關鍵字代替物件本身。takeIf 除了有上述作用域函數的功能之外，還加上了判斷的功能：能夠根據其作用域內的最後一行 if 判斷式的結果，回傳物件本身或是 null。

若 if 判斷式的結果等於 true，則回傳物件本身，否則回傳 null，請參考專案 ext6。takeUnless 則相反，若 if 判斷式的結果等於 true，則回傳 unll，否則回傳物件本身。

如下範例所示，程式碼第 3 行宣告整數串列變數 lst，第 5-10 行是 lst.takeIf{} 的作用域，第 6 行顯示串列 lst 裡的最小值 67，第 7 行判斷最小值是否小於 20。

此判斷的結果等於 false，因此 takeIf{} 作用域會回傳 null。第 8 行的 also{} 作用域函數所接收到物件是 null，因此不會執行第 9 行 it.remove() 此敘述。第 10 行的 run 作用域函數也是接收到 null，所以 println() 方法會顯示 null。

```
1   fun main()
2   {
3       var lst= mutableListOf<Int>(92,75,67,87,90)
4
5       lst.takeIf {
6           println("min=${lst.min()}")
7           it.min()<20            // 判斷最小的元素是否小於 20
8       }?.also{
9           it.remove(it.min())    // 若是，則刪除此值
10      }.run(::println)           // 顯示 lst
11  }
```

因為 takeIf{} 作用域函數會回傳 null，因此第 8 行在串接 also{} 作用域函數之前，才多一個 "?" 運算子。若將程式碼第 7 行改為判斷串列 lst 的最小值是否小於 90，如下所示，則此判斷式的結果等於 true，takeIf{} 作用域函數會回傳物件 lst。

```
it.min()<90
```

第 8 行串接的 also 作用域函數會接收此物件 lst，第 9 行執行 remove() 方法刪除 lst 串列裡的最小值，並再將物件 lst 回傳。被回傳的 lst 物件會再自動傳遞給第 10 行的 run 作用域函數，因此第 10 行的 println() 方法便會顯示物件 lst，顯示結果為：92、75、87、90。

11

CHAPTER

類別、物件和介面

11.1 建立類別與物件

11.2 物件初始化與類別建構式

11.3 繼承

11.4 抽象類別

11.5 介面

11.6 object 與 companion object

11.7 資料類別

11.1 建立類別與物件

類別（Class）是物件導向程式設計（OOP）的核心，將資料與操作這些資料的函式封裝在一起，使得成為一個可以被反覆使用、繼承後再修改的元件。

在類別裡的資料（變數）與函式都是為了特定目的，例如：人員的基本資料、健康資料、學生的成績資料等，有特定的用途與使用方式。因此，為了與在一般程式中的變數與函式區別，在類別裡的變數稱為「屬性」（Property），而函式則稱為「方法」（Method）；也通稱為「類別的成員」。

類別定義好之後，就能使用類別來宣告變數；經由類別所宣告的變數又稱為「實體」（Instance），更常被稱為「物件」（Object）。

11.1.1 定義類別

請參考專案 ext1。定義類別由關鍵字 class 開始，然後接著類別的名稱，並將屬性與方法寫在隨後的程式區塊內。以下會以一個記錄遊戲玩家資料的類別 playerClass 作為示範，用於記錄遊戲玩家的姓名與分數。

🛸 定義屬性

如下所示，這是一個記錄遊戲玩家資料的類別，類別裡只有 2 個屬性 name 與 score，分別用於表示玩家的姓名與分數；類別裡的屬性要有初始值。

```
class playerClass {
    var name:String=""
    var score:Int=0
}
```

🛸 宣告物件

如下所示，使用玩家類別 playerClass 宣告物件 player，然後設定玩家 player 的姓名 player.name 與分數 player.score，分別為 " 王小明 " 與 200。

```
fun main(){
    var player=playerClass()

    player.name=" 王小明 "
    player.score=200
    println("${player.name}, 分數：${player.score}")
}
```

🛸 定義方法

在類別裡定義方法與定義自訂函式相同。如下所示，定義顯示玩家資料的方法 show()，於此方法中顯示玩家姓名 name 與分數 score。

```
class playerClass{
    var name:String=""
    var score:Int=0

    fun show(){
        println("$name, 分數：$score")
    }
}
```

在 main() 主函式中，則呼叫 player 物件的 show() 方法來顯示玩家的資料。

```
fun main(){
    var player=playerClass()

    player.name=" 王小明 "
    player.score=200
```

```
        player.show()
    }
```

11.1.2 屬性與方法的可見性

關鍵字 public、private、protected 與 internal 稱為「可見性修飾字」（Visibility modifier），這 4 個修飾字限制了類別成員的有效範圍，如下表所列。預設修飾字為 public，因此類別成員若不加修飾字，也會自動被視為 public。

可見性修飾字	有效範圍
public	所有程式都能存取。
private	只能在類別內存取。
protected	可以在類別內與子類別內存取。
internal	可以在類別內、子類別與相同模組內存取。

private

以玩家類別為例，以 private 修飾字重寫玩家類別。

```
class playerClass{
    private var name:String=""
    private var score:Int=0

    fun show(){
        println("$name, 分數：$score")
    }
}
```

因為屬性 name 與 score 加了 private 修飾字，所以只能在類別內被存取，在 main() 主函式中直接設定玩家的姓名與分數，就會發生錯誤。

```
fun main(){
    var player=playerClass()

    player.name="王小明"              ← 發生錯誤
    player.score=200
    player.show()
}
```

此時就需要在類別內增加一個用於設定玩家姓名與分數的方法，供類別外的程式碼使用，如下的 setData() 方法。關鍵字 this 是指類別本身，因此 this.name 是指類別內的屬性 name，如此的寫法才不會和 setData() 方法的參數 name 混淆；若不想使用關鍵字 this，就不要設定參數與屬性為相同的名稱。setData() 方法的第 2 個參數 score 有預設值 0，表示若沒有相對應的值傳入給參數 score 時，此參數就以 0 為其值。

```
class playerClass{
    private var name:String=""
    private var score:Int=0

    fun setData(name:String, score:Int=0){
        this.name=name
        this.score=score
    }

    fun show(){
        println("$name, 分數：$score")
    }
}
```

在 main() 主函式內的程式碼中，則呼叫 player 物件的 setData() 方法來設定玩家的姓名與分數，如下所示。

```
fun main(){
    var player=playerClass()

    player.setData("王小明",200)    ← 改用 setData() 設定玩家資料
    player.show()
}
```

protected

以玩家類別為例，以 protected 修飾字重寫玩家類別的屬性 name 與 score，如下所示。屬性 name 與 score 除了可以在類別內被存取，也可以在繼承 playerClass 類別的子類別內存取。

```
protected var name:String=""
protected var score:Int=0
```

internal

以玩家類別為例，以 internal 修飾字重寫玩家類別，如下所示。屬性 name 與 score 除了可以在類別內被存取，也可以在繼承 playerClass 類別的子類別內存取，以及在相同的模組內被存取。

```
internal var name:String=""
internal var score:Int=0
```

11.1.3　自訂 Getter 與 Setter

請參考專案 ext2。Getter 與 Setter 是 2 個 Kotlin 內建用於取值與設定值的訪問器，分別對應到 get() 與 set() 方法。若沒有自訂這 2 個方法，Kotlin 就會直接存取屬性（這也是預設的 Getter 與 Setter）；以下分別介紹如何自訂這 2 個方法。

假設有一個類別 strToUpper，用於將字串中的小寫英文字母轉為大寫的英文字母，如下所示。程式碼第 4 行定義了字串變數 str，接著第 5-10 行與第 11 行分別定義了它的 set() 與 get() 方法。

關鍵字 field 表示目前要被操作的屬性，此處就是屬性 str；在 get() 與 set() 方法內，都要使用 filed 來表示屬性。在 set() 方法中，value 表示傳遞進來的參數，程式碼第 9 行將參數 value 中的英文字母都轉為大寫之後，再設定給 field，也就是屬性 str。

```
1    import java.util.*
2
3    class toUpper{
4        var str:String=""
5            set(value){
6                if(value.isEmpty())
7                    field="No data"
8                else
9                    field=value.uppercase(Locale.getDefault())
10           }
11           get()= field
12   }
```

在 main() 主函式裡：

```
fun main(){
    var a=toUpper()

    a.str="hello, Mary."
    println(a.str)
}
```

輸出結果為：

```
HELLO, MARY.
```

11-7

此範例 get() 方法只是將 filed 傳回給呼叫者，其實這也是 Kotlin 預設的方式；因此，此處的 get() 方法其實是多餘的。get() 方法也可以有更完整的寫法，例如：

```
get(){
    return "轉換後的字串:"+field
}
```

輸出結果為：

轉換後的字串:HELLO, MARY.

> **說明** 以 var 定義的屬性可以有 Setter 與 Getter；但以 val 定義的屬性只能有 Getter。field 稱為 Backing properties。如果在 set() 中直接使用屬性，就會觸發 get() 方法，而使用 get() 方法，又會觸發 set() 方法，如此循環下去，就會造成無窮遞迴，因此需要一個能代替屬性的變數，但不會持續觸發 get() 與 set() 方法，所以才會引用 field 來代替屬性，藉以解決這個問題。

11.1.4　屬性延遲初始化

請參考專案 ext3。類別裡的屬性需要設定初始值，但有時候在無法得知初始值時，可以延遲設定初始值。以 var 與 val 所定義的變數，其延遲設定初始值的方式也不同。

以 var 定義的屬性

以 var 所定義的基礎資料型別與衍生資料型別，延遲初始值設定的方式也不同。

基礎資料型別

基礎資料型別，例如：Int、Float、Char、Double、Long 等，延遲初始值設定的方式如下所示。類別 Rect 裡定義了整數屬性 width，並且使用 by Delegates.notNull<T>() 來延遲設定其初始值。

```
import kotlin.properties.Delegates

class Rect{
    var width by Delegates.notNull<Int>()
        ⋮
}
```

衍生資料型別

衍生資料型別，例如：List、Set、Map、陣列與其他物件等，延遲初始值設定的方式如下所示。類別 Rect 裡定義了整數陣列屬性 heights，並且使用修飾字 lateinit 來延遲設定其初始值。

```
class Rect{
    lateinit var heights:IntArray
        ⋮
}
```

以 val 定義的屬性

以 val 所定義的屬性，要使用 lazy{} 敘述來延遲設定初始值。如下範例，以 val 定義了屬性 num，其值等於 width×5。當此屬性第一次被使用時，此 lazy{} 敘述才會被執行。

```
class Rect{
    val num:Int by lazy{      //val 使用 lazy
        width * 5
    }
        ⋮
}
```

> **說明** 使用 lateinit 有以下限制：①必須是 var 宣告的變數、②不可以在 main() 主函式中使用、③不能自訂 Getter 與 Setter、④不能使用在基礎資料型別。

範例 11-1：計算 BMI

建立計算 BMI 值的類別 BMI，輸入身高（公尺）height 與體重（公斤）height，取得並顯示計算後的 BMI 值。

一、解說

計算 BMI 需要身高與體重，在類別裡若身高與體重以關鍵字 private 修飾，則需要設計提供輸入身高與體重的方法。BMI 應該是計算後所得到的資料，而不是由使用者來輸入，因此將計算後的 BMI 以關鍵字 private 修飾，並使用 Getter 來讓其他程式取得 BMI 值。

二、執行結果

如下所示，顯示 BMI 值，四捨五入至小數點第二位。

```
BMI= 18.37
```

三、撰寫程式碼

1. 建立專案 Application，並新增 Kotlin 程式碼檔案 MyApp.kt。

2. 程式碼第 1 行匯入 kotlin.math.* 套件，因為計算 BMI 時需要使用到平方 pow() 這個函式。第 3-18 行定義計算 BMI 的類別 BMI，包含了 3 個屬性：height、weight 與 bmi，分別代表身高、體重與計算後的 BMI。

   第 7-12 行定義屬性 bmi 的 get() 方法，於其中計算 BMI，並回傳 BMI。第 8 行計算 BMI，第 9 行將計算出來的 BMI 四捨五入，取至小數點第二位。第 14-17 行是自訂方法 setData()，用於設定屬性 height 與 weight。第 14 行 setData() 方法中的參數 heigh 與 weight 都有預設值 -1.0，因此當呼叫者沒有傳入相對應的參數，該參數就會以 -1.0 作為其值。

```
1   import kotlin.math.*
2
3   class BMI{
4       private var height=0.0
5       private var weight=0.0
6       val bmi:Double
7           get(){
8               val bmiTmp=weight/height.pow(2)
9               val str="%.2f".format(bmiTmp)
10
11              return str.toDouble()
12          }
13
14      fun setData(height:Double=-1.0, weight:Double=-1.0){
15          this.height=height
16          this.weight=weight
17      }
18  }
```

3. 建立main()主函式,於main()函式中撰寫如下程式碼。程式碼第21行宣告BMI 類別的物件myBMI,第23行設定身高與體重,第24行顯示計算後的bmi。

```
20  fun main(){
21      var myBMI=BMI()
22
23      myBMI.setData(1.65, 50.0)
24      print("BMI= ${myBMI.bmi}")
25  }
```

11.2 物件初始化與類別建構式

類別在宣告物件時，可以透過類別建構式（建構元）設定初始值。一個類別裡有 2 種建構式：①主要建構式（Primary constructor）、②次要建構式（Secondary constructor）；一個類別只能有一個主要建構式，但可以有多個次要建構式。

11.2.1 主要建構式

請參考專案 ext4。若類別裡沒有自訂的主要建構式，則 Kotlin 就會使用預設的主要建構式，也就是空的主要建構式。主要建構式的形式為：

```
class myClass constructor([參數1, 參數2, …]){
    ⋮
}
```

由於關鍵字 constructor 可以省略，因此通常會簡化為：

```
class myClass ([參數1, 參數2, …]){
    ⋮
}
```

初始區塊

主要建構式通常會伴隨著初始區塊，初始區塊是由關鍵字 init 開始的程式區塊；當在程式中的物件初始化時，此區塊會自動執行並只會執行一次。例如：有一個記錄姓名 name 與年齡 age 的類別 Info。

```
class Info (name:String, age:Int){
    var name:String=""
    var age=0
```

```
init{
    this.name=name.uppercase()
    this.age=age
}
```
← 初始化區塊

在上述範例的 init{} 初始化區塊裡，將類別收到的參數 name 轉為大寫字母後，再設定給類別的屬性 name；相同地，也將參數 age 設定給屬性 age。

> **說明** 上述範例的 init{} 初始化區塊若只是為了讓參數設定給屬性，其實還有更簡化的寫法，如下所示。而 init{} 初始化區塊，就處理物件剛建立時其他要處理的事情。

```
class Info (name:String, age:Int){
    var name= name.uppercase()
    var age= age

    init{
        // 做物件剛建立時第一次要做的其他事情
    }
}
```

將參數作為屬性

傳遞進類別的參數，也可以直接作為類別的屬性。在類別的每個參數前面以 var 或 val 宣告，則此參數就會自動被視為類別的屬性。如下所示，參數 name 與 age 就會被視為類別 Info 的屬性。

```
class Info ( var  name:String,  val  age:Int){
    init{
        name=name.uppercase()
    }
}
```

11-13

🛸 物件初始化

接續上述範例，接著在 main() 主函式裡宣告 Info 的物件 info，並設定其初始值：姓名為 "Mary"，年齡為 10，如下所示。這個物件 info 便有了初始值，姓名為 "MARY"，年齡為 10。

```
fun main(){
    var info= Info("Mary",10)
    ⋮
}
```

11.2.2 次要建構式

由於主要建構式只能有一個，因此無法處理多種不同狀況的物件初始化，此時次要建構式就能派上用場。例如，有一個記錄個人資料的類別，包含：姓名、年齡、電子郵件與電話，除了姓名與年齡是必要輸入的資料，電子郵件與電話可以選擇輸入或不輸入。

我們可以這樣設計這個類別：主要建構式用於設定必要的姓名與年齡，第 1 個次要建構式只用於設定電子郵件，姓名與年齡，則委派給主要建構式來處理；第 2 個次要建構式只用於設定電話，姓名、年齡與電子郵件，則委派給第 1 個次要建構式來處理；如下圖所示。

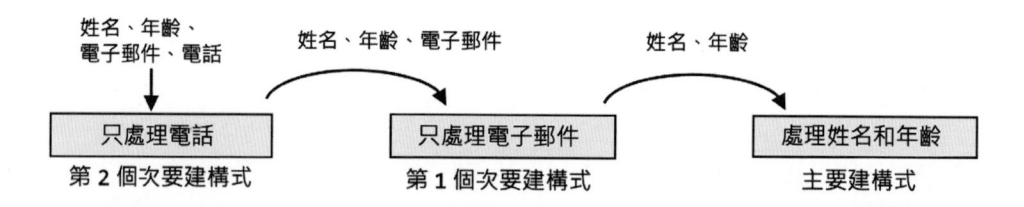

姓名、年齡、電子郵件、電話	→	姓名、年齡、電子郵件	→	姓名、年齡
只處理電話		**只處理電子郵件**		**處理姓名和年齡**
第 2 個次要建構式		第 1 個次要建構式		主要建構式

次要建構式由關鍵字 constructor 開始，後面要加上委派的建構式。例如：上述的個人資料類別，記錄姓名（name）、年齡（age）、電子郵件（email）與電話（phone）這 4 個屬性。

```
1   class Info(name:String, age:Int){
2           ⋮
3       init{     ← 主要建構式初始化區塊
4           this.name=name
5           this.age=age
6       }
7                         第 1 個次要建構式
8       constructor(name:String, age:Int, email:String="") :
9           this(name,age) {    ← 呼叫主要建構式處理姓名與年齡
10          // 處理電子郵件，以及其他的事情
11      }
12                        第 2 個次要建構式
13      constructor(name:String, age:Int, email:String="",
14          phone:String="") : this(name,age,email) {
15          // 處理電話，以及其他的事情
16      }                                  呼叫第 1 次要建構式，處理姓名、
17  }                                      年齡、電子郵件
```

程式碼第 3-6 行是主要建構式的初始化區塊，在其中處理姓名與年齡。第 8-11 行是第 1 個次要建構式，用於處理電子郵件並呼叫主要建構式 this(name, age) 代為處理姓名與年齡。第 13-16 行是第 2 個次要建構式，用於處理電話並呼叫第 1 個次要建構式 this(name, age, email) 代為處理姓名、年齡與電子郵件。

範例 11-2：記錄個人資料的類別

設計一個類別 Info，用於記錄個人資料，包括：姓名、年齡、電子郵件與電話。於類別內設計主要建構式，用於設定姓名與年齡。第 1 個次要建構式用於設定電子郵件，第 2 個建構式用於設定電話。

一、解說

個人資料一共有 4 項：姓名（name）、年齡（age）、電子郵件（email）與電話（phone）。題目要求類別內要有主要建構式與 2 個次要建構式，並且說明了每個建構式負責設定的事情。因此，這個類別可以設計為如下之方式：

11-15

```
class Info(name:String, age:Int){
    var name:String
    var age=0
    var email="No email"
    var phone:String="No phone"

    init{
        // 設定姓名和年齡
    }

    constructor(name:String, age:Int, email:String="") :
            this(name,age) {
        // 第1個次要建構式：檢查電子郵件格式、設定電子郵件
    }

    constructor(name:String, age:Int, email:String="",
                phone:String="") : this(name,age,email) {
        // 第2個次要建構式：檢查電話格式、設定電話
    }
}
```

二、執行結果

如下所示，根據輸入的資料不同，會自動呼叫不同的建構式。Email必須含有'@'字元，電話號碼為8個數字，中間可以包含'-'字元。

```
姓名：Mary, 年齡：20, Email：No Email
姓名：John, 年齡：22, Email：john123@mail.com
姓名：Nacy, 年齡：21, Email：nacy@mail.com, 電話：2274-5678
```

三、撰寫程式碼

1. 建立專案Application，並新增Kotlin程式碼檔案MyApp.kt。
2. 匯入java.util.regex.Pattern套件，之後會用於辨識電話號碼的格式。

```
1    import java.util.regex.Pattern
```

3. 程式碼第 3-34 行撰寫類別 Info，需要傳入 2 個參數：姓名 name 與年齡 age。第 4-7 行定義屬性，分別表示：姓名、年齡、電子郵件與電話。第 9-12 行是主要建構式的初始化區塊，用於設定姓名與年齡。

```
3     class Info(name:String, age:Int){
4         var name:String
5         var age=0
6         var email="No email"
7         var phone:String="No phone"
8
9         init{
10            this.name=name
11            this.age=age
12        }
```

程式碼第 14-20 行是第 1 個次要建構式，第 16-19 行判斷電子郵件裡是否包含了 '@' 字元，若有包含 '@' 字元，則設定為對的電子郵件資料。第 22-33 行是第 2 個次要建構式，第 24-32 行判斷電話的格式是否為 8 個數字，或是 4 個數字之後接了 '-' 字元。若是上述 2 種格式的資料，便設定為電話資料。

```
14        constructor(name:String, age:Int, email:String="") :
15                this(name,age) {
16            if(!email.contains('@'))
17                this.email="Error email format"
18            else
19                this.email=email
20        }
21
22        constructor(name:String, age:Int, email:String="",
23                phone:String="") : this(name,age,email) {
24            if(phone.isNotBlank() and phone.isNotEmpty()){
25                val pattern= Pattern.compile("\\d{4}-?\\d{4}")
26                pattern.matcher(phone).also {
27                    if(it.matches())
```

11-17

```
28                    this.phone = phone
29                else
30                    this.phone="Error phone format"
31            }
32        }
33    }
34 }
```

4. 建立 main() 主函式，並於其中撰寫如下程式碼。程式碼第 38-40 行宣告 3 個 Info 物件，分別包含不同的資料。第 42-47 行顯示這 3 筆物件的內容。

```
36 fun main()
37 {
38     var info1=Info("Mary",20)
39     var info2=Info("John",22,"john123@mail.com")
40     var info3=Info("Nacy",21,"nacy@mail.com","2274-5678")
41
42     println("姓名：${info1.name}, 年齡：${info1.age}, Email：" +
43             "${info1.email}")
44     println("姓名：${info2.name}, 年齡：${info2.age}, Email：" +
45             "${info2.email}")
46     println("姓名：${info3.name}, 年齡：${info3.age}, Email：" +
47             "${info3.email}, 電話：${info3.phone}")
48 }
```

11.3 繼承

類別可以用繼承（Inheritance）的方式衍生運用。例如：計算矩形面積與計算立方體體積有相同可共用之處，都有長與寬屬性、計算矩形面積後再乘上高度就是立方體體積。因此，只要設計另一個類別來繼承原來計算矩形面積的類別，再增加一個高度屬性，就可以作為計算立方體體積的類別。

利用如此的方式，就不需要重新撰寫一個計算立方體體積的類別，只要基於計算矩形面積的類別，再做些修改與調整即可，這也是物件導向程式設計的特色之一。

11.3.1　父類別與子類別

請參考專案 ext5。被繼承的類別稱為「父類別」(Parent class) 或「基底類別」(Base class)，繼承父類別的類別則稱為「子類別」(Child class) 或「衍生類別」(Derived class)。繼承的基本形式為：

```
open class pClass(參數1) {
}
                        繼承 pClass
                            ↓
class cClass(參數1, 參數2,…): pClass(參數1){
}
```

一個類別要冠上 open 修飾字，這個類別才可以被繼承。子類別要加上 ":父類別(參數)" 表示繼承於哪個類別。上述的類別 cClass 便以 ":pClass(參數1)" 表示繼承 pClass 這個類別，並將參數1傳遞給父類別。

此外，在父類別中非以 private 修飾的成員，都可以在子類別中使用。例如：父類別 pClass 需要接收1個整數參數 pname，並且有一個屬性 name，用於記錄姓名。

```
open class pClass(pname:String){
    protected var name=""

    init{
        name=pname
    }

    fun show(){
```

```
            println("姓名= $name")
    }
}
```

子類別 cClass 需要接收 2 個整數參數 pname 與 page，有一個記錄年齡的屬性 age，並且繼承 pClass，而參數 pname 傳遞給父類別 pClass 處理，如下所示。在子類別中，成員的名稱都不能與父類別的成員相同，除非是使用覆寫的方式，因此在 cClass 類別裡不能再定義屬性 name 與方法 show()。

在子類別可以直接使用父類別裡非 private 修飾的成員。例如：在 show1() 方法中，就直接呼叫了父類別的 show() 方法，以及使用了父類別 pClass 的屬性 name。

```
class cClass(pname:String, page:Int): pClass(pname){
    var age=0

    init{
        age=page
    }

    fun show1(){
        show()
        println("姓名= $name, 年齡= $age")
    }
}
```

在 main() 主函式中，宣告 cClass 型別的物件 myClass，初始值為 "Mary" 與 10。

```
fun main(){
    var myClass=cClass("Mary",10)

    myClass.show1()
}
```

輸出結果為：

```
姓名= Mary
姓名= Mary, 年齡= 10
```

11.3.2 成員覆寫

請參考專案ext6。當父類別的成員已經不再適用，可使用覆寫（Override）在子類別裡取代父類別的成員。可被覆寫的成員都要冠上修飾字open，例如：父類別pCalss的屬性name與方法show()都冠上了修飾字open，如下所示。

```
open class pClass(pname:String){
    open protected var name=""

    init{
        name=pname
    }

    open fun show(){
        println("姓名= $name")
    }
}
```

冠上open修飾字的屬性與方法，才可以被覆寫

在子類別中，便可以使用 "override" 關鍵字重新定義成員。如下所示，在屬性name與方法show()都用overrride修飾字。若要使用父類別的成員，則使用關鍵字super，例如：在show()方法中，要呼叫父類別的show()方法，則使用super.show()，如下所示。子類別裡的方法，其名稱、參數個數與參數型別都與父類別裡的方法一樣，才可以被覆寫。

```
class cClass(pname:String, page:Int): pClass(pname){
    override var name:String=""
    var age=0

    init{
        name=pname.uppercase()
        age=page
    }

    override fun show(){
        super.show()
        println(" 姓名 = $name，年齡 = $age")
    }
}
```

冠上 override 修飾字的成員，可以覆寫父類別的成員

使用 super 使用寫父類別的成員

之後宣告 cClass 的物件，呼叫的方法 show() 是子類別 cClass 的 show() 方法，而不是父類別 pClass 的 show() 方法。相同地，若要存取屬性 name，也是子類別 cClass 的屬性 name。

說明 若父類別的屬性已經被子類別中的屬性所覆寫，則子類別中的屬性就會完全取代父類別的屬性。換句話說，即使呼叫父類別的方法來存取父類別的屬性，其實也是存取到子類別的屬性。例如：

```
fun main(){
    var myClass=cClass("mary",10)

    myClass.show()
}
```

輸出結果為：

```
姓名 = MARY
姓名 = MARY，年齡 = 10
```

而不是

　　姓名 = Mary
　　姓名 = MARY, 年齡 = 10

這是因為雖然在類別 cClass 的 show() 法中呼叫 super.show() 想顯示類別 pClass 的 name 屬性，但其實顯示的會是類別 cClass 的 name 屬性。

若類別不想被繼承則可以使用修飾字 final；類別預設都是 final，無法被繼承。類別的成員若使用了 final 修飾字，則此成員也無法被覆寫。此外，以 val 宣告的屬性是可以被以 var 宣告的屬性所覆寫。

🛸 類別轉型

請參考專案 ext7。Any 是所有類別的父類別，所有類別的基礎類別就是 Any。以上述 pClass 與 cClass 類別為例，在繼承關係來說，就是：Any → pClass → cClass。類別之間若有繼承的關係，子類別會包含部分的父類別成員，所以子類別可以轉型為父類別。以專案 ext5 的 pClass 與 cClass 類別為例，如下範例所示。

```
1   var myClass=cClass("Mary",10)
2   var cls= myClass as pClass
3   cls.show()
```

程式碼第 2 行將 myClass 轉換為 pClass，所以物件 cls 的型別為 pClass 類別。因此，第 3 行物件 cls 才會使用 show() 方法，而不是 show1() 方法。

🛸 類別型別檢查與智慧轉型

請參考專案 ext8。關鍵字 "is" 可以用於檢查類別的型別，例如：下列範例程式碼第 8 行判斷類別 cls 若為 cClass 型別，則第 10 行將類別 cls 轉型為 cClass 型別。

```
1   fun main(){
2       var myClass=cClass("Mary",10)
```

```
3       myFun(myClass)
4   }
5
6   fun myFun(cls:Any)
7   {
8       if(cls is cClass)
9       {
10          var mycls=cls as cClass
11
12          mycls.show1()
13      }
14  }
```

因為在第 8 行已經做了型別判斷,因此不需要再重新將類別 cls 轉型為 cClass 型別,就能直接使用,如下所示。

```
fun myFun(cls:Any)
{
    if(cls is cClass)
        cls.show1()
}
```

直接使用 cls 類別的 show1() 方法即可,此種方式稱為「智慧轉型」。

範例 11-3:計算矩形面積與長方體體積

設計一個類別 Rect 用於計算矩形面積。另一類別 Cube 繼承 Rect 類別,則用於計算長方體的體積。

一、解說

矩形類別 Rect 應包含 3 個屬性:長(width)、寬(height)與面積(area),但面積應該是經過計算才能取得。因此,可以設計計算面積的方法 calArea(),並設計屬性 area 的 Getter,在 Getter 中呼叫 calArea() 方法來取得計算後的矩形面積。

長方體類別 Cube 應該包含 4 個屬性：長（width）、寬（height）、高（deep）與體積（volume）。體積可以由「面積×高」來計算，因此長、寬與面積皆可經由類別 Rect 繼承而來。

至於計算體積，則可以設計計算體積的方法 calVolume()，並設計屬性 volume 的 Getter，在 Getter 中呼叫 calVolume() 方法來取得計算後的矩形面積。

在 calVolume() 方法中先呼叫 Rect 類別的 calArea() 方法來計算面積後，再乘上屬性 deep 就是長方體的體積。

二、執行結果

如下所示，分別輸入矩形與長方體的長、寬與高，就能計算矩形的面積與長方體的體積。。

```
輸入矩形的長與寬( 以 ',' 隔開 ):12,3
輸入立方體的長、寬與高( 以 ',' 隔開 ):3,4,5
矩形面積 = 36
長方體體積 = 60
```

三、撰寫程式碼

1. 建立專案 Application，並新增 Kotlin 程式碼檔案 MyApp.kt。

2. 建立 myClass.kt 原始檔。程式碼第 1-19 行定義矩形類別 Rect，需要傳入長 w 與寬 h 這 2 個參數，並加上關鍵字 open 讓類別可以被繼承。第 2-5 行定義矩形的長 width、寬 height 與面積 area，並且設定面積的 Getter 為呼叫 calArea() 方法。

   程式碼第 7-9 行是建構式的初始化區塊，於其中呼叫了 setDim() 方法。第 11-14 行是 setDim() 方法，用於設定矩形的長與寬。第 16-18 行是 calArea() 方法，用於計算矩形的面積。

myClass.kt

```
1   open class Rect(w:Int=0,h:Int=0) {
2       protected var width:Int=0      // 長
3       protected var height:Int=0     // 寬
```

```
4    val area:Int                    // 面積
5        get()= calArea()
6
7    init{
8        setDim(w,h)
9    }
10
11   fun setDim(w:Int, h:Int){       // 設定長與寬
12        width=w
13        height=h
14   }
15
16   fun calArea():Int{              // 計算矩形面積
17        return width*height
18   }
19 }
```

3. 程式碼第 21-38 行定義長方體類別 Cube，需要傳進長 w、寬 h 與高 d 這 3 個參數，並且繼承 Rect 類別。第 22 行定義長方體的高 deep，第 23-24 行定義長方體的體積 volume，並且設定體積的 Getter 為呼叫 calVolume() 方法。

程式碼第 26-28 行是建構式的初始化區塊。第 30-33 行是 setDim() 方法，用於設定長方體的長、寬與高，並於其中呼叫父類別的 setDim() 方法來設定長與寬。第 35-37 行是 calVolume() 方法，用於計算長方體的體積；於其中先呼叫父類別的 setArea() 計算矩形的面積，之後再乘上高 deep 來計算體積。

```
21 class Cube(w:Int=0, h:Int=0,d:Int=0):Rect(w,h){
22     private var deep: Int =0     // 高
23     val volume:Int               // 體積
24         get()= calVolume()
25
26     init{
27         deep=d
28     }
```

```
29
30      fun setDim(w:Int, h:Int, d:Int){       // 設定長寬高
31          super.setDim(w,h)
32          deep=d
33      }
34
35      fun calVolume():Int{                    // 計算體積
36          return deep*calArea()
37      }
38  }
```

4. 於 main() 主函式中撰寫如下程式碼。程式碼第 2-3 行宣告矩形 rect 與長方體 cube 物件。第 5-7 行、第 9-11 行分別輸入並設定矩形和長方體的資料。第 13-14 顯示矩形面積與長方體體積。

MyApp.kt

```
1   fun main(){
2       var rect=Rect()
3       var cube=Cube()
4
5       print("輸入矩形的長與寬(以','隔開):")
6       var dim= readln().split(',')
7       rect.setDim(dim[0].toInt(),dim[1].toInt())
8
9       print("輸入立方體的長、寬與高(以','隔開):")
10      dim= readln().split(',')
11      cube.setDim(dim[0].toInt(),dim[1].toInt(),dim[2].toInt())
12
13      println("矩形面積 = ${rect.area}")
14      println("長方體體積 = ${cube.volume}")
15  }
```

11.4 抽象類別

以 Abstract 修飾字定義的類別，稱為「抽象類別」(Abstract class)；抽象類別無法被實體化，只能被其他類別繼承。在抽象類別裡的屬性必須設定初始值，否則也必須定義為抽象屬性。抽象類別裡的方法通常不實作，讓繼承此抽象類別的子類別來實作這些方法。

抽象類別如同是一種類別的標準樣板，規定了類別需要有哪些必要的成員，然後讓繼承的類別去覆蓋、實作這些以 abstract 修飾字定義的成員。若子類別不實作這些抽象成員，則此子類別也必須宣告為抽象類別。

11.4.1 定義抽象類別

請參考專案 ext9。如下所示，類別 Base 以 abstract 修飾字定義為抽象類別，並且包含了 2 個抽象成員：屬性 a 與方法 fun1()。繼承此抽象類別的子類別，需要覆寫屬性 a 與 fun1() 方法。

```
abstract class Base{
    abstract var a:Int
    var b=0

    abstract fun fun1()
    fun fun2(){
        println("From Base class")
    }
}
```

類別 Derived 繼承抽象類別 Base，並且於類別內覆寫屬性 a 與方法 fun1()，如下所示式。至於在抽象類別中的屬性 b 與方法 fun2()，因為沒有定義為 abstract，所以不用在 Derived 類別裡被覆寫。

```
class Derived: Base() {
    override var a:Int=0

    override fun fun1(){
        println("From Derived class")
    }
}
```

> **說明** 一般的類別裡，不能使用 abstract 來修飾成員，除非此類別也定義為抽象類別。

範例 11-4：計算不同形狀之面積

設計一個抽象類別 Shape，作為計算矩形與圓形面積之抽象類別。抽象類別內有屬性：長（length）、寬（width）與半徑（radius），並且有計算面積的方法 calArea()。

一、解說

這個抽象類別 Shape 已經包含了 3 個屬性：長、寬與半徑，因此要計算矩形與圓形的面積的要素都已經有了。接著，只要以 abstract 定義計算面積的方法 calArea()，讓矩形類別 Rect 與圓形類別 Circle 各自繼承 Shape 類別，並且覆寫 calArea() 方法，再於各自的 calArea() 方法內撰寫自己的計算面積的公式即可。

二、執行結果

如下所示，宣告矩形與圓形的類別，並給予初始值，就能計算矩形的面積與圓形的面積。

```
矩形面積= 150.0
圓形面積= 475.2912
```

三、撰寫程式碼

1. 建立專案 Application，並新增 Kotlin 程式碼檔案 MyApp.kt。

2. 建立 myClass.kt 原始檔。程式碼第 3-9 行定義抽象類別 Shape，類別內包含 3 個屬性：長（length）、寬（width）與半徑（radius），以及一個抽象方法 calArea()。

myClass.kt

```
1   import kotlin.math.pow
2
3   abstract class Shape(p1:Float=0.0f, p2:Float=0.0f) {
4       var length:Float=p1
5       var width:Float=p2
6       var radius:Float=p1
7
8       abstract fun calArea():Float
9   }
```

3. 程式碼第 11-15 行定義矩形類別 Rect，需要傳進長 p1 與寬 p2 這 2 個參數，並且繼承 Shape 類別。第 12-14 行覆寫 calArea() 方法，計算並回傳矩形的面積。

第 17-21 行定義圓形類別 Circle，需要傳進半徑 p1 這個參數，並且繼承 Shape 類別。第 18-20 行覆寫 calArea() 方法，計算並回傳圓形的面積。

```
11  class Rect(p1:Float=0.0f, p2:Float=0.0f):Shape(p1,p2){
12      override fun calArea():Float {
13          return length*width
14      }
15  }
16
17  class Circle(p1:Float=0.0f):Shape(p1){
18      override fun calArea():Float {
19          return radius.pow(2.0f)*3.14159f
20      }
21  }
```

4. 於 main() 主函式中撰寫如下程式碼。程式碼第 2-3 行宣告矩形 rect 與圓形 circle 物件。第 6-7 行分別顯示矩形面積與圓形面積。

MyApp.kt

```
1   fun main(){
2       val rect=Rect(10.0f,15.0f)
3       val circle=Circle(12.3f)
4
5       println(" 矩形面積 = ${rect.calArea()}")
6       println(" 圓形面積 = ${circle.calArea()}")
7   }
```

11.5 介面

介面（Interface）和抽象類別很類似，都是用來作為類別的一種規範，在介面裡的成員通常都只有定義而沒有實作。當類別繼承介面後，需要把介面裡的所有成員都予以實作。

類別與介面有以下差別：①類別只能繼承一個抽象類別，但可以繼承多個介面；②介面沒有建構式，所以沒有參數列；③介面只能被繼承，無法直接宣告為物件；④屬性不可以設定初始值，但可以設定 Getter 與 Setter。

因為 Kotlin 的類別並無多重繼承的機制，因此借用介面就可以達到與類別多重繼承相同的功能，介面也能繼承另一個介面。

11.5.1 多重介面繼承

請參考專案 ext10。假設有 2 個介面 intfA 與 intfB，如下所示。

🛸 定義介面

定義介面要冠上修飾字 interface；在 intfA 裡定義了 2 個屬性：姓名（name）與編號（ID），在 intfB 裡也定義了 2 個屬性：數學成績（math）與英文成績（eng）。

在這 2 個介面裡，都有一個方法 show()，並且也實作了 show() 方法的內容，即印出屬性的值。雖然這 2 個在不同介面的方法的名稱相同，但在繼承它們的類別裡是可以被區分，不會混淆。

```
interface intfA{
    var name:String
    var ID:Int

    fun show(){
        print("學號：$ID, 姓名： $name")
    }
}

interface intfB{
    var math:Int
    var eng:Int

    fun show(){
        print("數學：$math, 英文：$eng")
    }
}
```

🛸 繼承介面

定義類別 Report，並且繼承這 2 個介面。介面中的所有成員都要在類別裡實作，因此屬性 name、ID、math 與 eng 都要設定初始值，或是由建構式來設定其值；此類別傳進來的 4 個參數 p1-p4 就是用來初始化這 4 個屬性。

在類別裡也實作了方法 show()，分別呼叫了介面 intfA 與 intfB 的 show() 方法來顯示資料。此處使用 super<T> 而不是指使用 super，是因為若只使用 super 會分不清楚是 intfA 還是 intfB。

```
class Report(p1:String, p2:Int,p3:Int, p4:Int): intfA, intfB{
    override var name=p1
    override var ID=p2
    override var math=p3
    override var eng=p4

    override fun show(){
        super<intfA>.show()
        print(", 分數 = ")
        super<intfB>.show()
    }
}
```

在 main() 主函式裡宣告物件 mary，並予以初始值，再呼叫 show() 顯示資料，如下所示。

```
fun main(){
    var mary=Report("Mary",2024012,78,92)

    mary.show()
}
```

輸出結果為：

學號：2024012, 姓名：Mary, 分數 = 數學：78, 英文：92

11-33

11.6 object 與 companion object

Kotlin 並沒有所謂的靜態函式，所以可以使用 object 來代替靜態函式。object 與類別很類似，但類別必須初始化或是宣告為物件後才能被使用，而 object 並不需要；因此，在使用上會比類別方便（事實是 Kotlin 自動幫 object 建立了一個實體）。

object 沒有建構式，但可以有 init{} 初始化區塊；object 也可以繼承類別。類別與 object 各自有不同的適用時機。object 適合一次性使用，而類別則是宣告為物件，之後一直使用此物件做後續的處理。

11.6.1 定義 object

請參考專案 ext11。如下所示，此 object 名稱為「randNumber」，用於產生 num 個介於 1-10 之類的亂數。定義 object 以關鍵字 object 開始，屬性 num 指定要產生幾個亂數，並且設定了 Setter 用來防止產生的亂數的數量少於 1 個。

getNumbers() 方法用於產生 num 個介於 1-10 的亂數，並將這些產生的亂數儲存於 IntArray 型別的 numbers，最後回傳給呼叫者。

```kotlin
import kotlin.random.Random

object randNumber{
    var num:Int=1
        set(value){
            field=if(value<1) 1 else value
        }

    fun genNumbers():IntArray{
        var numbers=IntArray(num).apply {
            for(i in this.indices)
                this[i]=Random.nextInt(1,11)
```

```
        }
        return numbers
    }
}
```

在 main() 主函式裡，不需要宣告 randNumber 物件，而是直接使用其屬性 num 設定要產生亂數的數量，如下所示；然後也直接使用 genNumbers() 產生亂數，並儲存到變數 numbers。

```
fun main(){
    randNumber.num=5
    var numbers=randNumber.genNumbers()

    numbers.forEach {
        print("$it, ")
    }
}
```

11.6.2　定義 companion object

請參考專案 ext12。類別內也可以定義 object，但要使用關鍵字 "companion object"，如下所示。類別 randNumber 內定義了 companion object：genNumbers()，但是 companion object 無法存取類別類的屬性，所以這個 genNumbers() 要傳入一個參數 _num，用於指定要產生的亂數個數。

```
import kotlin.random.Random

class randNumber {
    companion object {
        fun genNumbers(_num:Int=1): IntArray {
            var num= if(_num<1) 1 else _num

            var numbers = IntArray(num).apply {
```

```
                for (i in this.indices)
                    this[i] = Random.nextInt(1, 11)
            }
            return numbers
        }
    }
}
```

在 main() 主函式裡，就可以將類別以 object 的方式使用，不需要先建立 randNumbers 物件，就能直接使用 genBumbers() 方法，如下所示。

```
fun main(){
    var numbers=randNumber.genNumbers(5)

    numbers.forEach {
        print("$it, ")
    }
}
```

11.7 資料類別

資料類別（Data class）是一種特別的類別，資料類別只用來儲存資料，類別內只有屬性而沒有方法。一般的類別的屬性需要寫 Getter 與 Setter；當屬性變多後，這也是一件麻煩的事情，而資料類別則免除了這些麻煩事。

資料類別提供了 copy()、equals()、toString() 與 hashCode() 這些方法，用於對物件複製、物件比較與轉為字串資料。equals() 與 hasCode() 方法都用於物件比較，但 equals() 方法會逐一比較 2 個物件裡面的元素是否相等；若這些元素是衍生型別的資料，就會花費較多的時間來處理，所以此時若用 hasCode() 方法就會比較快速。

11.7.1 定義資料類別

請參考專案 ext13。例如：定義一個記錄姓名、身高與體重的資料類別，如下所示。這是一個最簡單的資料類別的範例，資料類別以關鍵字 "data" 開頭，然後在參數列的所有參數都冠以 var/val 修飾，因此這 3 個參數會被視為是這個資料類別的屬性。

```
data class myData(var name:String, var height:Float,
                  var weight:Float)
```

接著，就直接以變數的方式來宣告此資料類別的物件 data，如下所示。

```
var data= myData("Mary",1.72f,54.5f)
```

在此資料類別再加入一個年齡屬性 age：

```
data class myData(var name:String, var height:Float,
                  var weight:Float){
    var age:Int=0
}
```

接著宣告物件 data1，並設定年齡：

```
var data1= myData("Mary",1.72f,54.4f)
data1.age= 20
```

11.7.2 判斷資料類別是否相同

我們可以使用 == 或 equals() 方法來判斷 2 個資料類別的物件是否相同，如下所示。

```
println(data==data1)
println(data.equals(data1))
```

比較的結果都是 true。雖然在物件 data 與 data1 各自的屬性 age 不同，但兩者的比較結果卻是相同的。使用 toString() 方法顯示 data 與 data1 的內容：

```
println(data.toString())
println(+data1.toString())
```

顯示結果為：

```
myData(name=Mary, height=1.72, weight=54.5)
myData(name=Mary, height=1.72, weight=54.5)
```

兩者的顯示內容並不包含屬性 age，所以比較的結果是 data 與 data1 相同。

運算子 "==" 與 "==="

上一小節使用 == 判斷 data 與 data1 的內容，其結果是相同；現在改使用 === 來判斷此兩者的內容是否相同：

```
println(data===data1)
```

比較結果是 false。這是因為 == 只是比較物件的內容，而 === 還會比較此兩者在記憶體中的位置。因為 data 與 data1 是 2 個獨立的物件，因此使用 === 的比較結果是 false。

11.7.3 複製資料類別

如下範例所示，程式碼第 1 行宣告資料類別物件 data2，並其初始值為 data1。第 3-4 行分別使用 == 與 === 判斷 data1 與 data2 是否相同。第 6 行將 data1 的 name 設定為 "Brown"，第 7-8 行顯示 data1 與 data2 的內容。

```
1    var data2=data1
2
3    println(data1==data2)
```

```
4    println(data1===data2)
5
6    data1.name="Brown"
7    println("data1: "+data1.toString())
8    println("data2: "+data2.toString())
```

輸出結果如下所示。第 3-4 行比較 data1 與 data2，結果顯示兩者相同；表示除了內容以外，連在記憶體中的位置也相同，意即 data1 與 data 是相同的一個物件。即使在第 6 行將 data1 的 name 改為 "Brown"，也是改到了 data2 的 name，所以第 7-8 行所顯示的 data1 與 data2 是相同的內容。

```
true
true
myData(name=Brown, height=1.72, weight=54.5)
myData(name=Brown, height=1.72, weight=54.5)
```

使用 copy() 方法

另一種複製資料類別的方式是使用 copy() 方法，如下所示。

```
var data3=data1.copy()

println(data1==data3)
println(data1===data3)

data1.name="Brown"
println("data1: "+data1.toString())
println("data3: "+data3.toString())
```

因為 copy() 方法會將 data1 複製一份給 data3，所以使用 == 比較時，因為兩者的內容相同，所以比較結果為 true。因為 data1 與 data3 是 2 個獨立的物件，在記憶體中的位置不同，因此使用 === 的比較結果是 false。所以將 data1 的 name 改為 "Brown"，也不會影響到 data3 的內容。

```
true
false
myData(name=Brown, height=1.72, weight=54.5)
myData(name=Mary, height=1.72, weight=54.5)
```

12

CHAPTER

泛型

12.1 什麼是泛型

12.2 泛型函式

12.3 泛型類別

12.1 什麼是泛型

泛型（Generic）可以視為一種「參數型別延後決定」的機制，像是呼叫函式時的參數型別、建立物件時的類別型別等，都可以不用事先明確指定是何種資料型別。

例如：串列可以設定為各種不同的型別，如下所示。程式碼第1行宣告的串列為整數型別，第2行宣告字串的串列，這種機制就是「參數型別延後決定」。

```
var numbers:MutableList<Int>
var names= listOf<String>("Mary","John","Brown")
```

使用泛型對於函式與類別有明顯的好處。例如：設計了一個2個數相加的函式 add()，因此需要傳入2個參數，如下所示。

```
fun add(a: Int, b: Int){
    ⋮
}
```

這是一個2個整數相加的函式。若現在要讓2個浮點數相加，就要設計另一個接收2個浮點數作為參數的多型函式 add()，如下所示。

```
fun add(a: Double, b: Double){
    ⋮
}
```

按照如此的方式，就得設計各式各樣接收不同型別參數的 add() 函式，這不會是一個好的解決方式，因此使用泛型的方式來設計這個 add() 函式，就能解決這樣的問題。

12.2 泛型函式

泛型可以延後確認參數型別，因此在撰寫函式時不用特別指定參數的型別，而是以一個特定的標籤＜型別參數＞跟 Kotlin 編譯器講：「延緩決定此參數的型別」；在呼叫此函式時，再根據實際傳入的參數型別來決定函式的參數型別。

12.2.1 定義泛型函式

請參考專案 ext1。泛型函式的形式如同一般的自訂函式，差別在於函式的名稱之前多了 "<型別參數>"；型別參數可以多個，通常使用大寫的英文字母來表示，例如：

```
<T>
<T1, T2>
<A, B>
```

每一個型別參數代表一種資料型別，上述的 T1 與 T2 表示 2 種不同的資料型別。

🛸 可推論的型別參數

例如：有一個泛型函式 func1()，如下所示。泛型標籤 "<T1,T2>" 表示這個函式會使用到 2 種型別參數，參數 t1 與 t2 的資料型別分別為 T1 與 T2，函式回傳值型別為 T2。在函式內也宣告了 T2 資料型別的變數 v2。

```
fun <T1,T2> func1(t1: T1, t2:T2): T2{
    var v1=t
    var v2:T2
        ⋮
    return v2
}
```

呼叫此函式，如下所示。由於參數 2 與 3.4 讓 Kotlin 的編譯器可以正確地推論出型別參數 T1 為整數型別，T2 為雙精浮點數型別，所以回傳值 b 也是雙精浮點數型別。

```
val b=func1(2,3.4)
```

🛸 無法推論的型別參數

例如：有一個泛型函式 func2()，如下所示。與上述的函式 func1() 差別在於只有一個參數 t，其資料型別為 T1。

```
fun <T1,T2> func2(t: T1): T2{
    var v1=t
    var v2:T2
        ⋮
    return v2
}
```

呼叫此函式，如下所示，結果發生了編譯錯誤；因為參數 3 只能讓 Kotlin 的編譯器可以推論出型別參數 T1 為整數，但無法推論出型別參數 T2，因此 Kotlin 編譯器才發出編譯錯誤訊息。

```
val a=func2(3)
```

因此，我們在呼叫此函式時要明確加上泛型標籤 "<Int,Double>"，協助 Kotlin 的編譯器能正確辨認型別參數 T1 與 T2，如下所示。

```
val a=func2<Int,Double>(3)
```

有時在程式碼中會需要判斷型別參數的確定資料型別，才能作為後續的處理，請繼續閱讀範例 12-1。

範例 12-1：判斷型別參數的資料型別

撰寫一泛型函式，接收一泛型參數，並能顯示此參數的正確資料型別。

一、解說

泛型標籤裡的型別參數，可以使用 "is" 運算子逐一判斷是哪種資料型別。例如：假設參數為 t，則使用 when{} 敘述區塊與 "is" 運算子來判斷參數 t 的型別，如下所示。

```
when(t){
    is Int->
        println("$t 是整數")
    is String->
          ⋮
}
```

二、執行結果

如下所示，輸入不同的參數，能判斷其資料型別。

```
5 是整數
Mary 是字串
C 是字元
2.3 單精浮點數
2.3 雙精浮點數
```

三、撰寫程式碼

1. 建立專案 Application，並新增 Kotlin 程式碼檔案 MyApp.kt。
2. 建立 showType() 泛型自訂函式，此函式接收一個泛型 <T> 型別的參數 t。程式碼第 2-13 行是 when{} 程式區塊，於其中判斷參數 t 的資料型別。

```
1   fun <T>showType(t:T){
2       when(t){
3           is Int->
4               println("$t 是整數")
```

```
5          is String->
6              println("$t 是字串 ")
7          is Float->
8              println("$t 單精浮點數 ")
9          is Double->
10             println("$t 雙精浮點數 ")
11         is Char->
12             println("$t 是字元 ")
13     }
14 }
```

3. 建立 main() 函式，於 main() 函式中撰寫如下程式碼。程式碼第 17-21 行都呼叫自訂函式 showType()，並分別傳入不同資料型別的參數。

```
16 fun main(){
17     showType(5)
18     showType("Mary")
19     showType('C')
20     showType(2.3f)
21     showType(2.3)
22 }
```

12.2.2　泛型的比較運算與泛型限制

泛型無法直接使用比較運算子，例如：">"、"<" 等，因此需要特別處理。泛型雖然是在參數傳遞時才能決定泛型參數的型別，但仍然可以限制參數的型別範圍，例如：數值資料、字元序列資料等；如此一來，更能避免參數的型別過於廣泛，而造成泛型的運算發生錯誤。

🛸 泛型的比較運算

請參考專案 ext2。因為泛型無法直接使用比較運算子，所以需要為泛型設計比較運算處理。例如：有一個用於比較 2 個物件的泛型運算函式 compare()，如下所示。

```kotlin
fun <T : Comparable<T>> compare(t1: T, t2: T) {
    when {
        t1 > t2 -> println("$t1 > $t2")
        t1 < t2 -> println("$t1 < $t2")
        else -> println("$t1 = $t2")
    }
}
```

由於泛型無法直接進行比較運算,因此讓泛型的型別參數繼承 Comparable<T> 介面,藉由 Comparable<> 這個介面,就能讓泛型進行比較運算,接著使用此函式進行 2 個物件的比較判斷。

```kotlin
fun main(){
    compare(50,30)
    compare("Mary","John")
    compare(12.45,12.45)
}
```

比較的結果為:

```
50 > 30
Mary > John
12.45 = 12.45
```

泛型約束

請參考專案 ext3。在設計泛型的函式時,可透過泛型約束(Generic constraint)來限制泛型的型別參數的範圍。例如:設計一個 2 個數相加的泛型函式 add(),限制傳入的參數都必須是數值,最後以 Double 型別回傳相加後的結果,如下所示。

```kotlin
fun <T1:Number, T2:Number> add(t1:T1,t2:T2):Double{
    var sum:Double
```

```
        sum= t1.toDouble().plus(t2.toDouble())
        return sum
}
```

泛型約束的形式為 "< 型別參數： Upper bound >"，如範例裡的 "<T1:Number>" 或是 "<T2:Number>"；此處的 Number 型別就是 Upper bound。呼叫此泛型函式 add()，如下所示。程式碼第 2 行發生錯誤，因為 2 個參數都必須是數字，但第 2 個參數卻傳遞了字串參數 "Mary"。

```
println(" 總和 =${add(100,23.4)}")
println(" 總和 =${add(100,"Mary")}")
```

多個泛型約束

使用關鍵字 where 可以連接多個泛型約束。以改寫專案 ext2 的泛型函式 compare() 為例，需要 2 個泛型約束：數字型別 Number 與 Comparable<T> 型別的泛型型別；一個用於限制參數只能是數值資料，另一個則用於引用 Comparable 介面，如此泛型才能進行比較運算，如下所示。

```
fun <T> compare(t1: T, t2: T):String where T:Number, T:Comparable<T> {
    val str:String
    when {
        t1 > t2 -> str="$t1 > $t2"
        t1 < t2 -> str="$t1 < $t2"
        else -> str="$t1 = $t2"
    }
    return str
}
```

呼叫此 compare() 泛型函式：

```
println(compare(12,56))
```

顯示結果為：

```
12 < 56
```

> **說明** 所有的泛型都有一個隱藏的 Upper bound，那就是 Any?，所以泛型才能接受所有的資料型別。如果不想處理 null 的話，可以把泛型限制的 Upper bound 設為 Any，如下所示。

```
fun <T:Any> func(){
    ⋮
}
```

12.2.3 可變數量的參數

請參考專案 ext4。使用泛型與關鍵字 vararg，可以在呼叫泛型函式時，帶入不固定數量、不同資料型別的參數，如下範例所示。

泛型函式 func() 的參數使用 vararg 修飾字；使用此修飾字的泛型參數，其型別為 Array<out T>，程式碼第 2 行先將參數 t 儲存為變數 item，第 3 行顯示參數的數量。第 4-15 行使用 forEach{} 敘述顯示每一個參數；其中第 5 行判斷若參數的型別為 Array，則第 7-10 行額外再處理這個陣列參數。

此處第 7 行將此陣列參數先轉型為 Array<*> 後，再儲存到變數 v，以方便處理。因為不知道陣列裡的資料是何種型別，因此使用泛型 <*>。

```
1  fun <T>func(vararg t:T){
2      var item:Array<out T> = t
3      println("參數數量：${item.size}")
4      item.forEach {
5          if(it!!::class.simpleName=="Array"){
6              print("陣列：")
7              var v=it as Array<*>
```

```
8              v.forEach {
9                   print("$it ")
10             }
11             println("")
12         }
13         else
14             println("$it ")
15     }
16 }
```

呼叫此泛型函式,傳入 5 個不同資料型別的參數,其中還包含了一個字串陣列。

```
func(11,2.2f, arrayOf("Apple","Orange"),"Mary",45.77)
```

顯示結果為:

```
參數數量:5
11
2.2
陣列: Apple Orange
Mary
45.77
```

12.3 泛型類別

泛型(Generic)也能使用在類別,此類別稱為「泛型類別」。泛型在類別上的使用,主要是用在類別初始化的參數以及方法的參數。

12.3.1 定義泛型類別

請參考專案 ext5。泛型類別的一般形式，如下所示。在類別名稱之後加上泛型，初始化的泛型參數宣告，也如同宣告一般自訂函式的泛型參數相同。

```
class 類別名稱<泛型>(參數：型別變數，…){
    ⋮
}
```

🛸 類別的泛型初始化與屬性

以第 11 章範例 11-3 所用到的矩形類別 Rect 為例，改以泛型的方式定義，如下所示。

```
class Rect<T>(h:T, w:T){
    var width:T=w
    var height:T=h
}
```

再看另一個例子，這是在第 11 章所介紹的玩家類別，也改用泛型來定義。但這裡有 2 個型別參數 T1 與 T2，分別表示 2 個不同的資料型別。

```
class playerClass<T1,T2>(n:T1, s:T2) {
    var name=n
    var score=s
}
```

宣告物件時要加上泛型，如下所示，加上了泛型 "<String, Int>"，並指定了 String 與 Int 這 2 個型別參數。

```
var player=playerClass<String,Int>("Mary",250)
```

如果傳入的參數型別明確不會讓 Kotlin 的編譯器混淆，可以省略泛型，如下所示。

```
var player=playerClass("Mary",250)
```

🛸 類別方法的泛型參數

在類別 playerClass 裡，新增設定資料的方法 setData()，此方法接收 2 個參數 n 與 s，用於表示姓名與分數，因此配合類別的泛型型態，這 2 個參數的型別也改用泛型的型別參數：T1 與 T2，如下所示。

```
class playerClass<T1,T2>(n:T1, s:T2) {
    var name:T1=n
    var score:T2=s

    fun setData(name:T1, score:T2){
        this.name=name
        this.score=score
    }
```

呼叫時並無異於一般的函式呼叫，如下所示。

```
val player2=playerClass("John",300)

player2.setData("Brown",150)
```

🛸 類別的泛型約束

泛型的可變數量參數 vararg、泛型約束，也都能使用在泛型類別。以第 11 章範例 11-1 計算 BMI 作為例子，如下所示。類別 BMI 加入了泛型 <T>，並且也用了泛型約束 <:Number>，因此型別參數只能使用數值資料。

因為使用了數值資料的泛型約束，方法 setData() 接收的參數一定是數值資料，所以能確保參數轉為 Double 型別時不會發生錯誤。

```
import kotlin.math.*

class BMI<T:Number>{
```

```
    private var height=0.0
    private var weight=0.0
    val bmi:Double
        get(){
            val bmiTmp=weight/height.pow(2)
            val str="%.2f".format(bmiTmp)

            return str.toDouble()
        }

    fun setData(height:T, weight:T){
        this.height=height.toDouble()
        this.weight=weight.toDouble()
    }
}
```

在 main() 主函式裡建立 BMI 的物件,並指定泛型的型別參數 T 的型別為 Float,因此呼叫其 setData() 方法時只能傳入浮點數資料,如下所示。

```
var bmi=BMI<Float>()

bmi.setData(1.7f,53.2f)
println("BMI= ${bmi.bmi}")
```

12.3.2　in 與 out

關鍵字 in 與 out 控制著泛型的型別參數,在類別或是介面中的不同使用方式,可以讓類別的運用更有彈性,也更有安全性。out 所扮演的功能,稱為「協變」(Covariance),可以讓子類別以父類別的形式來使用;in 所扮演的功能,稱為「逆變」(Contravariance),可以讓父類別以子類別的形式來使用。

🛸 修飾字 out

請參考專案 ext6。使用銷售車輛的例子作為介紹 out 的範例。如下圖所示，卡車和巴士都屬於車輛，所以類別 Truck 與 Bus 繼承類別 Car。在銷售方面，卡車銷售和巴士銷售都屬於銷售業務，所以類別 TruckSelling 與 BusSelling 都繼承 Selling 介面。

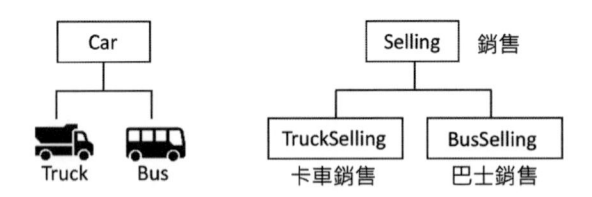

首先定義基本的類別，如下所示，包含：車輛類別 Car、卡車類別 Truck 與巴士類別 Bus；都需要傳入一個字串參數，作為車輛的名稱（此處會用 " 卡車 " 與 " 巴士 " 這 2 個名稱作為字串參數）。

銷售 Selling 以介面定義，並有一個方法 Sell()，表示銷售了哪種車輛。請注意 Selling 類別的泛型參數 "<out T: Car>"，是一個 Car 類別的泛型型別參數，並且冠上關鍵字 out。方法 Sell() 回傳泛型變數 T，表示銷售了哪種的車輛。

```
open class Car(val name:String)
class Truck(name:String):Car(name)
class Bus(name:String):Car(name)

interface Selling<out T: Car>{
    fun Sell():T
}
```

接著定義銷售卡車與銷售巴士的類別 TruckSelling 與 BusSelling，這 2 個類別都繼承 Selling 介面。但 Selling 介面的泛型型別參數原本是 Car 類別，但這裡卻分別為 Truck 與 Bus 類別，如下所示。因為 Truck 與 Bus 類別都是 Car 的子類別，所以才可以這樣做。

```
class TruckSelling:Selling<Truck>{
    override fun Sell():Truck{
        return Truck("卡車")
    }
}

class BusSelling:Selling<Bus>{
    override fun Sell():Bus{
        return Bus("巴士")
    }
}
```

都是 Car 的子類別

在這 2 個銷售的類別中也都覆寫了 Sell() 方法，各自回傳自己銷售的車輛類別：Truck("卡車") 與 Bus("巴士")，分別表示銷售了卡車與巴士。

再撰寫自訂函式 ShowSelling()，此函式接收一個 Selling<Car> 型別的參數 product，用來顯示銷售了哪種車輛。因為參數的型別是 Selling<Car> 介面，因此呼叫了其 Sell() 方法，便能得到銷售車輛的類別，並儲存在變數 car，最後再以 car.name 顯示該車輛的名稱。

```
fun ShowSelling(product:Selling<Car>){
    val car=product.Sell()
    println("銷售：${car.name}")
}
```

在主函式 main() 裡，宣告銷售卡車與巴士的物件 truckSell 與 busSell，型別分別為 Selling<Truck> 與 Selling<Bus>，初始值各自為 TruckSelling() 與 BusSelling()。最後呼叫 ShowSelling() 自訂函式，並分別傳入 truckSell 與 busSelling 物件，顯示銷售了何種車輛。

```
fun main(){
    val truckSell:Selling<Truck> =TruckSelling()
    val busSell:Selling<Bus> =BusSelling()
```

```
    ShowSelling(truckSell)
    ShowSelling(busSell)
}
```

顯示結果為：

```
銷售：卡車
銷售：巴士
```

使用關鍵字 out 的作用

若刪除 Selling 介面的參數的關鍵字 out，如下所示。

```
interface Selling<T: Car>{
    fun Sell():T
}
```

則在 main() 主函式裡的 ShowSelling() 會發生錯誤；以 ShowSelling(truckSell) 此行敘述為例。

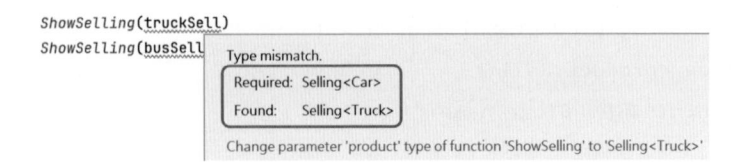

```
ShowSelling(truckSell)
ShowSelling(busSell)
Type mismatch.
Required:  Selling<Car>
Found:     Selling<Truck>
Change parameter 'product' type of function 'ShowSelling' to 'Selling<Truck>'
```

從錯誤訊息得知 ShowSelling() 函式需要的參數型別是 Selling<Car>，但我們傳入的參數 truckSell 卻是 Selling<Truck> 型別。在下一行敘述 ShowSelling(busSell) 也是發生了相同的錯誤。

如本節一開始所提及的 out 的功用，是能讓子類別以父類別的形式來使用。Truck 與 Bus 都是 Car 的子類別，所以當 Selling 介面的泛型參數冠上了 out 關鍵字後，原本自訂函式 ShowSelling() 只能接受 Selling<Car> 型別的參數，也就能接受 Selling<Truck> 與 Selling<Bus> 型別的參數了，因為這 2 個參數都被當作父類別的形式 Selling<Car> 來使用。

> 💡**說明** 這個範例在編譯時若出現如下圖的錯誤,這是 Kotlin 的編譯器對於空白和符號的處理,有時會判斷錯誤。在這個特定例子中,"=" 號和泛型參數 "<Truck>" 之間沒有空格的情況下,Kotlin 編譯器可能會誤解這個語法,判斷成 ">=",因而導致語法錯誤。
>
> ```
> fun main(){
>     val truckSell:Selling<Truck>=TruckSelling()
>     val busSell:Selling<Bus> =BusSel  Unexpected tokens (use ';' to separate expressions on the same line)
> }
> ```
> F:\ext5\Application\src\myApp.kt:27:32
> Kotlin: Expecting a '>'

因此,可以在 "<Truck>" 和 "=" 之間空一個空白,就可以解決此問題,或是將 Selling<Truck> 加上小括弧:(Selling<Truck>),也可以解決此問題。

🛸 修飾字 in

請參考專案 ext7,使用買咖啡例子作為介紹 in 的範例。首先定義基本的類別,如下所示,包含:咖啡類別 Coffee 與咖啡種類類別 Kind;都需要傳入一個字串參數,作為咖啡的名稱。

購買咖啡 Buy 以介面定義,並且接受一個泛型參數 "<in T: Coffee>",是一個 Coffee 類別的泛型型別參數,並且冠上關鍵字 in。方法 Purchase() 接收一個泛型型別 T 的參數 coffee,表示要購買哪一種咖啡。

```
open class Coffee(val name:String)
class Kind(name:String):Coffee(name)

interface Buy<in T: Coffee>{
    fun Purchase(coffee:T)
}
```

12-17

再定義自訂函式 ShowBuyCoffee()，此函式接收一個 Buy<Kind> 型別的參數 product，用來顯示買了哪種咖啡。此處為了示範，所以預設了咖啡種類為卡布奇諾，然後呼叫了 Purchase() 方法訂購咖啡。

```
fun ShowBuyCoffee(product:Buy<Kind>){
    val kind=Kind("卡布奇諾")
    product.Purchase(kind)
}
```

在 main() 主函式裡，宣告買咖啡的變數 myCoffee，型別為 Buy<Coffee>，並呼叫 BuyCoffee() 對 myCoffee 進行初始化，接著再呼叫 ShowBuyCoffee() 函式顯示結果。

```
fun main(){
    val myCoffee:Buy<Coffee> =BuyCoffee()

    ShowBuyCoffee(myCoffee)
}
```

顯示結果為：

```
購買了：卡布奇諾
```

使用關鍵字 in 的作用

若刪除 Buy 介面的參數的關鍵字 in，如下所示。

```
interface Buy<T: Coffee>{
    fun Purchase(coffee:T)
}
```

則在 main() 主函式裡的 ShowBuyCoffee(myCoffee) 會發生錯誤，如下圖所示。從錯誤訊息可得知 ShowBuyCoffee() 函式需要的參數型別是 Buy<Kind>，但我們傳入的參數 myCoffee 卻是 Buy<Coffee> 型別，因此發生了錯誤。

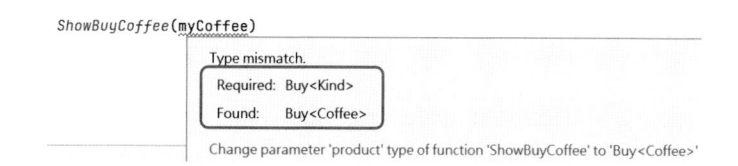

```
ShowBuyCoffee(myCoffee)
```
Type mismatch.
Required: Buy<Kind>
Found: Buy<Coffee>

Change parameter 'product' type of function 'ShowBuyCoffee' to 'Buy<Coffee>'

如本節一開始所提及的 in 功用，是能讓父類別以子類別的形式來使用。Coffee 是 Kind 的父類別，所以當 Buy 介面的泛型參數冠上了 in 關鍵字後，原本自訂函式 ShowBuyCoffee() 只能接受 Buy<Kind> 型別的參數，也就能接受 Buy<Coffee> 型別的參數了，因為這個參數被當作子類別的形式 Buy<Kind> 來使用。

13
CHAPTER

多工執行

13.1 多工執行

13.2 執行緒

13.3 執行緒池

13.4 協同程式

13.5 並行處理

13.1 多工執行

應用程式執行過程需要做很多事情，這些事情若能同時進行，而不是依照先後順序逐一執行，這樣可以提高應用程式的執行效率，這種方式稱之為「多工處理」；在 Kotlin 常被使用的多工執行方式有「執行緒」與「協同程式」。另一種常見的情形如程式執行過程中需要從網路上下載大量的資料，此時便可以將下載資料的工作挪給執行緒或是協同程式去執行，就不會影響應用程式的執行效率。

🛸 應用程式沒有回應

應用程式執行過程中，若有太多的工作、需等待回應的工作與需複雜運算的工作，可能會因為應用程式一直在等待，因而造成應用程式沒有回應的情形（Application not responding：ANR）。因此，為了避免 ANR 的情形，在應用程式中便要採用適合的多工執行或是背景工作機制來分擔這些工作。

🛸 多工執行

一般的應用程式執行方式為單一執行，如下圖所示，工作 1 執行完畢後換工作 2 執行，等工作 2 執行完畢後再輪到工作 3 執行。而多工執行（Multi-tasking）則是此 3 個工作分別交由 3 個多工執行單元各自執行，由下圖可以看出執行時間縮短了，因此應用程式的執行效率也提高了（這也是非同步工作）。

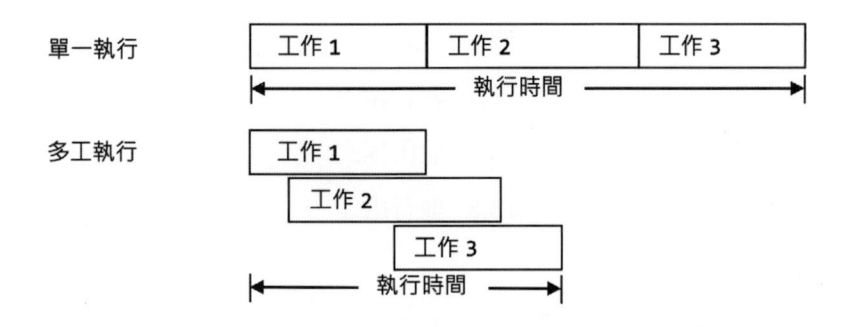

隨著程式發展越來越複雜，尤其在存取網路資源時，往往會遇到阻塞的情形，因此適當地使用多工執行，才能提高程式的執行效率，也不至於會發生 ANR 的問題。

執行緒

執行緒是一種輕量級的行程，是一種很常被使用的非同步工作機制。執行緒由應用程式產生、執行，因為執行緒會與應用程式一同執行，所以執行緒可以分擔應用程式的工作，使得應用程式的執行效率提高。

執行緒與裝置上其他的應用程式共用記憶體與硬體資源，因此執行過多的執行緒或不正確使用執行緒不僅會造成占用記憶體，使得整個系統的效率下降，也會造成系統不穩定的問題。

協同程式

協同程式是輕量級的執行緒，也是一種很常被使用的非同步工作機制。執行緒是搶占式（Preemptive）的多工，協同程式則是協同式（Cooperative）的多工。差別在於協同式的多工模式下，程式會定時讓出已占有的執行資源讓其他程式可以執行，因此不會出現長時間占著資源的情形，也提高了整體的執行效率。

13.2 執行緒

執行緒（Thread）是一種輕量級的行程，由應用程式產生、執行。因為執行緒會與應用程式一同執行，所以執行緒可以分擔應用程式的工作，使得應用程式的執行效率提高。

執行緒與裝置上其他的應用程式共用記憶體與硬體資源，因此執行過多的執行緒或不正確使用執行緒不僅會造成占用記憶體，使得整個系統的效率下降，也會造成系統不穩定的問題。

主執行緒

應用程式啟動時,會先執行 main() 主函式,也稱為「主執行緒」(Main thread)或「主程式」。若在此主執行緒裡執行耗時、需長時間等待、耗時的複雜運算的工作,會因為等待過久而造成應用程式沒有反應。因此,這類需要長時間等待、耗時的複雜運算的工作,都不應該放在主執行緒中處理。

何時使用執行緒

將太多、需等待回應或耗時的工作移出主執行緒,這些工作就不會干擾主執行緒的順暢度和回應速度,因此建議在應用程式中適時使用執行緒。

執行緒的生命週期與優先權

由應用程式產生的執行緒在活動結束後也隨之結束,稱為「一次性執行緒」;也可以選擇讓執行緒繼續在背景裡保持執行,稱為「常駐型執行緒」。但當應用程式結束並被系統刪除時,所有的執行緒也應該被一併停止與刪除。

13.2.1 一次性執行緒

請參考專案 ext1。使用 Thread 類別建立執行緒,並使用 start() 方法執行執行緒。建立執行緒有多種方法與形式,以下僅示範幾種常用的方式。以下先介紹如何定義執行緒要做的工作,然後再介紹如何建立執行緒。

執行緒要做的工作

即指定給執行緒的工作。若以函式的方式來呼叫,此函式可以有 2 種形式:一般函式與 Runnable 型別的函式,例如:執行緒要每隔 0.5 秒依序顯示字母 'A'…'E'。

一般函式

撰寫方式與一般函式相同:

```
fun func1(){
    for(i in 1..5) {
        print("${Char(64+i)}, ")
        Thread.sleep(500)
    }
}
```

或者以 lambda 形式的變數表示：

```
val func2= Runnable {
    for(i in 1..5) {
        print("${Char(64+i)}, ")
        Thread.sleep(500)
    }
}
```

Runnable 函式

Runnable 型別的函式可設定給執行緒，作為執行緒要做的工作：

```
fun func3():Runnable=Runnable{
    for(i in 1..5) {
        print("${Char(64+i)}, ")
        Thread.sleep(500)
    }
}
```

🛸 建立執行緒

使用 Thread 類別宣告執行緒的物件。如下所示，建立 Thread 類別的物件 thd1 至 thd3，其參數是 Runnable 型別的函式，也是執行緒要做的工作，例如：

使用一般函式

使用一般函式的方式：

```
val thd1=Thread { func1() }
```

或是 lambda 變數：

```
val thd2= Thread(func2)
```

使用 Runnable 函式

使用 Runnable 函式的方式：

```
val thd3=Thread(func3())
```

搭配 lambda 語法

若是搭配 lambda 語法，則變化就很多了。也可以直接將要做的工作寫在宣告裡面：

```
var thd=Thread{
    for(i in 1..5) {
        print("${Char(64+i)}, ")
        Thread.sleep(500)
    }
}
```

執行執行緒

使用 Thread 類別的 start() 方法執行執行緒；以執行緒物件 thd1 為例：

```
Thd1.start()
```

執行緒就會開始執行。

> **說明** 如上述分為 2 個步驟（①定義工作與建立執行緒、②執行執行緒）的好處，是宣告執行緒後不需要立刻就執行執行緒，等需要時再呼叫 start() 方法執行執行緒。若要宣告執行緒物件，並且馬上執行，也可以如同以下這般的寫法：

```
var thd=Thread{
    for(i in 1..5) {
        print("${Char(64+i)}, ")
        Thread.sleep(500)
    }
}.start()
```

或是

```
Thread { func1() }.start()
```

若執行緒所要做的工作複雜,則可以先建立自訂的執行緒類別,然後再宣告此執行緒類別的物件,透過此物件來執行執行緒。

13.2.2 設定優先權

執行緒可以設定執行的優先順序;使用 Thread 類別的 priority 屬性來設定執行優先權。

priority 屬性

執行緒的優先權藉由整數來表示,介於1至10;1與10分別是最低與最高的優先權(這是 Java API 的處理方式)。可透過 Thread 類別的 priority 屬性來設定;Thread 類別提供了一組優先權常數,如下表所列。

權限	說明
MAX_PRIORITY	最高優先權,其值等於10。
MIN_PRIORITY	最低優先權,其值等於1。
NORM_PRIORITY	預設優先權,其值等於5。

例如：假設 myThd 為 Thread 類別宣告的執行緒物件，則將其優先權設定為 5。

```
val thd=Thread(…).apply {
        ⋮
    this.priority = 5
}
```

或是

```
val thd=Thread(…).apply {
        ⋮
    this.priority = Thread.NORM_PRIORITY
}
```

13.2.3 停止執行緒

請參考專案 ext2。Thread 類別提供了 start()、stop() 與 interrupt() 方法作為執行、停止與中止執行緒執行。但若貿然停止執行緒往往會造成不可測的例外錯誤，因此 stop() 方法已經在 Kotlin 1.2 被棄用。

所以要停止執行中的執行緒，通常使用以下 2 種方法：①使用 interrupt() 方法、②使用變數自行控制。以下使用上一節的範例作為說明：執行緒每隔 0.5 秒依序顯示字母 'A'…'E'。

🛸 使用 interrupt() 方法

如下範例程式碼所示，使用 Runnable 定義執行緒要執行的工作 func1()。在執行緒的工作裡，如第 3-6 行使用 isInterrupted 屬性檢查執行緒是否已被中止。如果在執行緒中有使用到 sleep() 方法暫停一段時間，則往往會因為執行緒被中止而造成例外錯誤，因此第 10-16 行使用 try…catch 敘述捕捉執行緒中止所引發的例外錯誤。

```
1   fun func1():Runnable=Runnable{
2       for(i in 1..10) {
3           if (Thread.currentThread().isInterrupted) {
4               println("執行緒被中斷")
5               break;
6           }
7
8           print("${Char(96+i)}, ")
9
10          try {
11              Thread.sleep(500)
12          }
13          catch (e: InterruptedException) {
14              Thread.currentThread().interrupt()
15              println("執行緒中斷例外")
16          }
17      }
18  }
```

要中止執行緒執行，則使用 interrupt() 方法，如下所示。則在上述程式碼第 3 行便會偵測到執行緒的中止狀態，因此離開了 for 重複敘述，也一併結束了執行緒。

```
val thd1=Thread(func1())

thd1.start()
Thread.sleep(3000)  // 暫停 3 秒，模擬程式執行的時間
thd1.interrupt()
```

🛸 使用變數自行控制

如下範例程式碼所示，程式碼第 1 行宣告布林變數 fgRun，用於表示是否中止執行緒的工作；初始值先設定為 false，等到執行緒要執行時再設定為 true。在執行緒的工作裡，如第 5-8 行判斷若變數 fgRun 等於 false，則離開 for 重複敘述，執行緒的工作即結束。

```
1    @var fgRun=false
2
3    fun func2():Runnable=Runnable{
4        for(i in 1..10) {
5            if (fgRun==false) {
6                println(" 執行緒被中斷 ")
7                break;
8            }
9
10           print("${Char(96+i)}, ")
11           Thread.sleep(500)
12       }
13   }
```

要中止執行緒執行,就將變數 fgRun 設定為 false:

```
val thd2=Thread(func2())

fgRun=true   ◄────── 要執行執行緒的工作
thd2.start()
Thread.sleep(3000)
fgRun=false  ◄────── 停止執行執行緒的工作
```

則在上述程式碼第 7 行便因為符合 if 條件敘述而離開 for 重複敘述,因此結束執行緒的工作,也一併結束執行緒。

範例 13-1:多執行緒與中斷執行緒

寫一執行緒每隔 0.5 秒顯示英文大寫字母 'A' 至 'J'。執行過程中輸入 '1' 並按 Enter 鍵後,可中斷執行緒執行或結束程式執行。

一、解說

要中斷執行緒執行,可以使用 Thread 類別的 interrupt() 方法,並在執行緒裡偵測執行緒是否被中斷執行。

```
if (Thread.currentThread().isInterrupted){
    // 執行緒被中斷後要處理的事情
    ⋮
}
```

至於讀取按鍵的部分,請參考第 3 章第 2 節「標準輸入」。

二、執行結果

如下所示,在執行緒輸出過程中輸入 '1' 並按 Enter 鍵,可以中斷執行緒執行並結束程式。

```
輸入 '1' 終止執行緒執行:
A, B, C, D, E, 1
執行緒被終止
執行緒結束執行
```

三、撰寫程式碼

1. 建立專案 Application,並新增 Kotlin 程式碼檔案 MyApp.kt。

2. 匯入需要的套件。

```
1   import java.util.Scanner
```

3. 程式碼第 3-19 行定義執行緒要執行的工作 func(),其為 Runnable{} 型別。第 4-8 行判斷若執行緒被中斷,則離開 for() 敘述區塊並結束執行緒。程式碼第 12-16 行使用 try…catch 敘述,捕捉 sleep() 方法遇到執行緒被中斷所觸發的例外錯誤。

```
3    val func= Runnable {
4        for( i in 1..10){
5            if(Thread.currentThread().isInterrupted) {
6                println(" 執行緒被終止 ")
7                break
8            }
```

```
9
10          print("${Char(65+i)}, ")
11
12          try{
13              Thread.sleep(500)
14          }catch(e:Exception){
15              Thread.currentThread().interrupt()
16          }
17      }
18      println(" 執行緒結束執行 ")
19 }
```

4. 建立 main() 主函式，於 main() 函式中撰寫如下程式碼。程式碼第 23 行宣告執行緒物件 thd，並指定 func() 函式為執行緒的 Runnable 函式，第 26 行執行執行緒。第 28-30 行讀取輸入的值，若輸入的值為 1，則第 30 行中斷執行緒執行。

```
21 fun main(){
22      val reader= Scanner(System.`in`)
23      val thd=Thread(func)
24
25      println(" 輸入 '1' 終止執行緒執行： ")
26      thd.start()
27
28      var v = reader.nextInt()
29      if(v == 1)
30          thd.interrupt()
31 }
```

13.2.4　常駐型執行緒

請參考專案 ext3。常駐型執行緒與一次性執行緒的差別，在於常駐型執行緒在工作完成之後並不會結束，而是處於閒置的狀態，等待有需要時再執行工作，所以不需要重新啟動執行緒，然後再執行工作。

> 💡 **說明**　有各種不同的方式可以設計常駐型執行緒,重點在於:①執行緒建立並執行之後,會常駐於記憶體中,等待著執行工作;②工作執行結束後,就處於閒置狀態(執行緒仍然在執行);③執行緒可以被結束。只要設計的執行緒符合上述3項,就是一支完整的常駐型執行緒,因此不一定要按照本節所示範的方式來建立常駐型執行緒。

🛸 建立常駐型執行緒

例如:以下例子,func()函式為執行緒要做的工作,是一個無窮的while()重複敘述,run是一個外部的全域變數。當run被設定為0時,便執行break,離開while()重複敘述,因此整個執行緒就隨之結束;而run等於其他值的時候,就是執行緒要做的事情。

```
fun func()= Runnable {
    while (true) {
        when(run){
            0-> break
            1-> println("工作中...")
                ⋮
        }
        Thread.sleep(1000)
    }
}
```

下面這個例子是另一種形式的寫法:

```
fun func()= Runnable {
    while (run!=0) {
        when(run){
            1-> println("工作中...")
            2-> println("停止工作...")
        }
```

13-13

```
            Thread.sleep(1000)
    }
}
```

🛸 執行常駐型執行緒

在 main() 主函式中建立執行緒並執行。程式碼第 2-4 行宣告執行緒 thd，第 3 行將此執行緒設定為常駐執行緒（Daemon thread）。第 6 行執行執行緒。第 8-10 行讀取輸入的整數值，然後儲存於全域變數 run；此變數會控制執行緒的工作 func() 的執行情況。

```
1   val reader= Scanner(System.`in`)
2   val thd=Thread(func()).apply {
3       isDaemon=true
4   }
5
6   thd.start()
7
8   while(run!=0){
9       print("inpit: ")
10      run = reader.nextInt()
11  }
```

> **說明**　常駐型執行緒（Daemon thread）是 Java 中的一種特殊執行緒，主要用於執行一些輔助的工作，例如：垃圾回收、緩衝區管理等。其與非常駐型執行緒的差別在於，若有非常駐型執行緒正在執行，即使應用程式選擇結束，JVM（Java virtual machine）也不會退出。而即使有常駐型執行緒在執行，若應用程式選擇結束，JVM 也能退出，以確保應用程式能順利結束。

13.3 執行緒池

Kotlin 的執行緒池（Thread pool）提供函式庫，用於管理多執行緒執行環境，讓透過執行緒池所建立的執行緒，可以被重複使用來執行多個工作，這樣的機制可以避免頻繁地建立和銷毀執行緒，從而提高執行效能。

13.3.1 建立執行緒池與執行工作

執行緒池建立之後，在執行緒池中至少一個或以上的執行緒等待被執行。當有新的工作被指派，在執行緒池中閒置等待的執行緒便會接此工作，並開始執行。等待工作結束之後，又會閒置等待著接新的工作，如此反覆運作，直到執行緒池關閉為止。

使用執行緒池，要先匯入執行緒池相關的函式庫：

```
import java.util.concurrent.Executors
```

以下假設函式 func() 為 Runnable 型別的自訂函式，也是執行緒池裡的執行緒要執行的工作，例如：

```
fun func()= Runnable{
    ⋮
}
```

🛸 建立執行緒池

有 4 種不同形式的執行緒池：①單一執行緒的執行緒池、②固定大小的執行緒池、③根據需求建立執行緒的執行緒池、④可以延遲或是排程執行的執行緒池。

13-15

單一執行緒的執行緒池

請參考專案 ext4-1。執行緒池裡只有一支執行緒，所有的工作輪流依序由此執行緒來執行。建立方式如下所示，使用 newSingleThreadExecutor() 方法宣告並建立了只有 1 支執行緒的執行緒池。

```
val executor = Executors.newSingleThreadExecutor()
```

固定大小的執行緒池

請參考專案 ext4-2。此種執行緒池先設定好執行緒的數量，然後所有的工作皆由這些執行緒負責執行。若工作數量超過執行緒的數量，則工作就必須等待有空閒的執行緒來執行。宣告固定數量執行緒的執行緒池，如下所示。

```
val executor = Executors.newFixedThreadPool(4)
```

上述使用 newFixedThreadPool() 方法宣告並建立了有 4 支執行緒的執行緒池。

根據需求建立執行緒的執行緒池

請參考專案 ext4-3。此種執行緒池會視工作的需求建立不定數量的執行緒，經過一段時間後，沒有被使用的執行緒會被終止並移除，如下宣告方式。

```
val executor = Executors.newCachedThreadPool()
```

可以延遲或排程執行的執行緒池

請參考專案 ext4-4。此種執行緒池所建立的執行緒，可以設定延緩執行工作的時間，也能設定定時、定期執行工作；如下方式宣告執行緒池，並設定執行緒的數量。

```
val executor = Executors.newScheduledThreadPool(1)
```

此種執行緒池除了可以設定延遲執行工作的時間（使用 schedule() 方法），也能設定固定速率執行（使用 scheduleAtFixedRate() 方法），以及設定固定延遲執行（使用 scheduleWithFixedDelay() 方法）。

🛸 執行工作

不同類型的執行緒池，執行工作的方式不同。

單一執行緒、根據需求建立執行緒的執行緒池

使用 execute() 或 submit() 方法執行執行緒池的工作，例如：

```
executor.execute(func())
```

或

```
executor.submit(func())
```

此兩者的差別在於 execute() 方法無法獲得工作執行的結果，也無法捕捉工作執行的異常情況。submit() 方法可以接受 Callable 與 Runnable 這 2 種型別的函式作為工作，並且 submet() 方法會回傳 Future 物件，使用此物件取得工作的執行結果或是取消工作。例如：

```
val future=executor.submit(func())
    ⋮
println(future.get())
    ⋮
future.cancel(true)
```

上述範例使用 get() 取得工作的例外狀況，以及使用 cancel() 取消執行工作。

可以延遲或排程執行的執行緒池

如果是延遲或定期執行的執行緒池，則是使用 schedule() 方法執行工作。如下所示，使用 schedule() 方法設定在 3 秒後開始執行。

```
executor.schedule(func(), 3, TimeUnit.SECONDS)
```

關閉執行緒池

請參考範例 ext4-2。使用 executor.shutdown() 來關閉執行緒池,可以確保應用程式所占用的資源可以正確地被釋放,並且能夠順利關閉所有執行中的任務。如果不關閉執行緒池,這些資源會一直被占用,最後造成系統的資源不足。

一旦執行 executor.shutdown() 後,執行緒池不會再接受新的任務,但會等待已經在執行的工作完成。如果要立即停止所有的工作,則使用 shutdownNow() 方法,但這會造成已經在執行的工作發生中斷或是不可預測的錯誤,也會導致應用程式無法正常結束,因為 JVM 會一直等待非常駐型執行緒結束後才會退出。

如下示範,當所有的任務都已經發派出去後,已經不再需要執行新的工作,則執行 shotdown() 方法關閉執行緒池,並且為了防止發生執行緒池無法關閉的情形,會接續以 try…catch{} 敘述先呼叫 awaitTimermination() 等待一段時間 (此範例是等待 1 秒) 後,若還無法順利關閉執行緒池,就呼叫 shutdownNow() 立即關閉執行緒池。

```
宣告執行緒並執行執行緒
    ⋮
executor.shutdown()

try {
    if (!executor.awaitTermination(1, TimeUnit.SECONDS)) {
        executor.shutdownNow()
    }
}
catch (e: InterruptedException) {
    executor.shutdownNow()
}
```

> **說明** 請將專案 ext4-2 的 awaitTermination(4, TimeUnit.SECONDS) 分別改為 1 秒、2 秒與 30 秒,再觀察輸出的結果有何不同處。

4 種的執行緒池有各自的優缺點與適用情景。

1. **單一執行緒的執行緒池**：執行緒池裡只有一個執行緒，所有工作都必須依次輪流地被執行。但因為只有一個執行緒，因此效能有限；並且如果某個工作發生問題，整個執行緒池便會終止，剩下的工作便無法被被執行。此種執行緒池設計簡單，容易操作，也保證工作能依照順序執行。

2. **固定大小的執行緒**：產生的執行緒數量固定，因此能掌控消耗的資源，不至於耗盡系統資源。當所有的執行緒都在忙碌時，未被執行的工作會被放入佇列等待執行，因此工作可能被延遲執行，適合工作數量穩定的情形以及長期運作的工作。

3. **根據需求建立執行緒的執行緒池**：不會限制產生執行緒的數量，並且執行緒在閒置一段時間之後，會被自動移除並銷毀，因此適合工作數量變化大、大量且短暫的非同步工作。但如果快速建立大量工作，可能會建立過多的執行緒而耗盡系統的資源。

4. **可以延遲或排程執行的執行緒池**：可以將工作延遲或排程執行，因此適合定時執行的工作、週期性執行的工作。也因為如此的設計，所以管理工作的排程會較複雜。而執行緒池也固定執行緒的數量，因此也可能造成工作延遲而無法如排程執行。

範例 13-2：等待所有工作執行結束

有一執行緒池裡有 3 支執行緒。每次輸入工作的數量，輸入工作數量為 0 則結束程式。第 1 個工作產生工作結果 "A"，第 2 個工作產生工作結果 "B"，以此類推。所有工作結束後，將每個工作的輸出結果串在一起後輸出。例如：輸入工作量為 2，則最後輸出 "AB"；輸入工作量為 4，則輸出 "ABCD"；但輸出結果並不一定會按照英文字母的順序。

一、解說

執行緒並不會等待別的執行緒執行完畢，因此若要等待所有執行緒執行完畢後，才一起輸出所有的結果，勢必要有一個機制可以一直等待所有工作結束。

使用 submit() 執行工作會回傳 Future 物件，透過此物件可以檢查工作的狀態以及取得工作的結果。Future 類別提供了 isDone()、isCancelled() 與 get() 這 3 個方法可以檢查工作的狀態。

方法	說明
get()	等待工作完成，並取得工作的回傳結果。
isCancelled()	檢查工作是否被取消，回傳值為 Boolean 型別。
idDone()	檢查工作是否完成，回傳值為 Boolean 型別。

isCancelled()方法回傳 true 表示工作被取消，反之回傳 false。isDone()方法回傳 true 表示工作已經完成，反之回傳 false。get()方法有另一種形式：get(Long, TimeUnit)，可以設定等待工作完成的時間；若在等待時間內工作無法完成，就會拋出 TimeoutException 的例外錯誤。

get()方法會阻塞直到工作執行完成；若工作已經完成，則 get()方法並不會阻塞。利用這種特性，就可以設計等待所有工作完成的機制，如下範例片段。假設總共有 5 個工作要執行，每個工作分別回傳 Char 型別資料：'A'、'B'、'C'、'D' 與 'E'。

```
val futures= (1..5).map {i->
    executor.submit<Char> {
            ⋮
        Char(64+i)  // 回傳結果 A,B,C...
    }
}
```

如下所示，針對 feature 內的每一個 Frature 物件 f，呼叫其 get()方法。若該工作尚未完成，就會阻塞等待至工作完成，然後再將工作的回傳結果 r 串加於 result 變數。最後等所有工作結束後，再顯示所有工作的輸出結果 result。

```
futures.forEach { f->
    val r=f.get()  // 透過 get() 會阻塞，等待所有的工作完成
    result+=r  // 串加結果
}
println("結果：$result")
```

另一種非阻塞式的等待工作結束的方式，請參考專案 02-1。

二、執行結果

如下所示，執行緒池只有 3 支執行緒。目前只指派了 2 個工作，因此由執行緒 1 與 2 分別執行；也收到了執行結果："AB"。

```
工作數量 ( 輸入 0 結束 ) : 2
工作 2 在執行緒 pool-1-thread-2 上執行
工作 1 在執行緒 pool-1-thread-1 上執行
工作 1 結束
工作 2 結束
結果：AB
```

如下所示，指派了 4 個工作。由於只有 3 支執行緒，因此工作 4 必須等待，再由任何已經工作結束的執行緒來執行。由以下的執行結果顯示，最後工作 4 是由執行緒 3 來執行；最後輸出結果為 "ABCD"。

```
工作數量 ( 輸入 0 結束 ) : 4
工作 1 在執行緒 pool-1-thread-1 上執行
工作 2 在執行緒 pool-1-thread-2 上執行
工作 3 在執行緒 pool-1-thread-3 上執行
工作 2 結束
工作 1 結束
工作 3 結束
工作 4 在執行緒 pool-1-thread-3 上執行
工作 4 結束
結果：ABCD
```

三、撰寫程式碼

1. 建立專案 Application，並新增 Kotlin 程式碼檔案 MyApp.kt。

2. 匯入需要的套件。

```
1    import java.util.*
2    import java.util.concurrent.*
```

3. 建立 main() 主函式，於 main() 函式中撰寫如下程式碼。程式碼第 5 行宣告有 3 支執行緒的執行緒池 exector，第 7 行變數 num 為工作的數量，第 8 行變數 result 儲存所有工作的輸出結果。第 9 行宣告儲存所有工作的 Future 物件。

```kotlin
5    val executor = Executors.newFixedThreadPool(3)
6    val reader= Scanner(System.`in`)
7    var num=-1   // 工作數量
8    var result="" // 所有工作的輸出結果
9    var futures:List<Future<Char>>
```

4. 程式碼第 14 行取得輸入的工作數量，並儲存於變數 num。第 15-23 行建立並執行 num 個工作，submit<Char> 表示此工作會回傳 Char 型別的資料。

第 21 行 Char(64+i) 即是要回傳的字元資料：'A'、'B'、'C'⋯。程式碼第 25-28 行等待所有的工作執行結束，第 29 行顯示所有工作的輸出結果。

```kotlin
11   while(num!=0) {
12       print("工作數量（輸入 0 結束）：")
13       try{
14           num = reader.nextInt()
15           futures= (1..num).map {i->
16               executor.submit<Char> {
17                   println("工作 $i 在執行緒 "+
18                       "${Thread.currentThread().name} 上執行 ")
19                   Thread.sleep(1000)  // 模擬任務執行
20                   println("工作 $i 結束")
21                   Char(64+i)  // 回傳結果 A,B,C...
22               }
23           }
24
25           futures.forEach { f->
26               val r=f.get()  // 透過 get() 會阻塞，等待所有的工作完成
27               result+=r  // 串加結果
28           }
29           println("結果：$result")
```

13-22

```
30          }
31          catch (e:Exception)
32          {
33              println(" 工作數量錯誤 ")
34              num=0
35          }
36      }
```

5. 程式碼第 38 行關閉執行緒池，第 39-47 行是 try...catch 敘述，第 39-47 行等待 4 秒讓執行緒池關閉。

```
38  executor.shutdown()
39  try { // 等待執行緒池被關閉
40      if (!executor.awaitTermination(4, TimeUnit.SECONDS)) {
41          println(" 等待逾時，立即關閉執行緒池 ")
42          executor.shutdownNow()
43      }
44  } catch (e: InterruptedException) {
45      println(" 等待被中斷，立即關閉執行緒池 ")
46      executor.shutdownNow()
47  }
48  println(" 關閉執行緒池 ")
```

13.3.2　執行緒池與常駐型執行緒

請參考專案 ext4-5。使用執行緒池執行常駐型的執行緒，與一般處理常駐型執行緒的方式並無太多的差別。這個專案裡的執行緒池只有一支執行緒，並且可以藉由輸入 1、2 與 0，控制執行工作、停止工作與結束工作。

如下範例片段所示，自訂函式 func() 為執行緒池裡執行緒要執行的工作，while(true) 是一個無窮的重複敘述，因此這是一個常駐型的工作。

在 when{} 敘述中根據 run 的值，分別可以執行工作、停止工作與結束工作。這個 run 值會在 main() 主函式中取得，因此當 run 值改變，這個執行緒要做的工作也就跟著改變了。

```
var run=1

fun func() {
    while (true) {
        when(run){
            0->{
                println(" 中止執行 ")
                return
            }
            1-> println(" 工作中 ...")
            2-> println(" 停止工作 ...")
        }
        try {
            Thread.sleep(1000)
        }catch (e:InterruptedException)
        {
            println("interrupt")
        }
    }
}
```

在 main() 主函式裡，while() 重複敘述中可以持續取得所輸入的 run 值，因此也直接控制函式 func() 的執行結果。

```
val executor = Executors.newSingleThreadExecutor()
val reader= Scanner(System.`in`)

executor.execute(::func)

while(run!=0) {
```

```
        print("print(" 輸入 0（結束工作）、1（開始工作）、2（停止工作）: "))
        run = reader.nextInt()
        if(run==0){
            println(" 停止執行緒 ")
        }
    }
```

> **說明** 請參考專案 ext4-6，使用執行緒池執行多個常駐型執行緒。此外，若有常駐執行緒在執行，雖然 awaitTermination() 方法等待的時間已到，awaitTermination() 方法仍然會繼續等待下去，請參考專案 ext4-7。因此，在設計常駐程式時，應該小心地設計適當的結束常駐執行緒的機制，或是一個合理的超時執行時間，然後結束。

13.4 協同程式

協同程式（Coroutine）是一種輕量級的執行緒，可以用來取代執行緒，並且提供更好的執行效率，是撰寫非同步程式設計所建議的方式。

協同程式的執行狀態可以被保存，所以可以被暫停和繼續工作。協同程式在執行緒上執行，並且一個執行緒可以執行多個協同程式。

13.4.1 協同程式的四大要素

協同程式的四大要素為：① 建構器、② 作用域、③ 分派器、④ suspend 類別，這四大要素控制著用何種方式建立協同程式、定義協同程式的作用範圍、在哪種執行緒上工作，以及定義可以被暫停的函式。

建構器

協同程式的建構器（Builder）用於啟動和建立協同程式的內容；建構器如 launch、async 等。使用 launch{} 敘述會回傳 Job 類別的物件，以便後續可以方便使用這個 Job 物件來處理協同程式。

作用域

作用域（Scope）指的是協同程式的作用範圍，也就是要使用協同程式的工作內容（通常可再由 withContext 函式或敘述來指定要在哪個分派器上工作）。有 3 種主要的作用域：GlobalScope、CoroutineScope 與 SupervisorScope。

GlobalScope 是最高層級的協同程式作用域，其作用範圍相當於整個應用程式，其生命週期與應用程式相同。為了不影響應用程式的執行效率，通常可以使用 CoroutineScope 作用域。在 SupervisorScope 作用域裡的協同程式是獨立的，如果一個協同程式執行失敗，其餘的協同程式不會受到影響。

runBlocking 也能算是另一種的作用域，它會阻塞目前的執行緒，直到此執行緒內部的所有協同程式完成為止。此種作用域通常用於測試或是 main() 主函式中，因為在某種情況之下，需要能保證所有的協同程式完成工作。

分派器

簡單來說，分派器（Dispatcher）就是指派協同程式在哪種執行緒上工作。協同程式的分派器繼承自 CoroutineDispatcher 這個類別，一共有 3 種分派器，分別為：Default 分派器、IO 分派器與 Unconfined 分派器。

Default 分派器

以 Dispatchers.Default 常數表示；使用標準共享的背景執行緒池。適合用於消耗 CPU 資源的密集計算工作，例如：影像的像素運算、複雜運算、排序、搜尋等。

IO 分派器

以 `Dispatchers.IO` 常數表示；使用一個大型的共享執行緒池。適合用於阻塞式的 IO 存取，例如：從儲存體存取大量的文件資料、網路存取工作等。

Unconfined 分派器

以 `Dispatchers.Unconfined` 常數表示，這個分派器允許協同程式在目前的執行緒上執行；此種分派器很少在應用程式中使用。

🛸 suspend 類別

suspend 類別提供了暫停與恢復的機制；因此，由 suspend 類別所定義的函式，便可以在函式切換到不同的分派器執行時自動暫停與恢復執行。在協同程式中的工作若以函式的方式呼叫，則此函式便要宣告為 suspend 型別。

13.4.2　匯入協同程式函式庫

協同程式的函式庫並不包含在 IntelliJ IDEA 的預設函式庫，因此需要額外手動匯入。從主功能表的「`File`」>「`Project Structure`」來開啟「`Project Structure`」對話框，如下所示。

先切換到「`Dependencies`」標籤，選擇左邊欄位的「`Modules`」，再按「`+`」按鈕，接著從「`Library`」選擇「`From Maven`」項目。

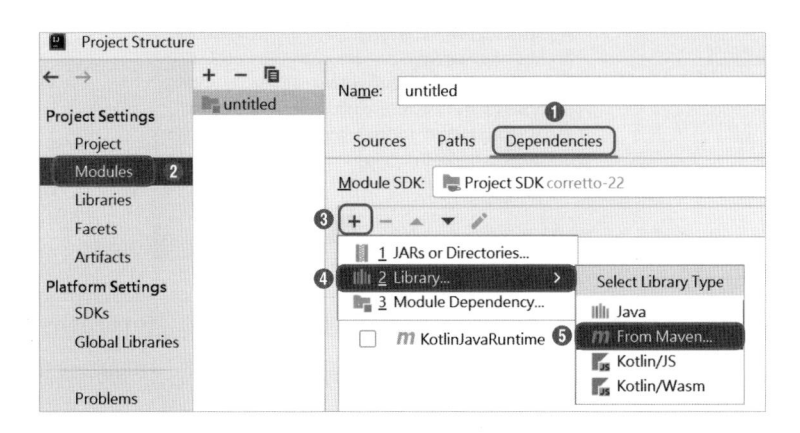

13-27

接著輸入搜尋字串「kotlinx-coroutines-core-jvm」，再按下 Q 搜尋按鈕，如下所示。然後從搜尋到的候選項目中選擇「org.jetbrains.kotlinx:kotlinx-coroutines-core-jvm:x.x.x」；其中，「x.x.x」為協同程式函式庫的版本號碼，例如：org.jetbrains.kotlinx:kotlinx-coroutines-core-jvm:1.7.3。

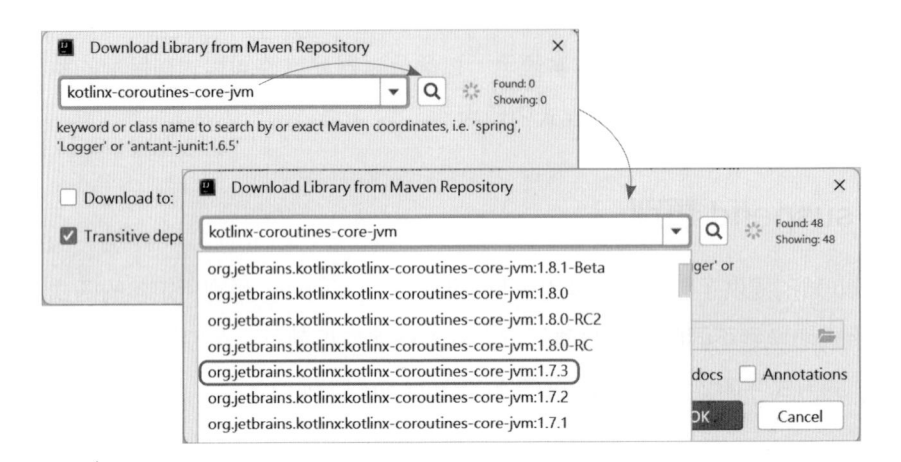

本書範例使用的協同程式的函式庫版本為 1.7.3，讀者可挑選更新的版本。接著按下「OK」按鈕後，會顯示要下載的函式庫的套件，如下所示；按下「OK」按鈕繼續。

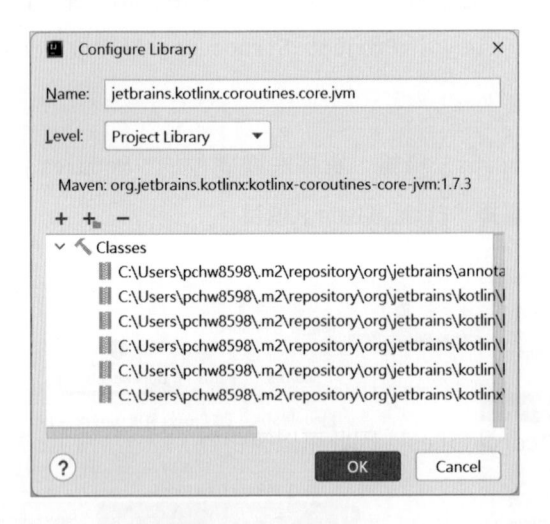

回到「Project Structure」對話框，可以看到已經新增了「jetbrains.kotlinx.coroutines.core.jvm」函式庫了，如下所示；最後按下「OK」按鈕完成設定。

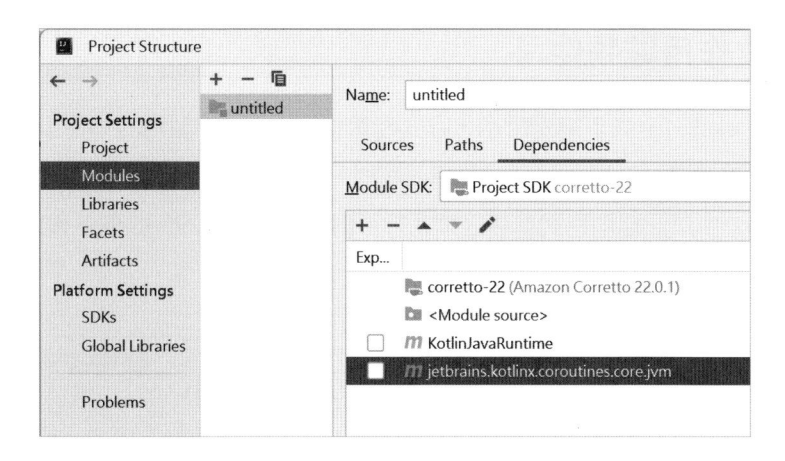

13.4.3　建立協同程式

有 3 種常用的建立協同程式的方式：①建立作用域物件、②把 main() 視為協同程式、③建立作用域類別。

🛸 引入函式庫套件

使用協同程式，要引入以下 4 個套件：

```
import kotlinx.coroutines.Dispatchers
import kotlinx.coroutines.GlobalScope
import kotlinx.coroutines.Job
import kotlinx.coroutines.launch
```

本範例使用的是 GlobalScope 作用域，所以匯入 kotlinx.coroutines.GlobalScope 套件，若是使用其他種類的作用域，就要匯入相對應的作用域套件。上述所匯入的套件都是 Kotlinx.coroutines，因此可以簡化為：

```
import kotlinx.coroutines.*
```

🛸 建立作用域物件

請參考專案 ext5-1。如下範例所示，程式碼第 1 行宣告 Job 型別的物件 job，第 3-6 行則為由作用域與分派器一同形成的協同程式。此處使用 launch{} 敘述作為協同程式的建構器，所以此協同程式就會立刻執行。例如，使用 GlobalScope 作用域：

```
1    var job: Job
2      :
3    job= GlobalScope .launch( Dispatchers.Default ) {
4
5        // 協同程式要做的工作
6    }
```

（作用域）　（分派器）

使用 launch{} 建構器時，預設的分配器就是 Dispatchers.Default，所以可以省略撰寫 Dispatchers.Default。若改為使用 CoroutineScope 作用域：

```
job= CoroutineScope(Dispatchers.Default).launch {
    // 協同程式要做的工作
}
```

suspend 函式

請參考專案 ext5-2。協同程式要執行的工作可使用 suspend 型別的函式來撰寫，如下範例中的程式碼第 3-5 行的自訂函式 sFunc()。在作用域與 launch{} 敘述中呼叫此函式，如下程式碼第 8 行所示。

```
1    import kotlinx.coroutines.*
2
3    fun sFunc()= suspend {
4        // 協同程式要做的工作
5    }
6      :
7    job=CoroutineScope(Dispatchers.Default).launch{
```

```
8      sFunc().invoke()
9  }
```

上述這種寫法的函式回傳的其實是 suspend 型別的 lambda 表示式,而不是真正的 suspend 型別的函式。以下的寫法才是 suspend 型別的函式;在作用域裡被呼叫的方式也不同,如程式碼第 8 行所示。

```
1  import kotlinx.coroutines.*
2
3  suspend fun sFunc(){
4      // 協同程式要做的工作
5  }
6      ：
7  job=CoroutineScope(Dispatchers.Default).launch{
8      sFunc()
9  }
```

也可以使用 lambda 形式的變數來表達 suspend 型別的函式,如下所示。

```
Val sFunc= suspend {
    // 協同程式要做的工作
}
```

呼叫時:

```
job=CoroutineScope(Dispatchers.Default).launch{
    sFunc()
}
```

或是如下,以 lambda 的敘述形式也可以。

```
Job=CoroutineScope(Dispatchers.Default).launch{
    sFunc.invoke()
}
```

13-31

🛸 中止執行

若要中止此協同程式執行，可以使用：

```
job.cancel()
```

Kotlin 應用程式並不會等待協同程式全部執行完後才結束，因此有可能會發生應用程式結束時，協同程式尚未執行完畢。為了要等待協同程式完全執行完畢後，再結束應用程式，可以使用如下 runBlocking{} 之程式碼片段：

```
job=CoroutineScope(Dispatchers.Default).launch{
    sFunc()
}
    ⋮
runBlocking {
    // 等待協同程式全部執行完畢
    job.join()    // 等待協同程式完成
}
// 其他處理與應用程式結束
```

🛸 把 main() 視為協同程式

請參考專案 ext5-3。讓主函式 main() 繼承協同程式的作用域，也是撰寫協同程式的另一種方式。例如：以下例子，以 runBlocking{} 作用域為例，程式碼第 7 行讓 main()=runBlocking{…}。

```
1    import kotlinx.coroutines.*
2
3    suspend fun sFunc(){
4        // 協同程式要做的工作
5    }
6        ⋮
7    fun main()= runBlocking{
```

```
8      launch {
9          sFunc()
10     }
11     ：
12 }
```

把 main() 函式為協同程式，有以下的好處：①簡化了使用協同程式，不需要額外再定義作用域就能撰寫協同程式；② runBlocking{} 會阻塞主執行緒，因此可以確保協同程式執行完畢之前不會被退出；③適合小型的應用、小範圍的非同步處理。

🛸 建立作用域類別

請參考專案 ext5-4。若是協同程式要處理的事情比較多或是比較複雜，則建議為這些工作建立專屬的作用域類別，然後再由此類別來宣告此作用域類別的物件。

13.4.4 使用不同的分派器

請參考專案 ext5-5。撰寫協同程式時，透過適當指派不同的分派器與使用 suspend 函式，來達到不阻塞主執行緒的執行，並且提高執行效率。

例如以下例子：在主函式 main() 裡設定協同程式的作用域為 CoroutineScope，分派器為 Despatchers.Default，並且呼叫 doEvent() 函式做事情。

doEvent() 為 suspend 型別的函式，使用分派器 Dispatchers.Default，並於其中呼叫 readFile() 函式。readFile() 為 suspend 型別的函式，用於從檔案中讀取資料，並使用分派器 Dispatchers.IO。以下範例程式中，皆以註解的方式顯示分派器的變換。

```
fun main(){
CoroutineScope(Dispatchers.Default).launch {     //Dispatcher.Default
        println(" 開始執行 ")                      //Dispatcher.Default
        doEvent()                                //Dispatcher.Default
}
```

```
        ⋮
    }
    suspend fun doEvent(){
        withContext(Dispatchers.Default){          //Dispatcher.Default
            val result=readFile()                  //Dispatcher.Default
        }
    }

    suspend fun readFile():String{
        var strData=""                             //Dispatcher.Default
        withContext(Dispatchers.IO){               //Dispatcher.IO
            // 讀取資料                             //Dispatcher.IO
        }                                          //Dispatcher.IO
        return strData                             //Dispatcher.Default
    }
}
```

在程式執行過程中，當分派器變換時，原先的 withContext(){} 程式敘述便會自動暫停，讓出資源給其他正在執行的程序。

例如：從 doEvent() 函式呼叫 readFile() 函式時，因為分派器是從 Dispatchers.Default 切換到 Dispatchers.IO，於是 withContext(Dispatchers.Default){} 便會暫停，然後執行 readFile() 函式；等到讀取完資料之後，分派器又切換回 Dispatchers.Default，因此 withContext(Dispatchers.Default){} 又會恢復執行。

範例 13-3：多支協同程式與等待工作結束

有 2 支協同程式，一支每 0.5 秒依序產生數字 1…10，另一支每 0.3 秒依序產生大寫英文字母 'A'…'J'。寫一程式執行這 2 支協同程式，並等待它們執行結束。

一、解說

這 2 支協同程式的形式以自訂函式的方式撰寫，如下所示。

```
fun compute():Job{
    val job=CoroutineScope(Dispatchers.Default).launch {
```

```
            ⋮
    }
    return job
}
```

因為需要等待工作完成才結束，所以需要使用 runBlocking{} 敘述來阻塞主程式執行，並等待所有的協同程式結束工作。

```
runBlocking {
        job1.join()
        job2.join()
            ⋮
    }
```

二、執行結果

如下所示，2 支協同程式同時執行，因此輸出結果會交錯在一起。

```
1
A
B
2
⋮
```

三、撰寫程式碼

1. 建立專案 Application，並新增 Kotlin 程式碼檔案 MyApp.kt。

2. 匯入需要的套件。

```
1    import kotlinx.coroutines.*
2    import java.lang.Thread.sleep
```

3. 建立 compute1() 協同函式，使用 CoroutineScope 工作域以及 Dispatchers.Default 分派器，並儲存為工作 job。程式碼第 6-9 行使用 for 重複敘述顯示 1…10。第 11 行回傳工作 job。

```
4   fun compute1():Job{
5       val job=CoroutineScope(Dispatchers.Default).launch {
6           for(i in 1..10){
7               println(i.toString())
8               sleep(500)
9           }
10      }
11      return job
12  }
```

4. 建立 compute2() 協同函式，使用 CoroutineScope 工作域以及 Dispatchers. Default 分派器；並儲存為工作 job。程式碼第 16-19 行使用 for 重複敘述顯示大寫英文字母 'A'…'J'。第 21 行回傳工作 job。

```
14  fun compute2():Job{
15      val job=CoroutineScope(Dispatchers.Default).launch {
16          for (i in 65..74) {
17              println(Char(i).toString())
18              sleep(300)
19          }
20      }
21      return job
22  }
```

5. 撰寫 main() 主函式。程式碼第 25-26 行建立工作 job1 與 job2，並執行 compute1() 與 compute2()。第 28-31 行 runBlocking{} 敘述等待 job1 與 job2 執行完畢。

```
24  fun main(){
25      val job1=compute1()
26      val job2=compute2()
27
28      runBlocking {
29          job1.join()
```

```
30          job2.join()
31      }
32      println(" 結束所有工作 ")
33  }
```

13.5 並行處理

若在工作域中的多項工作並沒有先後順序的關係，因此可以讓這些工作一同處理，而不需要先後依序執行，如此的方式可以縮短總執行時間並提高效率，這樣的方式稱為「並行處理」（Concurrent processing）。

Kotlin 語言提供了並行處理的機制，此機制需要工作域、async{} 建構器與 await() 方法的配合。async{} 敘述與 launch{} 敘述的差別在於，launch{} 敘述回傳 Job 型別的物件，而 async{} 敘述則是回傳 Deferred 類型的物件。Deferred 類別具有非阻塞與可暫停的特色，可以視為可回傳資料的 Job 類別。

假設有 2 個工作：computeA() 與 computeB()，工作 computeA() 需耗時 4 秒，工作 computeB() 則需耗時 1 秒，以下內容皆以此為範例作介紹，並測量其執行時間。

測量執行時間

程式執行的所需時間可以使用 measureTimeMillis{} 敘述來取得；measureTimeMillis{} 敘述會回傳 Long 型別的資料，表示程式執行的時間（以毫秒為單位）。例如：

```
val time = measureTimeMillis {
    // 要被測量執行時間的程式碼
}
```

13.5.1　async{} 敘述與 await() 方法

並行處理的工作必須包含在協同程式的工作域內，以 async 建構器啟動協同程式，並透過 await() 方法傳回結果。async 啟動器必須搭配 await() 方法，才能發揮並行處理功用。例如，使用 launch{} 啟動器：

```
CoroutineScope(Dispatchers.Default).launch {
    computeA()
    computeB()
}
```

上述程式花了 5004 毫秒。若使用 async 啟動器：

```
CoroutineScope(Dispatchers.Default).async {
    computeA()
    computeB()
}
```

使用 async 啟動器執行上述程式所花費的時間為 5003 毫秒。此兩者都是 computeA() 做完之後，才會執行 computeB()，這樣並沒有達到並行處理的效率。

🛸 定義並行結構

請參考專案 ext6-1。並行處理的基礎單元需要定義在工作域之內，如下所示，並行單元 taskA 定義在 CoroutineSpace() 工作域內。經由 async{} 定義後的 taskA 為 Deferred 型別。

```
CoroutineScope(Dispatchers.Default).launch {
    val taskA = async {            ← 並行單元
        computeA()
    }
}
```

接著，將上述的範例使用並行結構重新撰寫：

```
CoroutineScope(Dispatchers.Default).launch {
    val taskA = async{ computeA() }
    val taskB = async{ computeB() }
}
         ⋮
// 其他程式敘述。例如：取得 computeA() 與 computeB() 的結果
```

經由改為正確的並行結構後，computeB()並不會等待computeA()執行完畢之後才執行，而是一同執行，如此可以縮短執行的時間；所花費的時間為 4090 毫秒

因為是並行處理的機制，所以並不會等待computeA()與computeB()執行完畢後，才執行後續的程式敘述，因此若是在工作域之後的工作需要等待computeA()與computeB()的執行結果，就有可能因computeA()與computeB()尚未執行完畢而得到不正確的結果。

🛸 等待結果

請參考專案ext6-2。await()方法可以確保在工作域內的並行處理能執行完畢後，然後才會離開工作域。如下列程式碼所示，在2個async{}並行結構之後，都加上了await()方法，並且也加上了measureTimeMillis{}敘述取得並行處理的時間，並儲存在變數time。

```
CoroutineScope(Dispatchers.Default).launch {
    val time = measureTimeMillis {
        val taskA = async { computeA() }.await()
        val taskB = async { computeB() }.await()
    }
    println(" 花費時間： " + time.toString())
}
```

13-39

這個並行結構一共花費了 5012 毫秒。這個並行處理結構由於在每個 async{} 敘述之後都加了 await() 方法，因此必須等待 computeA() 執行完畢後，才會執行 computeB()。但是這樣的方式雖然可以等到 2 個工作執行完畢，卻無法達到並行處理的效果。

因此，再次將上述並行處理改為如下的並行處理結構。await() 方法可以回傳並行處理的結果，所以此種寫法的並行處理不僅可以取得執行結果，也能縮短執行時間；此並行結果的執行時間為 4076 毫秒。其中，變數 data1 與 data2 則是由 computeA() 與 computeB() 所回傳的資料。

```
CoroutineScope(Dispatchers.Default).launch {
    val time = measureTimeMillis {
        val taskA = async { computeA() }
        val taskB = async { computeB() }
        data1 = taskA.await()    // 由變數 data1 儲存回傳的資料
        data2 = taskB.await()    // 由變數 data2 儲存回傳的資料
    }
    println("花費時間：" + time.toString())
}
// 工作域之外的程式碼
```

> **說明** 需特別注意，await() 的等待效果只在作用域內才會有作用，因此在工作域之外的程式碼仍然不會等待 taskA 與 traskB 執行完畢，而是接續著執行。需要等待這 2 項工作執行完畢後才做的事情，需要寫在工作域之內。

awaitAll()

請參考專案 ext6-3。對於並行結構內有多項的工作，除了使用 await() 方法之外，還可以使用 awaitAll() 方法簡化其寫法。假設 computeA() 與 computeB() 回傳字串型別的資料，則如上述的並行結構，可以改寫如下。

```
var data:Array<String>
CoroutineScope(Dispatchers.Default).launch {
    val taskA = async { computeA() }
    val taskB = async { computeB() }

    val allTask = listOf(taskA,taskB)
    data = allTask.awaitAll().toTypedArray()
}
```

如同上述程式碼所示，以 listOf() 方法將要並行處理的工作加入串列中，並設定給變數 allTask，接著再以 awaitAll() 執行並行並等待結果。

範例 13-4：並行處理並等待結果

有 2 件工作：computeA 與 computeB，分別會回傳字串 " 王小明 " 與數字 19；其執行時間分別需要 4 秒與 1 秒。撰寫 2 支協同程式分別執行這 2 個工作，並等待它們執行結束。最後會輸出結果，並顯示：" 姓名：王小明，19 歲 "。

一、解說

這 2 個工作的形式，可以如下所示；最後回傳字串資料。

```
suspend fun computeA():String{
    // 工作內容

    return " 回傳資料 "
}
```

可以使用 CoroutineScope 作用域定義 2 個並行處理的協同任務：taskA 與 taskB。為了要等待並行處理的結果，所以使用 await() 方法來等待回傳並行處理的結果。

```
var data1=""
var data2=""

val job=CoroutineScope(Dispatchers.Default).launch {
```

13-41

```
        val taskA = async { computeA() }
        val taskB = async { computeB() }

        data1 = taskA.await()
        data2 = taskB.await()
}
```

為了等待所有的協同程式執行完畢，還必須在 main() 主函式裡加上 runBlocking{} 敘述：

```
runBlocking {
    job.join()
}
```

二、執行結果

如下所示，2 件工作執行完畢之後，會顯示如下之輸出結果。

姓名：王小明，19 歲

三、撰寫程式碼

1. 建立專案 Application，並新增 Kotlin 程式碼檔案 MyApp.kt。

2. 匯入需要的套件。

```
1   import kotlinx.coroutines.*
2   import java.lang.Thread.sleep
```

3. 建立 suspend 型別的自訂函式 computeA()，此自訂函式使用 delay(4000) 暫停 4 秒模擬工作所需的時間，程式碼第 8 行回傳字串 " 王小明 "。

```
4   suspend fun computeA():String{
5       println(" 執行工作 A")
6       delay(4000)
7       println(" 完成工作 A")
```

```
8        return " 王小明 "
9   }
```

4. 建立 suspend 型別的自訂函式 computeB()，此自訂函式使用 delay(1000) 暫停 1 秒模擬工作所需的時間，程式碼第 15 行回傳字串 "19"。

```
11  suspend fun computeB():String{
12      println(" 執行工作 B")
13      Thread.sleep(1000)
14      println(" 完成工作 B")
15      return "19"
16  }
```

5. 撰寫 main() 主函式。程式碼第 19-20 行宣告字串變數 data1 與 data2，用於接收工作完成後回傳的資料。第 23-29 行定義 CoroutineScope 工作域，並回傳工作 job。第 24-25 行定義與執行並行處理任務 taskA 與 taskB。

第 27-28 行使用 await() 方法等待任務執行完畢，並接收回傳的資料。第 31-33 行使用 runBlocking{} 敘述等待協同程式完成，第 37 行顯示輸出結果。

```
18  fun main(){
19      var data1=""
20      var data2=""
21
22      val time = measureTimeMillis {
23          val job=CoroutineScope(Dispatchers.Default).launch {
24              val taskA = async { computeA() }
25              val taskB = async { computeB() }
26
27              data1 = taskA.await()
28              data2 = taskB.await()
29          }
30
31          runBlocking {
32              job.join()
```

```
33              }
34          }
35
36      println(" 時間花費："+time.toString())
37      println(" 姓名：$data1, ${data2} 歲 ")
38  }
```

14

CHAPTER

檔案處理

14.1 目錄與檔案處理

14.2 存取文字檔案

14.3 存取二進位檔案

14.4 隨機存取檔案

14.1 目錄與檔案處理

本小節介紹 Kotlin 對於目錄與檔案的處理。這些處理包含：目錄的建立、改名、刪除、複製與搬移，以及對檔案改名、刪除、複製與搬移。

14.1.1 目錄處理

請參考專案 ext1，並依以下範例程式內容手動建立必要的目錄或檔案。要處理目錄相關功能，須匯入 import java.io.File 套件，並使用 File 類別所提供的各種方法。

處理目錄通常會搭配 try…catch 或是 if 判斷敘述，才能確切知道處理失敗的原因。以下分別介紹取得目前路徑、目錄的建立、修改、複製等操作。

🛸 取得目前路徑

使用 File 類別的 absolutePath 屬性取得目前的路徑。假設目前應用程式的執行路徑為 "D:\app1"，則：

```
File("").absolutePath
```

會取得目前的路徑字串："D:\app1"。

🛸 建立目錄

建立目錄的方法為：mkdir() 與 mkdirs()；前者僅能建立一層的目錄，後者可以建立多層目錄，例如：以下範例。建立目錄失敗，可以使用 try…catch 敘述來捕捉錯誤。

```
val dir=File("d:\\aaa")
dir.mkdir()
```

上述範例會在硬碟 D 槽建立目錄「aaa」。使用 mkdirs() 方法建立多層目錄，如下所示。因為目錄「aaa」已經存在，所以只會在其下建立目錄「bbb」，然後在其下再建立目錄「ccc」。

```
val dir=File("d:\\aaa\\bbb\\ccc")
dir.mkdirs()
```

判斷目錄是否存在

使用 exists() 方法判斷目錄是否存在。如下所示，回傳結果為 true。

```
val f1=File("d:\\aaa\\bbb")
println (f1.exists())
```

更改目錄名稱

假設在硬碟 D 槽有以下的 3 層目錄結構「aaa\\bbb\\ccc」，現在要將第一層的目錄「aaa」的名稱改為「aa1」，如下所示；記得要在路徑字串的最後加上 "\\"。

```
val f2= File("d:\\aaa\\")
f2.renameTo(File("d:\\aa1\\"))
```

renameTo() 方法會回傳 true 或 false，表示更改名稱是否成功；也可以使用 try...catch 捕捉例外的錯誤。

刪除目錄

刪除目錄的方法有：delete() 與 deleteRecursively()。delete() 只能刪除空的目錄，若要被刪除的目錄之下還有目錄或是檔案，可以使用 deleteRecursively() 方法將所有的子目錄與檔案一併刪除。以下以 lambda 敘述作為示範：

14-3

```
File("D:\\aa1").deleteRecursively().apply {
    if(this==true)
        println("ok")
    else
        println("failure")
}
```

🛸 複製目錄

有 coptTo() 與 copyRecursively() 這 2 個方法複製目錄與目錄下的檔案。copyTo() 方法並不會複製檔案，只能複製一層目錄，如果目錄之下還有子目錄，則子目錄並不會被複製。如果要複製多層的目錄以及目錄內的檔案，則使用 copyRecursively() 方法。如下範例：

```
File("D:\\aaa\\").copyRecursively(File("d:\\qqq\\aaa"),true)
```

此範例會把硬碟 D 槽目錄「aaa」下的所有內容，複製到硬碟 D 槽目錄「qqq\\aaa」。第 2 個參數設定為 true，表示若目的地已經存在相同的目錄或檔案，則覆蓋之；預設為 false。

🛸 移動目錄

renameTo() 也可以用於移動目錄，但此目錄內不可以再有其他的目錄，也無法跨磁碟槽移動目錄。假設在硬碟 D 槽有目錄「zzz」與「qqq」，並且在目錄「zzz」裡有其他的檔案。現在要將目錄「zzz」與其內的檔案移動到目錄「qqq」裡面：

```
val f=File("D:\\zzz\\")
f.renameTo(File("D:\\qqq\\zzz\\"))
```

移動目錄時，也可以順便更改目錄的名稱；例如：將目錄改名為「zz1」：

```
val f=File("D:\\zzz\\")
f.renameTo(File("D:\\qqq\\zz1\\"))
```

🛸 列出目錄下的內容

使用 File 類別的 list() 方法可以取得指定目錄裡的內容，包含子目錄名稱與檔案名稱，如下所示。另一個方法 listFiles() 則是會在列出的每個內容加上完整的路徑。

```
val dir=File("D:\\aaa")
dir.list().forEach {
    println(it)
}
```

🛸 判斷是否為目錄

使用 isDirectory 屬性判斷是否為目錄。如下所示，判斷硬碟 D 槽的目錄「aaa」裡的「bbb」是否為目錄。

```
var dir=File("D:\\aaa\\bbb\\")
println(dir.isDirectory.toString())
```

14.1.2　檔案處理

請參考專案 ext2，並依以下範例程式內容手動建立必要的目錄或檔案。要處理檔案相關功能，需匯入 import java.io.File 套件，並使用 File 類別所提供的各種方法。

處理檔案通常會搭配 try…catch 或是 if 判斷敘述，才能確切知道處理失敗的原因。本節示範判斷檔案是否存在、檔案刪除、複製等這些操作。

🛸 判斷檔案是否存在

使用 exists() 方法判斷檔案是否存在，回傳 true 表示檔案存在，否則回傳 false。如下範例所示，判斷硬碟 D 槽的目錄「aaa」裡是否有檔案 "aaa.txt"。

```
val f=File("D:\\aaa\\aaa.txt")
println (f.exists())
```

14-5

🛸 刪除檔案

使用 delete()方法刪除檔案；通常會先判斷檔案是否存在，然後再刪除檔案。如下範例刪除硬碟D槽的目錄「aaa」裡的檔案 "aaa.txt"。

```
val f1=File("D:\\aaa\\aaa.txt")
f.apply {
    if(this.exists())
        delete()
}
```

🛸 更改檔案名稱

使用 renameTo()方法更改檔案名稱。如下所示，把檔案 "aaa.txt" 改名為 "aa1.txt"。

```
val f2=File("D:\\aaa\\aaa.txt")
f2.apply {
    if(this.exists()){
        f2.renameTo(File("D:\\aaa\\aa1.txt"))
    }
}
```

🛸 拷貝檔案

使用 copy()方法複製檔案。如下範例所示，將硬碟D槽的目錄「aaa」裡的檔案 "aaa.txt" 拷貝至硬碟E槽的目錄「qqq」裡，並將檔名改為 "aa1.txt"。目的地的目錄若不存在，會自動建立目錄。

```
val f3=File("D:\\aaa\\aaa.txt")
f3.apply {
    if(this.exists()){
        f3.copyTo(File("E:\\qqq\\aa1.txt"),true)
```

        }
}
```

## 🛸 移動檔案

使用 renameTo() 方法移動檔案。如下範例所示,將硬碟 D 槽的目錄「aaa」裡的檔案 "aaa.txt" 移動至硬碟 D 槽的目錄「qqq」裡,並將檔名改為 "aa1.txt"。目的地須在同個磁碟槽,並且目的地的目錄須已經存在。

```
val f2=File("D:\\aaa\\aaa.txt")
f2.apply {
    if(this.exists()){
        f2.renameTo(File("D:\\qqq\\aa1.txt"))
    }
}
```

🛸 判斷是否為檔案

使用 isFile 屬性判斷是否為檔案。如下所示,判斷硬碟 D 槽的目錄「aaa」裡的 "bbb.txt" 是否為檔案。

```
var dir=File("D:\\aaa\\bbb.txt")
println(dir.isFile.toString())
```

14.2 存取文字檔案

文字檔案是一般最常見與普遍使用的檔案形式。Kotlin 提供了多種類別的函式庫可以建立文字檔,並對檔案新增資料。File 類別提供操作文字檔案的方法,因此若要

14-7
```

快速建立文字檔案,並對檔案簡單地寫入資料或是讀取資料,就可以使用 File 類別來操作文字檔案。

首先匯入需要的套件,如下所示。

```
import java.io.File
```

匯入了 java.io.File 套件之後,才能使用 File 類別裡面的各種檔案操作的方法。

14.2.1　快速建立、寫入與讀取文字檔案

請參考專案 ext3;File 類別提供快速建立、讀取與寫入文字檔案的方法。

建立檔案

建立空的文字檔案有 2 個步驟:①建立 File 類別的物件、②使用 createNewFile() 方法建立檔案。

```
val file1=File("d:\\doc1.txt")
file1.createNewFile()
```

或者使用函式串接的方式:

```
val file1=File("d:\\doc1.txt").createNewFile()
```

或者使用 lambda 敘述也可以:

```
val file1=File("d:\\doc1.txt").apply {
    createNewFile()
}
```

14-8

🛸 寫入資料

寫入文字資料的方法有 writeText() 與 appendText() 方法，這些方法會自動開啟指定的檔案，寫入資料後也會自動關閉檔案。

writeText() 方法

使用 writeText() 方法寫入資料，如下所示。

```
file1.writeText("Hello, 瑪莉 \n")
```

writeText() 方法即使沒有先使用 createNewFile() 方法產生空的檔案，也可以自動產生檔案，然後再將資料寫入檔案。但檔案若已經存在，則此方法會清除檔案內原有的資料。使用 lambda 敘述方式可以簡化上述的寫法，如下所示。

```
val file2=File("d:\\doc1.txt").apply {
    writeText("Hello, 瑪莉 \n")
}
```

appendText() 方法

若要保留既有的資料，再把資料附加在檔尾，則使用 appendText() 方法，如下所示。

```
file2.appendText(" 早安，王小明 ")
```

writeText() 與 appendText() 也可以指定字元編碼，例如：Charsets.UTF_8、Charsets.UTF_16、Charsets.US_ASCII、Charsets.ISO_8859_1；預設的字元編碼為 Charsets.UTF_8。以 appendText() 方法為例：

```
file2.appendText(" 早安，王小明 ",Charsets.UTF_8)
```

字元編碼也支援繁體中文（BIG5）、簡體中文（GBK）。例如：

```
import java.nio.charset.Charset
    ⋮
file2.appendText(" 早安,你好 ",Charset.forName("Big5"))
```

🛸 判斷檔案是否可供寫入資料

若檔案是唯讀狀態,則使用檔案寫入方法就會發生錯誤,因此可以使用 canWrite() 方法來判斷檔案是否可寫入資料,例如:

```
file1.canWrite()
```

canWrite() 方法若檔案可寫入資料,則回傳 true,反之回傳 false。

🛸 讀取資料

讀取文字資料的方法有 readText()、readLines() 與 forEachLine() 方法。這些方法必須檔案已經存在,才能讀取資料;讀取資料後,也會自動關閉檔案。

readText() 方法

readText() 方法會一次讀取檔案內的所有資料,如下所示。此方法也可以指定字元編碼作為參數。

```
val rfile1=File("d:\\doc.txt")
val str=rfile1.readText()
```

reaLines() 方法

readLines() 方法以逐行的方式從檔案中讀取資料,儲存在 List<String> 型別的變數,如下所示。readLines() 也可以把字元編碼作為參數。

```
val lines=File("d:\\doc1.txt").readLines()
lines.forEach {
    println(it)
}
```

forEachLine() 方法

forEachLine() 方法以逐行的方式從檔案中讀取資料,並搭配 lambda 語法來處理所讀取出來的這行資料,如下所示。

```
File("d:\\doc1.txt").forEachLine {
    println(it)
}
```

forEachLine() 也可以把字元編碼作為參數,如下所示。

```
File("d:\\doc1.txt").forEachLine(Charsets.UTF_8){
    println(it)
}
```

> **說明** 使用 File 類別可以快速建立、讀寫文字檔,會自動開啟與關閉檔案,很適合簡單、一次性讀寫檔案的操作方式。相反地,就不太適合需要多次讀寫檔案的操作以及大檔案的讀寫。readText()、writeText() 等是 Kotlin 的擴充函式,基於 Java 的 I/O 系統進行封裝,提供更快捷與方便的檔案讀寫操作。

14.2.2　FileReader、FileWriter

請參考專案 ext4。FileReader 與 FileWriter 類別是 Java 所提供的原生函式庫,基於字元讀寫方式所提供讀寫檔案的操作。也有提供更多的方法對檔案進行更仔細、低階的操作,但它們使用系統預設的字元編碼,無法自行設定字元編碼。

FileReader 與 FileWriter 類別是以字元為單位讀寫檔案,也不提供讀寫緩衝區,因此在使用時通常與 BufferedReader 與 BufferedWriter 類別配合,以提高寫入效率,特別是在處理大量資料的時候。

使用 FileWriter 與 FileReader 分別要匯入相對應的套件:

```
import java.io.FileWriter
import java.io.FileReader
```

🛸 建立檔案

建立檔案時，可以指定 append 模式：此檔案是否為「資料附加模式」。例如：

```
val file = FileWriter("d:\\doc1.txt",false)
```

第 2 個參數 fasle 表示 append 模式為「資料覆蓋模式」，檔案若已經存在，則會把檔案裡的資料清空。若是 true 則為「資料附加模式」，不會把檔案裡既有的資料清除，之後寫入的資料也會增加在檔尾。如果不指定 append 的模式，預設就是 false。

也可以使用 File 類別的物件作為參數，例如：

```
val file = FileWriter(File("d:\\doc1.txt"),false)
```

🛸 寫入資料

FileWriter 類別主要提供 write() 與 append() 這 2 個方法將資料寫入檔案，並且最後要使用 close() 方法關閉檔案，以避免尚有餘留的資料未真正寫入儲存體。

若搭配 use{} 敘述，此敘述會自動管理資源（在此處是檔案），確保資源可以在使用結束後被完整地釋放。因此，搭配了 use{} 敘述之後，就不需要再手動關閉檔案。並且，即使在寫入過程中發生異常，資源仍能被正確釋放。

通常在寫入資料時，需要搭配 try…catch 敘述，以防止例外錯誤。此處為了便於說明與示範，都省略了 try…catch 敘述。

write() 方法

write() 方法提供多種資料型別寫入檔案：①字元、②字元陣列、③字串；其中，針對字元陣列與字串，還提供了寫入部分字元陣列或字串的功能。

1. 寫入字元，如下所示。

```
val file1 = FileWriter("d:\\doc1.txt",false)
file1.use {
    it.write(65)  // 寫入字元 'A'，其 ASCII 值是 65
}
```

2. 寫入字元陣列，如下所示。此範例省略了宣告 FileWriter() 所建立的檔案變數。若在之後的程式碼中不需要使用到檔案變數，可以使用這種簡潔的方式建立檔案、寫入資料。

```
FileWriter("d:\\doc2.txt").use {
    val chars= charArrayOf('H','e','l','l','o')
    it.write(chars)
}
```

3. 寫入部分字元陣列，如下所示。write() 方法指定了寫入字元陣列裡的 'i'、'\n'、'M' 與 'a' 這 4 個字元。

```
FileWriter("d:\\doc3.txt").use {
    val chars= charArrayOf('H','i','\n','M','a','r','a','y')
    it.write(chars,1,4)
}
```

4. 寫入字串，如下所示。

```
FileWriter("d:\\doc4.txt").use {
    val str=" 早安，現在早上 8 點鐘。"
    it.write(str)
}
```

5. 寫入部分字串，如下所示。write() 方法指定了寫入字串裡的 " 安，現在 " 這個子字串。

14-13

```
FileWriter("d:\\doc5.txt").use {
    val str=" 早安,現在早上 8 點鐘。"
    it.write(str,1,4)
}
```

append() 方法

append() 方法與 write() 方法一樣,提供多種資料型別寫入檔案:①字元、②字元陣列、③字串。其中,針對字元陣列與字串,也提供了寫入部分字元陣列或字串的功能。以下以增加字串資料為例:

```
FileWriter("D:\\doc1.txt",true).use {
    it.append("1234567890")
}
```

開啟 / 建立檔案時,append 模式要為 true,這樣 append() 方法才能有作用。

> **說明** 另有 appendLine() 方法,此方法和 append() 方法很類似,但寫入資料時會自動加上換行字元。因為不同系統的換行字元不同,因此需要寫入資料後自動換行時,使用 appendLine() 方法會比較適合。

讀取資料

FileReader 類別主要提供 read()、readLines() 與 readText() 這 3 個方法,從檔案讀取資料。

read() 方法

read() 方法從檔案中每次讀取一個字元,或者可以讀取指定數量的字元。每次讀取一個字元的範例,如下所示。當已無資料可讀取時,read() 會回傳 -1。

```
FileReader("d:\\doc2.txt").use {
    var ch:Int
```

```
        ⋮
    ch=it.read()
    print(ch.toChar())
}
```

讀取一定數量的字元範例，如下所示。程式碼第 1 行變數 chbuf 用於儲存一次從檔案讀取的字元資料，讀取的字元數量可以自行設定，例如：512、1024 等。第 7 行從檔案讀取資料，會回傳實際讀取到的字元數量，並儲存於變數 len；若已無資料可讀取，會回傳 -1。第 8 行將讀取到的字元陣列資料轉換為字串。

```
1   var chbuf=CharArray(256)
2   var len=0
3
4   FileReader("d:\\doc2.txt").use {
5       var ch:Int
6           ⋮
7       len=it.read(chbuf)
8       val str = String(chbuf, 0, len)
9   }
```

此外，還有 readLines()、readText() 等讀取資料的方法，請參考專案 ext4。

14.2.3　BufferedWriter 與 BudderedReader

請參考專案 ext5。BufferedWriter 與 BufferedReader 類別提供緩衝區的機制，所以可以提高檔案的讀寫效率，因此適合用於大量讀寫的情形，減少 I/O 操作的次數。與 FileWriter 和 FileReader 類別搭配時，可以提高對檔案的讀寫效能。

使用 BufferedWriter 與 BufferedReader，要分別匯入相對應的套件：

```
import java.io.BufferedReader
import java.io.BufferedWriter
```

寫入資料

BufferedWriter 類別常使用 write() 方法寫入資料，此方法可以寫入字元 (字元的 ASCII code)、字元陣列、字元陣列的一部分與字串，如同 FileWrite 類別的 write() 方法相同。若搭配了 use{} 敘述之後，就不需要再手動關閉檔案。並且，即使在寫入過程中發生異常，資源仍能被正確釋放。

若需要立刻將資料寫入實際的儲存體，可以使用 flush() 指令，則在緩衝區內尚未寫入儲存體的資料，就會立刻寫入儲存體。

寫入字串

```
val bufwrite=BufferedWriter(FileWriter("d:\\doc1.txt"))
bufwrite.write("這是一個字串")
bufwrite.close()
```

寫入字元陣列

```
BufferedWriter(FileWriter("d:\\doc2.txt")).use {
    val charr=charArrayOf('H','e','l','l','o')
    it.write(charr)
}
```

寫入多行資料

```
val lines=listOf("第1行資料","第2行資料","第3行資料")
BufferedWriter(FileWriter("d:\\doc3.txt", true)).use { bw->
    lines.forEach {
        bw.write(it)
        bw.newLine()
    }
}
```

🛸 讀取資料

BufferedReader 類別常用於讀取資料的方法有:read()、readLine()、lines()、lineSequence()、skip() 與 ready() 等。

read() 方法

read() 方法用於讀取一個字元或是讀取多個字元,並儲存到字元陣列;或是將資料讀取到 CharBuffer,用於非同步緩衝區的操作。以下範例是從檔案中讀取一個字元,直到整個檔案讀取完畢為止;若已經到達檔尾,而無法再讀出資料,會回傳 -1。

```
BufferedReader(FileReader("d:\\doc1.txt")).use {
    var ch=it.read()
    while(ch!=-1){
        print(ch.toChar())
        ch=it.read()
    }
}
```

以下是讀取資料到字元陣列的範例。變數 charr 設定了一次最多讀取 80 個字元,read() 方法會回傳實際上從檔案讀取到了多少個字元,若讀取不到資料則回傳 -1。

```
BufferedReader(FileReader("d:\\doc2.txt")).use {
    var charr=CharArray(80)

    it.read(charr).also { len->
        if(len!=-1)
            println(String(charr,0,len))
    }
}
```

14-17

readLine()、readLines() 與 lineSequence() 方法

readLine() 方法是 Java 的原生函式,每次從檔案中讀取一行資料;若讀不到資料,則回傳 null。readLines() 方法讀取檔案中的所有資料,並儲存於字串型別的串列。以下為使用 readLne() 方法讀取一列字串的範例:

```
BufferedReader(FileReader("d:\\doc3.txt")).use {
    var line = it.readLine()
    while (line != null) {
        println(line)
        line = it.readLine()
    }
}
```

檔案不大時,可以使用 readLines() 一次性讀取檔案的所有內容;例如:

```
BufferedReader(FileReader("d:\\doc3.txt")).use {
    var lines = it.readLines()
    if(!lines.isEmpty())
        lines.forEach {
            println(it)
        }
}
```

若檔案很大時,就不適合使用 readLines(),會消耗大量的記憶體。lineSequence() 方法是 Kotin 所擴充的函式,在真正需要讀取資料時,才會真的從檔案中讀取一行資料,這樣有利於節省記憶體的消耗。

```
BufferedReader(FileReader("d:\\doc3.txt")).use {
    it.lineSequence().forEach {
        print(it)
    }
}
```

> 💡 **説明** 使用 lineSequence() 方法，再加上 filter{} 敘述，可以直接篩選出需要的資料。skip() 方法可以略過指定數量的字元資料，而 ready() 方法可以檢查檔案是否已經準備好可供讀寫資料；請參考專案 ext5。
>
> BufferedWriter 與 BufferedReader 類別無法直接設定字元編碼，需要搭配 OutputStreamWriter 與 InputStreamReader 類別來設定字元編碼；請參考專案 ext6。

14.3 存取二進位檔案

二進位檔案（Binary file）與文字檔案最主要的差別，在於對資料儲存的方式是以二進位的值儲存，因此使用一般的文書軟體開啟二進位的檔案時，其內容並無法理解與解讀。無法以文字形式儲存的資料，則適合以二進位檔案的方式儲存，例如：音樂、影像等。

二進位檔與文字檔的差別在於，除了儲存無法以文字表達的資料之外，對於數值的儲存方式也不相同。例如：有一個 int 型別的整數 num，其值等於 1234567890，使用二進位檔儲存此值只會占用 4 個位元組；因為 int 資料型別的長度等於 4 個位元組，任何 int 型別的數值儲存於檔案之後，都會占用固定的 4 個位元組長度。使用可以顯示 16 進位的軟體開啟檔案後，可以看到如下的資料：D2029649 即為 1234567890 的 16 進位數值，確實占用了 4 個位元組。

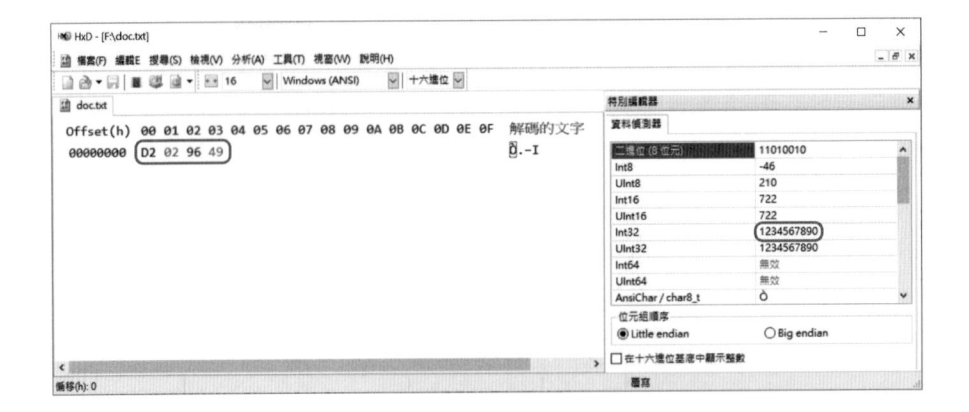

此數值若以文字檔的形式儲存，則數值中每個位數占 1 個位元組，因此占用 10 個位元組，並且此數值是以文字的方式儲存，如下圖所示。例如：第 1 個位元組資料 31 即是文字 1 的 ASCII 碼的 16 進位數值。

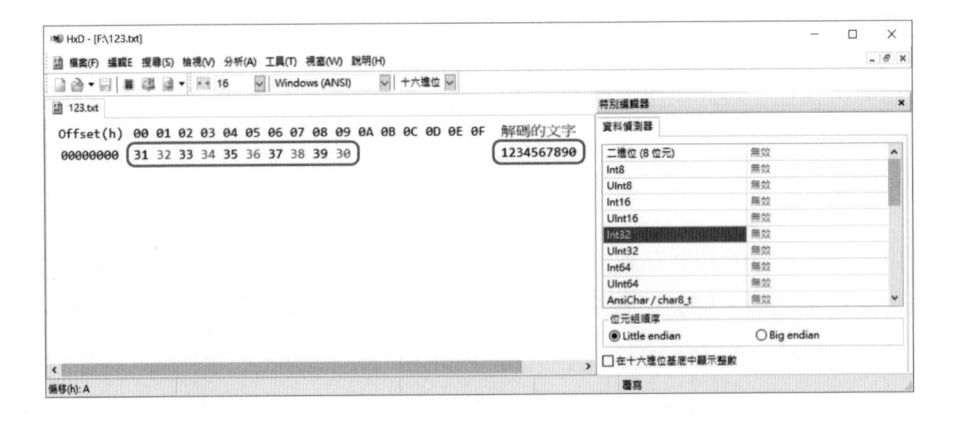

Kotlin 提供多種存取二進位檔案的函式庫與類別，這些函式庫與類別適用於不同的使用情景；以下僅介紹常被使用的幾種方式：① File 類別、② FileOutputStream/FileInputStream 類別、③ BufferedOutputStream/BufferedInputStream 類別。

14.3.1　使用 File 類別

請參考專案 ext7。File 類別也提供建立、存取二進位檔案的方法：writeBytes()、appendBytes() 與 readBytes()。對於小檔案、一次性把資料寫入檔案、一次性讀取檔案所有資料的時候，適合使用此三種方法。

寫入資料

檔案若已經存在，writeBytes()方法會覆蓋檔案內原有的資料，而 appendBytes() 方法則是會把資料附加在檔尾。以下僅示範 writeBytes()方法。

寫入位元組陣列

writeBytes()方法將位元組陣列的資料寫入檔案，如下所示。如果是其他資料型別的資料，也都需要先轉為位元組陣列後，再使用 writeBytes()寫入檔案。

```
File(("d:\\doc1.bin")).apply {
    val data= byteArrayOf(21,22,23)
    writeBytes(data)
}
```

寫入字串

以下範例是將字串寫入二進位檔案：

```
File("D:\\doc2.bin").apply {
    val str="Hello, 你好。"
    val byteArr=str.toByteArray(Charsets.UTF_8)
    writeBytes(byteArr)
}
```

寫入數值

以下範例是將整數 123456 寫入二進位檔案。程式碼第 3 行使用 ByteBuffer 類別把整數轉換為位元組陣列。因為一個整數的長度為 4 個位元組，因此使用 allocate(4)來分配位元組陣列的空間，然後使用 putInt()方法，將整數拆為位元組後，再使用 array()方法轉為位元組陣列，最後再儲存於位元組陣列變數 byteArr。

```
1   File("D:\\doc2.bin").apply {
2       val num=123456
3       val byteArr= ByteBuffer.allocate(4).putInt(num).array()
```

14-21

```
4        writeBytes(byteArr)
5    }
```

以相同的方式，如果要轉換的資料是長整數、Double 型別的數值，就要使用 allocate(8)；轉換 Float 浮點數，就要使用 allocate(4)，以此類推。

ByteBuffer 類別的 putXXX() 方法對於不同的資料型別有相對應的方法，可使用：put()、putChar()、putFloat()、putDouble()、putInt()、putLong() 與 putShort() 等。

寫入多筆資料

以存入 5 個整數資料為例，如下所示。程式碼第 3 行分配 5 個整數資料的位元組陣列空間，第 4-6 行將 5 個整數依次放入位元組陣列 byteArr，第 7 行使用 writeBytes() 方法將位元組陣列寫入檔案。

```
1    File("d:\\doc4.bin").apply {
2        val nums= intArrayOf(11,12,13,14,15)
3        val byteArr=ByteBuffer.allocate(nums.size*4)
4        nums.forEach {
5            byteArr.putInt(it)
6        }
7        writeBytes(byteArr.array())
8    }
```

讀取資料

readBytes() 方法會一次將所有資料讀取出來，並儲存到位元組陣列；若有需要，則再將位元組陣列裡的資料轉為所需要的資料型別。

讀取位元組資料

對於讀取位元組資料，如下所示。

```
1    File(("d:\\doc1.bin")).apply {
2        val data=readBytes()
3        data.forEach {
4            println(it.toString())
5        }
6    }
```

讀取字串資料

讀取字串的範例，如下所示。程式碼第 3 行將讀取的資料轉為字串，需要指定字元編碼。

```
1    File("d:\\doc2.bin").apply {
2        val data=readBytes()
3        val str1=String(data,Charsets.UTF_8)
4        println(str1)
5    }
```

讀取數值資料

讀取數值資料的範例，如下所示。程式碼第 3 行先使用 wrap() 將讀取的資料打包為 ByteBuffer 物件，然後再轉為整數。以相同的方式，可以將讀取的資料轉換為其他的資料型別，如 float、double、short、long 等，例如：ByteBuffer.wrap(data).float 可以轉換為浮點數。

```
1    File("d:\\doc3.bin").apply {
2        val data=readBytes()
3        val num=ByteBuffer.wrap(data).int
4        println(num)
5    }
```

🛸 讀取多筆資料

以讀取 5 個整數資料為例，如下所示。程式碼第 2 行讀取檔案內的所有資料，並儲存於位元組陣列 byteArr，第 3 行由讀取的資料長度來計算為多少個整數，第 4 行宣告 num 個數量的整數陣列 numbers。

```
1   File("d:\\doc4.bin").apply {
2       val byteArr=readBytes()
3       val num=byteArr.size/4  // 計算個數
4       val numbers=IntArray(num)
5
6       val buf=ByteBuffer.wrap(byteArr)
7       for (i in 0 until num)
8           numbers[i]=buf.int
9       numbers.forEach {
10          println(it)
11      }
12  }
```

程式碼第 6 行將讀取進來的資料先打包為 ByteBuffer 物件 buf；第 7-8 行逐一將每一個在 buf 裡的資料轉換為整數後，再儲存於 numbers[i]。buf.int 並不是一個值，buf 像是一個 C/C++ 的指標，在 for 重複敘述中，每一次都會自動改變位置取出下 4 個位元組的資料。

14.3.2　FileOutputStream() 與 FileInputStream()

請參考專案 ext8。存取大檔案時，並不適合一次讀取所有資料，會造成記憶體不足的情形，因此就需要分次或分批從檔案裡讀取資料。本節將示範如何使用 FileInputStream/FileInputStream 類別來處理上述的情形。

FileInputStream/FileInputStream 是 Java 原生的 I/O 類別，用於處理二進位資料的存取。雖然 Kotlin 也擴充了 File 類別，提供了 File.outputStream()/File.inputStream()，但 FileInputStream 與 FileOutPutStream 類別提供更細節的檔案

處理。例如：需要持續讀寫檔案的情形、提供了資料附加的模式、可以搭配別的資料流，因此使用起來會更有彈性。

🛸 寫入資料

寫入字串資料

以寫入字串為例，如下所示。變數 str 為要寫入檔案 doc1.bin 的字串資料，因為要寫入的是二進位檔案，所以要先使用 toByteArray() 轉換為字元陣列的形式，最後再使用 write() 方法寫入檔案。

```
FileOutputStream("d:\\doc1.bin").use {
    val str="abcdefghijklmnopqrstuvwxyz"
    val data=str.toByteArray()
    it.write(data)
}
```

附加資料模式

如果是要使用附加資料的方式寫入資料，則在 FileOutputStream() 裡多增加一個參數 true，如下所示。

```
FileOutputStream("d:\\doc1.bin",true).use {
    ⋮
}
```

寫入位元組資料

寫入的資料若是位元組，則相對簡單，如下所示。

```
FileOutputStream("d:\\doc2.bin",true).use {
    var data=byteArrayOf(1,2,3,4,5,6,7,8,9,10,
        11,12,13,14,15,16,17,18,19,20,21,22,23,24,25)
    it.write(data)
}
```

14-25

寫入數值資料

若是寫入位元組以外的數值資料，例如：整數、浮點數等，也要將這些資料先轉換為位元組資料後，才能寫入檔案。以下範例以亂數產生 25 個介於 300-1000 之間的整數，並寫入檔案 doc3.bin。

程式碼第 2 行產生 25 個介於 300-1000 之內的整數，並儲存於變數 data。第 4 行宣告存放這 25 個整數的 ByteBuffer 物件 buf。第 5 行將 data 裡的每個整數放入位元組陣列 buf 內。第 6 行將位元組陣列 buf 重新設定，以供之後的讀取狀態。第 8 行先將 buf 轉為位元組陣列的形式後，再使用 write() 方法寫入檔案。

```
1   FileOutputStream("d:\\doc3.bin").use { output->
2       var data= IntArray(25) { Random.nextInt(300, 1000) }
3       println(data.joinToString(" "))
4       val buf=ByteBuffer.allocate(data.size*4)  // 整數占 4 個 bytes
5       data.forEach { buf.putInt(it) }
6       buf.flip()
7
8       output.write(buf.array())
9   }
```

讀取資料

以下的範例都是模擬大檔案以多次讀取資料的方式作為示範。

讀取字串資料

以讀取字串為例，如下所示。程式碼第 2 行設定長度等於 10 的位元組陣列 buf，表示每次從檔案讀取 10 個位元組的資料（通常可以設定更大的長度，例如：256、512、1024…）。第 3 行先讀取第一次資料，取得讀取的資料與讀取資料的數量。

第 5-9 行當讀取到的資料長度 len 不等於 -1 時，就持續從檔案讀取資料。由於最後一次所讀取的資料長度可能會短於變數 buf 的長度，因此第 6 行才使用 copyOfRange(0,len) 取得真正讀取到的資料。

```
1   FileInputStream("d:\\doc1.bin").use{
2       val buf=ByteArray(10)
3       var len=it.read(buf)
4       var str=""
5       while(len!=-1){
6           str=String(buf.copyOfRange(0,len), Charsets.UTF_8)
7           print(str)
8           len=it.read(buf)
9       }
10  }
```

讀取位元組資料

FileInputStream 是以位元組為單位讀取資料，因此使用 read() 讀取資料後，不需要經過轉換。

```
FileInputStream("d:\\doc2.bin").use{
    val buf=ByteArray(10)
    var len=it.read(buf)
    while(len!=-1){
        println(buf.copyOfRange(0,len).joinToString(","))
        len=it.read(buf)
    }
}
```

讀取數值資料

以讀取整數型別的資料為例，FileInputStream 是以字元組為單位讀取資料，因此使用 read() 讀取資料後，不需要經過轉換。程式碼第 2 行先宣告足夠儲存 10 個整數的位元組空間 buf，第 5 行配置儲存 10 個整數的 ByteBuffer 型別的空間 intBuf。第 7-13 行持續從檔案每次讀取 40 個位元組，然後第 9 行將這 len 個位元組轉換為 num 個整數。

```kotlin
1   FileInputStream("d:\\doc3.bin").use { input->
2       val buf=ByteArray(10*4)      // 整數占 4 個 bytes
3       var len=0
4       var num=0
5       var intBuf:ByteBuffer
6
7       while(input.read(buf).also{len=it}!=-1){
8           num=len/4    // 整數占 4 個 bytes
9           intBuf=ByteBuffer.wrap(buf,0,len)
10          for(i in 0 until num ){
11              print("${intBuf.int} ")
12          }
13      }
14  }
```

14.3.3　BufferedInputStream 與 BufferedOutputStream

請參考專案 ext9。BufferedInputStream 與 BufferedOutputStream 類別是帶有緩衝區設計的資料輸出與輸入類別，可以獨立存取資料流。針對大檔案的資料存取，也常搭配其他的資料存取類別，提供更有效率的資料存取方式。以下示範如何與 FileInputStream 與 FileOutputStream 搭配使用。

透過使用 BufferedInputStream 與 BufferedOutputStram 類別作為緩衝區，加速存取效率的做法，以下搭配 FileOutputStream 作為寫入資料為例，如下所示。

```kotlin
val file=FileOutputStream("d:\\doc1.txt",true)
val bufOut = BufferedOutputStream(file)
bufOut.use {
    // 寫入資料
}
```

也可以簡化為：

```
FileOutputStream("d:\\doc1.txt",true).use { file ->
    BufferedOutputStream(file).use { bufOut ->
        // 寫入資料
    }
}
```

搭配 FileInputStream 作為讀取資料為例，如下所示。

```
val file=FileInputStream("d:\\doc1.txt")
val bufIn = BufferedInputStream(file)
bufIn.use {
    // 讀取資料
}
```

至於寫入、讀取資料所使用的方法，皆與上一節 FileInputStream 與 FileOutputStream 類別的 write()、read()、readBytes() 等這些函式的使用方法與參數相同。

🛸 寫入資料

寫入字元

程式碼第 3 行使用 write() 方法每次寫入一個介於 65-91 的亂數整數值（字元 'A'-'Z'）。

```
1   FileOutputStream("d:\\doc1.txt",true).use { file ->
2       BufferedOutputStream(file).use { bufOut ->
3           bufOut.write(Random.nextInt(65,91))
4       }
5   }
```

寫入字串

程式碼第 3-6 行宣告字串的內容 str，第 8 行將 str 轉換為位元組陣列 data，第 9 行使用 write() 方法將位元組陣列 data 寫入檔案。

```
1    FileOutputStream("d:\\doc2.txt",true).use { file ->
2        BufferedOutputStream(file).use { bufOut ->
3          val str="BufferedInputStream 與 BufferedOutputStream 類別 \n"+
4                  " 是帶有緩衝區的設計資料輸出與輸入類別，可以獨立存取資料 "+
5                  " 流。\n 針對大檔案的資料存取，也常搭配其他的資料存取類別 "+
6                  " ，\n 提供更有效率的資料存取方式。\n"
7
8          val data=str.toByteArray(Charsets.UTF_8)
9          bufOut.write(data)
10       }
11   }
```

寫入數值

程式碼第 3 行宣告整數陣列，儲存隨機產生介於 300-1000 之間的 25 個整數。第 4-5 行依序從整數陣列裡讀取整數，轉換為位元組陣列後再寫入檔案。

```
1   FileOutputStream("d:\\doc3.txt").use { file ->
2       BufferedOutputStream(file).use { bufOut ->
3           var data= IntArray(25) { Random.nextInt(300, 1000) }
4           for( v in data)
5               bufOut.write(ByteBuffer.allocate(4).putInt(v).array())
6       }
7   }
```

讀取資料

讀取字元

此範例先從檔案讀取一個字元，若讀取的值不等於 -1（表示並非空檔案），就使用 while 敘述持續從檔案內讀取資料。

```
FileInputStream("d:\\doc1.txt").use { file ->
    BufferedInputStream(file).use { bufIn ->
```

```
            var c=bufIn.read()
            while(c!=-1){
                print(c.toChar())
                c=bufIn.read()
            }
        }
    }
```

讀取字串

此範例使用 readBytes() 方法一次讀取檔案內的所有資料。因為要以字串的方式讀取，所以最後使用 toString() 方法轉換為字串，並指定了字元編碼為 Charsets.UTF_8，也可以不設定字元編碼，則預設的字元編碼就是 UTF_8。

```
FileInputStream("d:\\doc2.txt").use { file ->
    BufferedInputStream(file).use { bufIn ->
        val data=bufIn.readBytes()
        print(data.toString(Charsets.UTF_8))
    }
}
```

讀取數值

以讀取整數型別的資料為例。程式碼第 3 行先宣告足夠儲存 10 個整數的位元組空間 buf，第 6 行宣告用於儲存 10 個 ByteBuffer 型別的整數空間 intBuf。第 8-14 行持續從檔案每次讀取 40 個位元組，然後第 10 行將這 len 個位元組轉換為 num 個整數。

```
1   FileInputStream("d:\\doc3.txt").use { file ->
2       BufferedInputStream(file).use { bufIn ->
3           val buf=ByteArray(10*4)      // 整數占 4 個 bytes
4           var len=0
5           var num=0
6           var intBuf:ByteBuffer
7
8           while(bufIn.read(buf).also{len=it}!=-1){
```

```
9              num=len/4    // 整數占 4 個 bytes
10             intBuf=ByteBuffer.wrap(buf,0,len)
11             for(i in 0 until num ){
12                 print("${intBuf.int} ")
13             }
14         }
15     }
16 }
```

14.4 隨機存取檔案

隨機存取（Random access）檔案的特色是可在檔案中的任意位置讀寫資料，不需要按照順序讀寫檔案內的資料。Kotlin 的隨機存取檔案是基於 Java 的 RandomAccessFile 類別，與其所提供的方法來建立、存取檔案。

使用 RandomAccessFile 類別所建立的是以位元組為讀寫單位的二進位檔。建立或開啟檔案後，可使用 seek() 方法設定讀寫的位置，然後使用 write() 與 read() 方法讀寫資料。getFilePointer() 方法可以取得檔案指標位置的訊息，以便了解檔案的目前狀態。Length() 方法可以取得檔案的總長度，可用於判斷讀取檔案是否已經到了檔尾。

14.4.1 建立或開啟隨機存取檔案

建立或開啟隨機讀寫檔案

請參考專案 ext10。使用 RandomAccessFile() 方法建立開啟隨機存取檔案，如下所示；其參數包含：檔案名稱與檔案讀寫模式。

```
val file=RandomAccessFile("d:\\doc1.txt","rw")
file.use {
    // 讀寫資料
}
```

若不使用 use 敘述，就要使用 close() 方法手動關閉檔案。或者簡化為：

```
RandomAccessFile("d:\\doc1.txt","rw").use {
    // 讀寫資料
}
```

檔案讀寫模式

RandomAccessFile() 方法需要指定「檔案讀寫模式」，讀寫模式以字串的方式表示。

字串	說明
"r"	只供讀取。
"rw"	可讀取與寫入。
"rws"	同步讀寫模式，每次寫入操作後會立即更新檔案內容。
"rwd"	同步讀寫模式，每次寫入操作後會立即更新檔案內容，但不保證同步更新檔案資訊。

例如：使用檔案讀寫模式 "r"，則檔案只能讀取資料，而無法寫入資料。使用 "rw" 讀寫模式，則檔案同時可以讀取資料、寫入資料。

14.4.2 寫入資料

請參考專案 ext10。除了 write() 方法之外，針對不同的資料型別，還提供了相對應的寫入方法：writeBoolean()、writeInt()、writeShort()、writeLong()、writeByte()、writeChar()、writeFloat()、writeDouble()。writeUTF() 方法可以寫入 UTF-8 編碼的字串；write() 方法則可以寫入位元組、位元組陣列、部分位元組陣列。

🛸 寫入資料

以下示範使用 writeInt() 方法寫入整數 1-25 這 25 個整數。

```
RandomAccessFile("d:\\doc1.txt","rw").use {
    for(i in 1..25)
        it.writeInt(i)
}
```

🛸 隨機寫入檔案

隨機存取檔案的優點就是可以在檔案中的任何位置讀寫資料，以下示範在上述範例的 doc1.txt 中的第 5 筆資料的位置，寫入整數 30。

```
1  RandomAccessFile("d:\\doc1.txt","rw").use {
2      it.seek(4*4)
3      it.writeInt(26)
4  }
```

檔案裡第 1 筆資料的位置為 0，因此第 5 筆資料的位置為 4。程式碼第 2 行使用 seek() 方法計算檔案中第 5 筆資料的位置：4×4，然後將檔案的讀寫指標移動至此位置，第 3 行再使用 writeInt() 方法寫入資料。

隨機存取檔案並沒有插入資料的方法，因此需要自行處理，請參考專案 ext10。

14.4.3　讀取資料

請參考專案 ext10。除了 read() 方法之外，針對不同的資料型別，還提供了相對應的讀取方法：readBoolean()、readInt()、readShort()、readUnsignedShort()、readLong()、readByte()、readUnsignedByte()、readChar()、readFloat()、readDouble()。

此外，readLine() 方法用於讀取一列文字；readUTF() 方法可以讀取 UTF-8 編碼的字串；read() 方法可以讀取位元組、位元組陣列、部分位元組陣列；而 readFully() 與 read() 方法類似，差別在於讀至檔尾時有不同的處理方式。

🛸 讀取資料

以下以讀取上一節所建立的 doc1.txt 作為範例，示範逐筆讀取資料、一次全部讀取資料、批次讀取資料。

逐筆讀取

在上一節範例中所寫入檔案的是整數，因此程式碼第 4 行使用 readInt() 每次讀取一個整數。readXXX() 方法讀取資料失敗時，會觸發 EOFException（End of file）例外錯誤。

程式碼第 2-9 行是 try…catch 敘述區塊，其中第 3-6 行持續不斷從檔案裡讀取資料；當讀取不到資料時，就會觸發 EOFException 例外錯誤，而執行第 8 行程式碼。

```
1   RandomAccessFile("d:\\doc1.txt", "r").use {
2       try{
3           while(true){
4               val num=it.readInt()
5               println(num)
6           }
7       }catch(e:EOFException){
8           println(" 讀取完畢 ")
9       }
10  }
```

全部讀取

程式碼第 2 行配置足夠的空間 byteArr 後，第 3 行將所有的資料讀進 byteArr。第 4-8 行將 byteArr 的內容先轉存到 ByteBuffer 後，再轉存為 IntBuffer，如此方便之後從 IntBuffer 中分別逐個切出整數，並儲存到整數陣列 intArr。

程式碼第 5-7 行將儲存於 IntBuffer 中的資料轉存到整數陣列 intArr。第 9 行逐個顯示在 intArr 中的整數。

```
1   RandomAccessFile("d:\\doc1.txt", "r").use {
2       val byteArr = ByteArray(it.length().toInt())
3       it.read(byteArr)
4       val intArr = ByteBuffer.wrap(byteArr).asIntBuffer().run {
5           IntArray(remaining()).also {
6               get(it)
7           }
8       }
9       intArr.forEach(::println)
10  }
```

分批讀取

假設每次從檔案中讀取 10 筆資料，程式碼第 2 行設定足夠空間的 ByteArray 型別的變數 byteArr。第 5-13 行是 while 重複敘述，第 5 行每次從檔案中讀取 10 筆資料，並判斷所讀出來的數量不等於 -1，則第 6-11 行的 while 敘述將讀取的資料轉換為整數，並儲存至整數陣列 intArr。

```
1   RandomAccessFile("d:\\doc1.txt", "r").use { file ->
2       val byteArr = ByteArray(4 * 10)
3       var bytesRead: Int
4
5       while (file.read(byteArr).also { bytesRead = it } != -1) {
6           val intArr = ByteBuffer.wrap(byteArr, 0,
7               bytesRead).asIntBuffer().run {
8               IntArray(remaining()).also {
9                   get(it)
10              }
11          }
12          intArr.forEach(::println)
13      }
14  }
```

隨機讀取

假設每次間隔5筆資料才讀取1筆資料,也就是讀取第1、6、11…筆資料。程式碼第2行變數 index 用於設定檔案讀寫指標的位置,第4-13行是 try…catch 敘述。第6行設定下一個要讀取資料的位置,第7行從檔案讀取一個整數,第9行計算下一次要讀取資料的檔案讀寫指標的位置。

```
1   RandomAccessFile("d:\\doc1.txt", "r").use {
2       var index = 0
3
4       try {
5           while (true) {
6               it.seek(index.toLong() * 4)
7               val intValue = it.readInt()
8               println(intValue)
9               index += 5
10          }
11      } catch (e: EOFException) {
12          println("已無資料")
13      }
14  }
```

15
CHAPTER

獨立執行 Kotlin 程式

15.1 使用 Java 環境執行 Kotlin 程式

15.2 產生 Kotlin 原生執行檔

15.1 使用 Java 環境執行 Kotlin 程式

Kotlin 程式在開發階段時，在 Intellij IDEA 整合開發環境中編寫、編譯與執行；開發完成後便需要獨立執行，不能再於整合開發環境中執行。

Kotlin 程式可以在 Java 環境下執行，需要以下步驟：①設定 Java 環境、②下載獨立的 Kotlin 編譯工具、③使用 Java 來執行 Kotlin 程式。以下以第 1 章的範例 1-2 的程式碼作為範例。

15.1.1 Java 環境設定

與第 1 章 1.2 小節所敘述的 Java 環境設定相同，須注意不同的 Java 編譯器與環境設定要一致。例如：使用 Oracle JDK，則電腦的 Java 環境變數與路徑就要設定為安裝 Oracle JDK 的路徑與資料夾。

🛸 設定 JAVA_HOME

以下以 corretto-22.0.2 的 JDK 為例。安裝 IntelliJ IDEA 時，所使用的 JDK 是「corretto-22.0.2」，下載後安裝在電腦的「D:\app\JetBrains\.jdks\corretto-22.0.2」路徑下，因此電腦的 JAVA_HOME 環境變數的值就是「D:\App\JetBrains\.jdks\corretto-22.0.2」，如下圖所示。

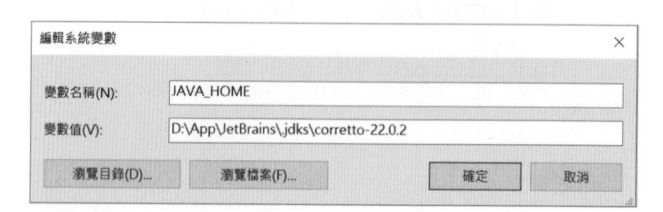

設定 Java 執行路徑

Java 的執行路徑會在安裝 JDK 路徑下的「bin」目錄，因此在電腦的環境變數 path 增加 Java 的執行路徑，如下圖所示。

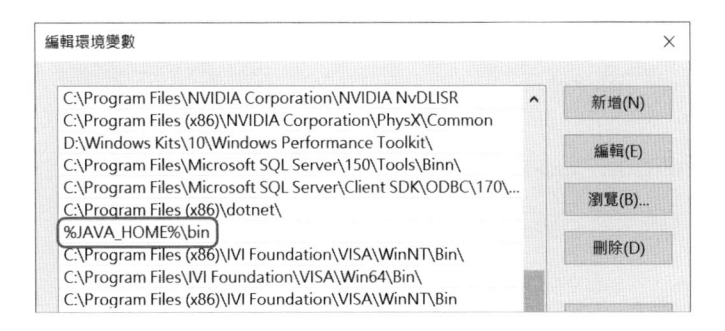

15.1.2 下載 Kotlin 編譯工具

從 Kotlin 的 Native GitHub Releases 下載獨立的 Kotlin 編譯器，下載網址為：
URL https://github.com/JetBrains/kotlin/releases。

截至筆者完成此書時，Kotlin 編譯器的最新版本為「2.1.0-Bata1」，讀者可以下載更新版的 Kotlin 編譯器。

網頁滑至下方「Assets」處並展開，選擇「Kotlin-compiler-2.1.0-Beta1.zip」並下載，下載完畢後解壓縮即可，例如：解壓縮至「D:\App\JetBrains\kotlinc」。

15.1.3　編譯與執行 Kotlin 程式

切換至「D:\App\JetBrains\kotlinc\bin\」路徑，可以看到一支檔案 kotlinc.bat，這就是要執行 Kotlin 編譯程式的批次執行檔，接著將需要被編譯的 Kotlin 原始碼檔案 myApp.kt 拷貝至此目錄。

在此目錄開啟「命令提示字元」視窗，並輸入以下指令編譯 myApp.kt：

```
kotlinc myApp.kt -include-runtime -d myApp.jar
```

順利編譯完成之後，輸入以下指令執行 myApp.jar：

```
java -jar myApp.jar
```

如下圖所示：

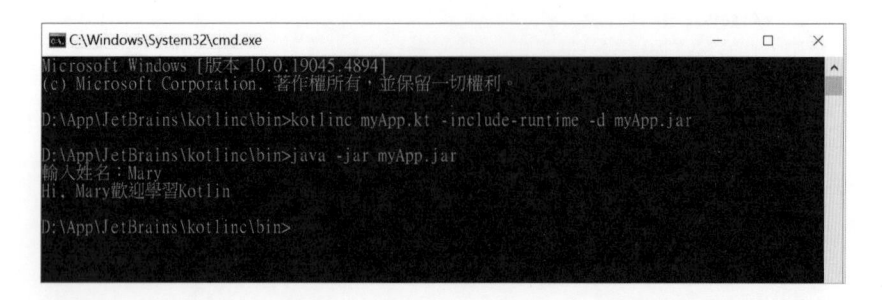

如果是應用程式由一支以上的程式原始碼組成,則在編譯時需要列出所有的程式原始碼。例如,一支程式由 a.kt 與 b.kt 所組成:

```
kotlinc a.kt b.kt -include-runtime -d myApp.jar
```

15.2 產生 Kotlin 原生執行檔

Kotlin 程式除了可以在 Java 的環境下執行,也可在不依賴 Java 環境之下以原生程式的方式執行,例如:在 Mac 電腦執行、在 Linux 系統或在 Windows 系統執行。

Kotlin 程式要以原生程式來執行,需要以下步驟:①設定 Java 環境、②下載 Kotlin Native 編譯工具、③編譯與執行 Kotlin 程式;以下示範以 windows 系統為例,並以第 1 章的範例 1-2 的程式碼作為範例。

15.2.1 Java 環境設定

與第 1 章 1.2 小節所敘述的 Java 環境設定相同,須注意不同的 Java 編譯器與環境設定要一致。例如:使用 Oracle JDK,則電腦的 Java 環境變數與路徑就要設定為安裝 Oracle JDK 的路徑與資料夾。

🛸 設定 JAVA_HOME

以下以 corretto-22.0.2 的 JDK 為例。安裝 IntelliJ IDEA 時,所使用的 JDK 是「corretto-22.0.2」,下載後安裝在電腦的「D:\app\JetBrains\.jdks\corretto-22.0.2」路徑下,因此電腦的 JAVA_HOME 環境變數的值就是「D:\App\JetBrains\.jdks\corretto-22.0.2」,如下圖所示。

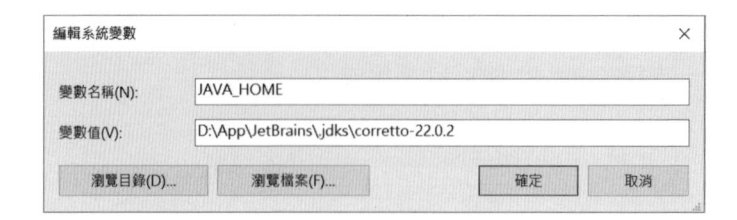

設定 Java 執行路徑

Java 的執行路徑會在安裝 JDK 目錄下的「bin」目錄，因此在電腦的環境變數 path 增加 Java 的執行路徑，如下圖所示。

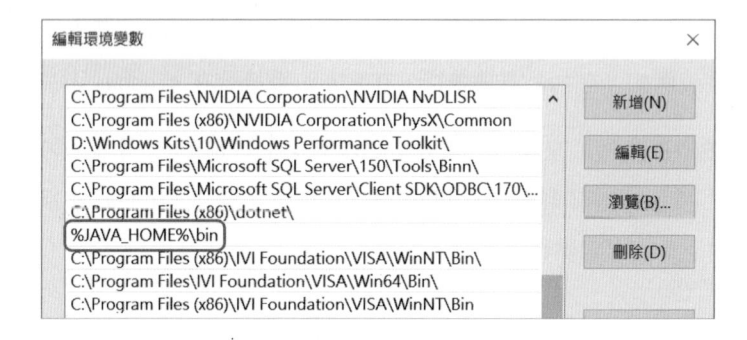

15.2.2 下載 Kotlin Native 編譯工具

從 Kotlin 的 Native GitHub Releases 下載 Kotlin Native 編譯工具，下載網址為：
URL https://github.com/JetBrains/kotlin/releases。

截至筆者完成此書時，Kotlin Native 編譯器的最新版本為「2.1.0-Bata1」，讀者可以下載更新版的 Kotlin Native 編譯工具。

網頁滑至下方「Assets」處並展開，可看見各種不同平台的 Kotlin Native 編譯工具。選擇「kotlin-native-prebuilt-windows-x86_64-2.1.0-Beta1.zip」並下載，如下圖所示；下載完畢後解壓縮即可，例如：解壓縮至「D:\App\JetBrains\kotlin-native-prebuilt-windows-x86_64-2.1.0-Beta1」。

15.2.3 編譯與執行 Kotlin 程式

切換至「D:\App\JetBrains\kotlin-native-prebuilt-windows-x86_64-2.1.0-Beta1\bin」路徑，可以看到一支檔案 kotlinc-native.bat，這就是要產生原生執行檔的 Kotlin 編譯程式的批次執行檔，接著將需要被編譯的 Kotlin 原始碼檔案 myApp.kt 拷貝至此目錄，如下圖所示。

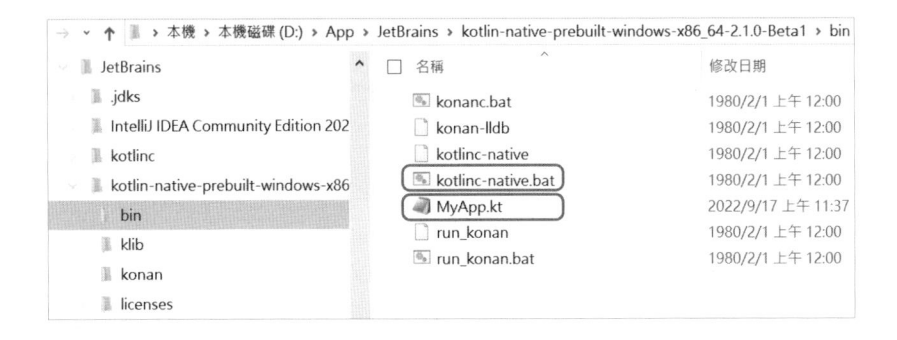

在此目錄開啟「命令提示字元」視窗，並輸入以下指令編譯 myApp.kt：

```
Kotlinc-native myApp.kt -o myApp
```

若是第一次執行 Kotlinc-native，則會花不少時間下載相關的套件與工具，並儲存於「C:\Users\pchw8598\.konan」路徑之下。順利編譯完成之後，輸入以下指令執行 myApp.exe：

```
myApp
```

如下圖所示：

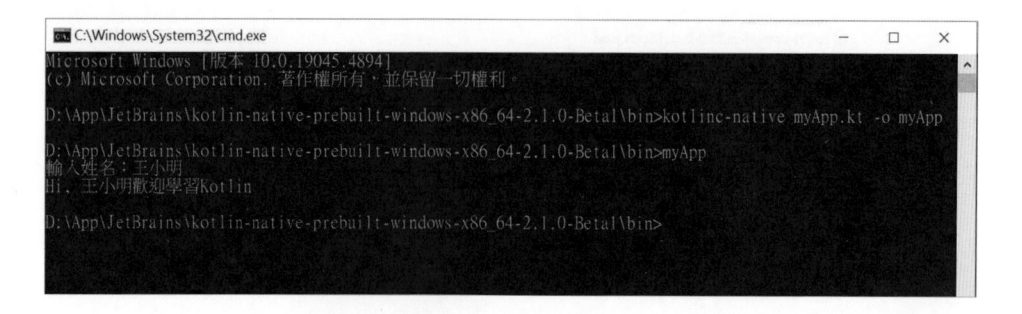

```
Microsoft Windows [版本 10.0.19045.4894]
(c) Microsoft Corporation. 著作權所有，並保留一切權利。

D:\App\JetBrains\kotlin-native-prebuilt-windows-x86_64-2.1.0-Beta1\bin>kotlinc-native myApp.kt -o myApp

D:\App\JetBrains\kotlin-native-prebuilt-windows-x86_64-2.1.0-Beta1\bin>myApp
輸入姓名：王小明
Hi，王小明歡迎學習Kotlin

D:\App\JetBrains\kotlin-native-prebuilt-windows-x86_64-2.1.0-Beta1\bin>
```

MEMO

MEMO